智能电网与电力大数据研究

主　编　邱欣杰
副主编　胡世骏　蒙子南
编　委　高　博　汪　玉　袁　方
　　　　张　飚　周贯清　宁　杨
　　　　丁　洁

中国科学技术大学出版社

内 容 简 介

本书集中展现智能电网与电力大数据的相关理论前沿研究成果，聚焦安徽省电力工业智能化改造的关键技术创新，探讨智能电网、可再生能源、分布式发电、直流输电、储能、电动汽车等先进能源技术与大数据、云计算、物联网、移动互联网等新兴信息技术的相互渗透和深度融合，涵盖智能电网、智能变电站、智能配用电、输变电技术与工程、电网安全运行技术、新能源并网技术、人工智能技术、电力大数据、信息与通信、管理综述等方面的专业内容。

图书在版编目(CIP)数据

智能电网与电力大数据研究/邱欣杰主编. —合肥:中国科学技术大学出版社,2020.6
ISBN 978-7-312-04894-4

Ⅰ.智… Ⅱ.邱… Ⅲ.①智能控制—电网—研究 ②数据处理—应用—电力工程—研究 Ⅳ.①TM76 ②TM7-39

中国版本图书馆 CIP 数据核字(2020)第 033745 号

出版 中国科学技术大学出版社
安徽省合肥市金寨路 96 号,230026
http://press.ustc.edu.cn
https://zgkxjsdxcbs.tmall.com
印刷 安徽省瑞隆印务有限公司
发行 中国科学技术大学出版社
经销 全国新华书店
开本 787 mm×1092 mm 1/16
印张 18
字数 460 千
版次 2020 年 6 月第 1 版
印次 2020 年 6 月第 1 次印刷
定价 158.00 元

本书编委会

主　编　邱欣杰

副主编　胡世骏　蒙子南

编　委　高　博　汪　玉　袁　方　张　飚　周贯清　宁　杨　丁　洁

参 编 人 员

吴　旭　万　顺　仇龙刚　刘　军　钱　壮　张　鲁
李　杰　高运动　叶远波　肖家锴　刘志祥　俞　嘉
周　磊　卜　云　吕严兵　王振华　何晓伟　于晓蕾
汪　玉　高　强　王广跃　李　刚　琚忠明　刘云飞
李圣言　徐　飞　王　鑫　谢　岗　柳　伟　吴栋梁
杨凡凡　董　亮　刘　浩　范　恒　杜　增　等

前　言

为集中展现智能电网与电力大数据的相关理论前沿研究成果，聚焦安徽省电力工业智能化改造的关键技术创新，探讨智能电网、可再生能源、分布式发电、直流输电、储能、电动汽车等能源技术与大数据、云计算、物联网、移动互联网等新兴信息技术的相互渗透和深度融合，国网安徽省电力科学研究院特别策划推出《智能电网与电力大数据研究》论文专辑。本书收录36篇论文，涵盖了智能电网、智能变电站、智能配用电、输变电技术与工程、电网安全运行技术、新能源并网技术、人工智能技术、电力大数据、信息与通信、管理综述等方面的专业内容。

(1) 智能电网3篇。

吴旭、王京景等针对安徽双边交易电规模扩大的电力市场需求，设计开发出一种基于智能调度技术的安徽电网中长期交易安全校核系统；万顺、桂宁等采用PLR-TD算法对合肥地区2013年至2018年的负荷随季节变化情况做了详细研究；仇龙刚、陈从坦等根据淮南电网当前电网结构及运行监控工作的实际，研究和提出了提高电网监控工作效率的策略和方法。

(2) 智能变电站6篇。

刘军、胡育蓉针对调度自动化系统和变电站信息接入调试及维护工作方面的不足，提出移动式模拟主站环境构建；钱壮、汤强等针对智能变电站二次系统网络结构，引入健康度评分概念，用于智能变电站二次保护系统可靠性指标的融合和定性评估；张鲁、邵庆祝等针对某新一代智能变电站电子式电流互感器采样异常现象，为找出异常现象根源，对ECT进行了一系列模拟现场的验证试验及较深入的排查并得出结论；李杰、斯辉以河南平高公司的GLW2-253/T4000-50型隔离断路器为例，详述了智能变电站集成式隔离断路器的安装、调试要点；高运动、王剑波结合某220 kV新建模块化智能变电站工程，讨论了输变电工程三维设计过程的优缺点，并提出发展建议；叶远波针对目前智能变电站改扩建技术缺乏完整的技术体系问题，提出基于二次虚回路自动识别间隔信息以及间隔CRC的二次回路配置管理。

(3) 智能配用电5篇。

肖家锴、雷霆等介绍了安徽省电力公司开发的基于电网运营监测平台，以客户为导向的配电网停电监测研究系统；刘志祥、凌松等从当前安徽省配电网实际出发，找出与先进省份的差距与不足，综述了高标准、高质量、高效率建设和发展安徽省配电网的相关问题；俞嘉介绍了芜湖供电公司开发应用的基于暂态分量的配电网接地故障诊断系统及其应用；周磊、王婷婷等详述了合作研发的获得1项专利、5项国家检测和认证报告的“新型智能低压配电变压器管理系统”；卜云、武菊音介绍了如何构建双向互动的“互联网＋”电力售后服务新体制，并提出“可视化抢修”服务模式。

(4) 输变电技术与工程3篇。

吕严兵结合青海—河南±800 kV特高压直流输电线路工程，阐述了机载激光雷达数据在特高压输电工程中的应用；王振华、李震介绍了在高压输电线路跨越高铁、高速、河道既成线路等障碍施工技术中有应用价值的自承自托直跨式越障输电线路放线系统；李杰、胡斌等介绍了目前世界上电压等级最高的昌吉—古泉±1 100 kV特高压直流输电工程接地配套工程的施工技术、调试方法和环保施工等经验。

(5) 电网安全运行技术3篇。

何晓伟根据安徽省内统调大中型发电机励磁系统设备及其运行和管理现状，分析了当前励磁系统设备的运行安全、涉网性能管理、电网小干扰及动态稳定等方面存在的新问题，提出加强发电机励磁系统网源协调管理工作的必要性；于晓蕾、申定辉针对常规变电站进行母线保护改造和线路保护改造的各种情况，对变电站断路器失灵保护启动回路改造问题进行了详细分析，提出从设计源头加强断路器失灵保护功能作用；汪玉、汤汉松等从继电保护应用的角度分析了电子式电压互感器的暂态传变特性对快速距离保护的影响，提出一种基于数字物理混合仿真的电子式电压互感器暂态测试技术方案。

(6) 新能源并网技术1篇。

高强根据级联型多电平逆变器广泛应用于新能源发电并网系统、电池储能系统等场合的现状，提出一种对H桥直流侧电压差进行排序，低频方波调制和高频PWM调制相结合的混合调制方法，并通过仿真验证了其正确性。

(7) 人工智能技术5篇。

王广跃、李志飞等介绍了无人机技术在输电线路运维方面的应用，分析了无人机技术的优势，对无人机技术在电力系统电网规划设计方面的运用进行了综述讨论；李刚、张安华阐述了面向互联网的电动汽车智能充电系统的设计，介绍了一种有助于电动汽车安全运行及续驶里程延长的充电服务系统，并展示了在池州市的应用实例；琚忠明、莫文抗对我国电力系统带电作业机器人的使用及其绝缘技术进行了分析和探讨；刘云飞、徐超峰介绍了安徽送变电工程公司研究开发并应用的电网基建施工现场安全实时管控系统，该系统通过360°旋转、自动聚焦等功能，可远距离观察作业现场局部细节，在施工现场应用取得了良好效果；李圣言、陈涵等介绍了电网中带电作业工器具管理及工器具库房智能管理系统的设计方案、控制原理和安装运行要求。

(8) 电力大数据7篇。

徐飞、孙明柱等揭示了配电网由于传统抄表方式的限制，无法反映其真实线损的问题，提出基于电力大数据的配电网同期线损管理，有效解决了线损真实性问题，并提供了线损治理方案；王鑫、汪玉等简述了大数据背景下网络安全方面存在的问题，对已有信息系统在数据使用过程中如何进行数据治理及网络安全防护进行分析，提出相关解决措施；谢岗、张克成基于大数据挖掘技术，对物资供应商从基本信息、中标情况、供货质量、履约情况、不良行为等五个维度进行画像研究分析及应用，实现了对物资供应商的综合评级；柳伟、洪小龙阐述了电力大数据的特征，对电力大数据的分析方法进行了介绍；吴栋梁提出一种基于特征识别的台区出口低电压原因诊断模型，通过对低电压数据的分析，捕捉业务数据特点，形成低电压原因特征库，挖掘同类型低电压的共同模式，将传统的人工核查管理模式提升为在线诊断；杨凡凡、肖诗意结合电力大数据应用实例，从数据清洗、数据集成、数据规约和数据变换四个方面，阐述了提高数据质量，满足数据挖掘需要的数据预处理方法；董亮、吕业好结合国网霍山供电公司应用的施工人员作业安全风险管控平台软件，介绍了大数据监控施工风险、管控电网工程施工安全的做法及经验。

(9) 信息与通信 2 篇。

刘浩论述了"互联网+"安全管理新体系在电力企业中的应用，提出移动互联网技术与公司企业安全管理有效融合的创新管理模式；范恒、陆俊等针对目前电力系统运行监测困难的问题，对几种主流的无线通信技术进行对比分析，提出采用覆盖范围广、低功耗、低成本的LoRa无线物联网技术对电力系统中设备运行状态及运行环境进行监测，以提升电力系统的信息化、智能化水平。

(10) 管理综述 1 篇。

杜增针对变电站工程建设中如何满足法律法规要求，贯彻执行"预防为主、消防结合"的消防工作方针，保障电网安全运行，对消防验收备案工作进行了深入探讨，并提出建设性意见。

在组稿过程中，我们在注重论文的创新性与实用性的同时，也兼顾了研究领域的覆盖面。感谢作者们对本专题的厚爱和贡献，也衷心感谢国网安徽电力科学研究院《安徽电力》编辑部为本书的组织、评审和顺利出版所付出的努力。

本书编委会

2020 年 1 月 3 日

目　　录

第一篇

智能电网

安徽电网中长期交易安全校核系统设计及实现

Design and Implementation of Medium- and Long-term Trading Security Check System for Anhui Power Grid

吴　旭　王京景　李　智

国网安徽省电力有限公司，安徽合肥，230022

摘要：为保证电力改革过渡期存在大量双边交易情况下的电网安全，我们设计了安徽中长期交易安全校核系统。基于智能电网调度技术支持系统(D5000)，通过发电计划、负荷预测等多源信息整合自动生成校核断面，实现潮流分析、灵敏度分析、静态安全分析等安全校核计算服务。在此基础上，量化分析大规模双边交易对电网备用容量、网损、计划电执行等各方面的影响。系统自投入电网调度生产运行以来，实现了中长期交易的安全校核与量化评估，为调度机构执行保障电网稳定运行和交易合同执行的双重任务提供了有力支持。

关键词：安徽电网；中长期交易安全校核系统；大用户直购电；安全校核模型；量化评估分析；安全和稳定

Abstract: In order to guarantee the security of power grid with quantity bilateral trading in transitional period of power industry reform, medium and long term power trading security check system is designed. Based on smart grid dispatching technical support system (D5000), multi-source information including generation schedule and load forecasting is integrated to generate check section. Security check services including flow analysis, sensitivity analysis and static security analysis is implemented. Furthermore, impact of bilateral trading on reserve capacity, transmission losses and generation schedule fulfillment is analyzed quantitatively. Since the system has been put into operation, security check and quantitative assessment of medium and long term bilateral power trading has been performed, providing powerful support for dispatching organization to guarantee power grid stability and trading contract execution.

Key words: Anhui power gird; medium and long term power trading security check system; direct electricity purchase by large consumers; security check model; quantitative assessment; security and stability

当前，新一轮电力市场化改革的一大具体措施是逐步放开大用户直购电、促成大量双边

作者简介：

吴旭(1984—)，男，安徽桐城人，博士，高级工程师，从事电网调度运行工作。

王京景(1983—)，男，安徽淮南人，博士，高级工程师，从事电网调度运行工作。

李智(1987—)，男，安徽合肥人，硕士，高级工程师，从事电网调度运行工作。

交易[1]，作为首批大用户直接交易试点，安徽省双边交易电规模逐年扩大[2]，各火电企业年度发电量均衡性随之被打破，部分火电企业因电量少而长时间单机运行甚至出现全停的状况，无法保证地区供电安全。更多电网调节资源被固化，电网运行约束不断增加，严重影响电网调峰能力。现有的较为粗放的中长期安全校核模式不能完全适应深化改革的要求，国内没有市场成员广泛认可的安全校核规则，调度机构也缺乏相应操作依据，电网调度运行面临诸多挑战。

本文基于智能调度技术支持系统（D5000）[3—5]，设计开发了安徽中长期交易安全校核系统（以下简称校核系统），实现了对大规模交易电量的中长期安全校核与量化评估。

1　系统架构

校核系统构建于智能电网调度技术支持系统（D5000）统一支撑平台之上，采用面向服务的（SOA）体系架构[6—8]，充分利用支撑平台 D5000 的基础功能，针对中长期多时段静态安全校核的特点，生成大规模双边交易安全校核断面，开展潮流分析、灵敏度分析、静态安全分析等安全校核计算，采用快速安全校核技术提高静态安全校核的计算速度，量化分析调峰能力、备用、输电裕度、输电成本、三公执行等对大规模双边交易的影响，给出安全校核结论和调整优化辅助信息。大规模双边交易环境下中长期发电计划安全校核和量化评估的功能流程如图 1-1-1 所示。

发输变电设备检修计划决策支持系统基于智能电网调度支持系统（D5000）实现，其功能模块包括基础功能和应用功能两大类。基础功能包括数据库管理、图形管理、人机交互管理、数据管理与查询、分布式并行计算等。应用功能包括校核断面智能生成、双边交易安全校核、时间维统计结果、监视元件维统计结果、预想故障维统计结果、调峰能力分析、旋转备用分析、三公电量分析、网损成本分析、阻塞成本分析等。

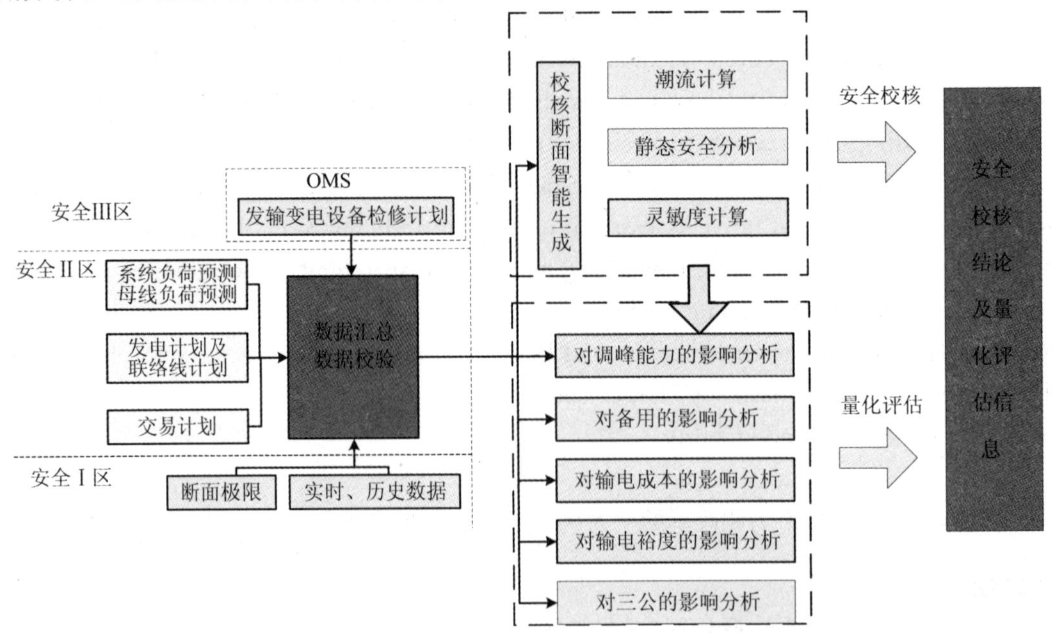

图 1-1-1　考虑大规模双边交易的安全校核及量化评估

校核系统属于调度计划安全校核类，部署在安全Ⅲ区。除从安全Ⅰ区能源管理系统(energy management system，EMS)获取设备参数、电网模型、实时和历史负荷数据、断面限额外，还从安全Ⅱ区负荷预测系统、日计划管理系统获取系统及母线负荷预测数据、发电计划及联络线计划、交易计划，通过多源数据整合，自动生成校核断面，实现中长期交易的安全校核与评估。系统界面如图 1-1-2 所示。

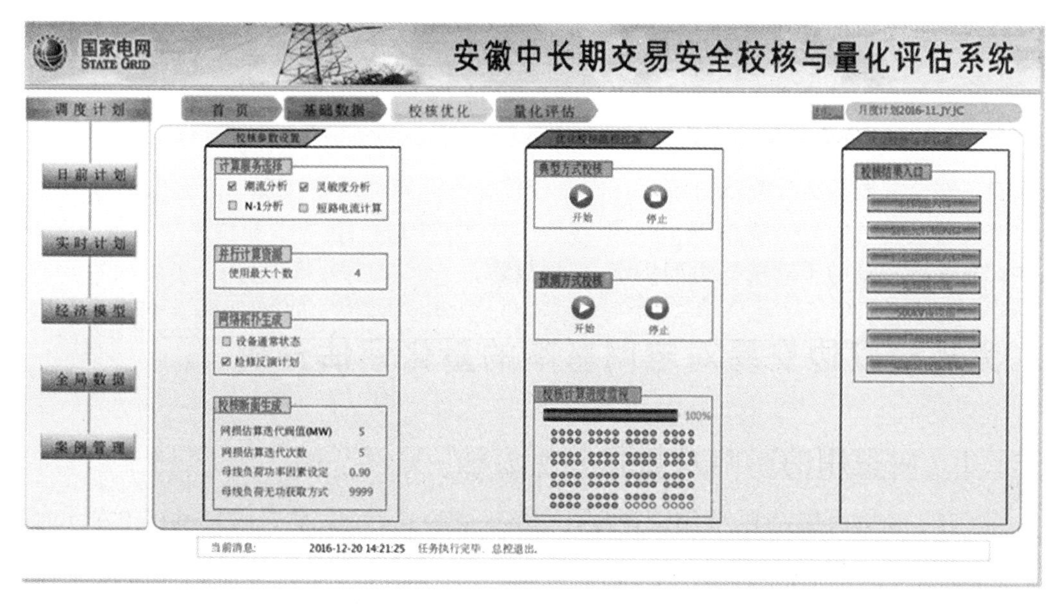

图 1-1-2　安全校核系统主界面

2　考虑大规模双边交易的中长期安全校核模型

2.1　中长期计划安全校核断面生成

校核断面生成的关键在于多类数据整合[9]，一方面是系统功率平衡，另一方面是电网拓扑。在功率平衡方面，由于加入了双边交易，需要在发电侧增加注入功率；而对于母线负荷侧，需要建立交易用户与母线关联关系模型，在不考虑双边交易下减少相应的用电计划。多个典型方式加入大规模双边交易后，运行方式和网损变化增大，通过模拟一次调频的调整方式让不平衡量由多机组承担；同时，在断面生成过程中，根据网损大小进行动态分摊调整，降低平衡机功率偏差。在拓扑方面，基于统一支撑平台模型管理的模型方式库获取系统模型和参考断面，结合检修计划提出多种拓扑形成方式，包括检修反演方式、正常接线管理和特殊方式管理三种方式，最终形成编制日的网络拓扑。

2.2　安全校核计算服务

安全校核计算[10]主要包括以下几个方面的计算服务。

2.2.1　潮流分析

潮流分析采用交流计算方法，计算过程中会自动选择 PQ 解耦法、NR 牛顿法进行计算，当出现交流潮流不收敛时，自动切换到类直流法和直流法进行计算。

2.2.2 灵敏度分析

灵敏度分析作为计算服务由安全校核总控调用，并可根据需要被人机界面调用计算过程，用于动态计算关注设备之间的灵敏度信息。用户可以通过厂站图上的设备操作菜单选择进行灵敏度分析，显示支路类设备对发电机的灵敏度列表数据；也可以在系统单线图、地理单线图上通过单击鼠标右键选择菜单，显示支路类设备对发电机的灵敏度数据。

2.2.3 静态安全分析

静态安全分析核心计算部分统一在安全校核并行计算资源中实现。静态安全分析的故障集按设备类型可以分为线路 N-1、变压器 N-1、母线 N-1、机组 N-1 和预想故障集；用户可以在计算参数控制中手动选择类型指定、选择故障。

3 大规模双边交易对电网影响的量化评估分析

3.1 对备用的影响及量化分析方法

在大用户直购电模式下，大用户直购电交易形成的双边合同将影响发电机组在实时调度时预留的发电备用容量，如果对备用容量的补偿不到位，则发电企业就没有积极性为实时调度预留备用。由于直购电交易是分散的，在极端的情况下，有可能造成电网可调度的备用容量严重不足，因此定义了分区上备用平均损失率、分区下备用平均损失率等指标。

分区上备用平均损失率反映了通过大用户直购电固定的双边交易电力占分区上备用容量的比值，其计算公式如下：

$$\delta_m^{\mathrm{up}} = \frac{\dfrac{Q_{di}}{H \times 24 - t_{yi}}}{\sum\limits_i \min\{P_{m,i}^{\mathrm{SRMX}} - P_{m,i}^{\mathrm{DP}}, 15\mathrm{min} \times v_{m,i}^{\mathrm{ramp}}\}} \tag{1-1-1}$$

式中，Q_{di} 表示第 i 个发电单元月度交易电量，t_{yi} 表示发电单元月度检修小时数，H 表示每月的天数，$P_{m,i}^{\mathrm{SRMX}}$ 为分区 m 机组 i 提供旋转备用时的出力上限，$P_{m,i}^{\mathrm{DP}}$ 为该机组的调度运行点，$v_{m,i}^{\mathrm{ramp}}$ 为该机组的爬坡速率。

分区下备用平均损失率反映了通过大用户直购电固定的双边交易电力占分区下备用容量的比值，其计算公式如下：

$$\delta_m^{\mathrm{dn}} = \frac{\dfrac{Q_{di}}{H \times 24 - t_{yi}}}{\sum\limits_i \min\{P_{m,i}^{\mathrm{DP}} - P_{m,i}^{\mathrm{SRMN}}, 15\mathrm{min} \times v_{m,i}^{\mathrm{ramp}}\}} \tag{1-1-2}$$

式中，$P_{m,i}^{\mathrm{SRMN}}$ 为分区 m 机组 i 提供旋转备用时的出力下限。

3.2 对网损的影响及量化分析方法

加入双边交易后，参与交易的发电机组的发电量计划会增大，而未参与双边交易的系统其他机组的发电量计划会相应减小，从而影响系统的输电网损。为公平起见，设定双边交易的电量在其他机组间均摊补偿。因此，基于网损灵敏度因子的网损变化计算公式如下所示：

$$CL_i = LF_i * Q_i - \sum_{j,j\neq i}^{I} LF_j * \frac{Q_i}{I-1} \tag{1-1-3}$$

式中，CL_i为机组i的双边交易对系统输电网损的影响量，Q_i为机组i的双边交易电量，LF_i为电网节点i的网损灵敏度。

3.3　对计划电执行的影响及量化分析方法

大规模双边交易机制中，双边交易合同电量优先进行安排，之后将年度总电量中的剩余部分按照三公原则在电厂中进行分配。考虑双边交易机制后，双边交易合同电量会占用电厂的计划分配电量空间。

提出机组双边交易利用小时数影响因子ε_i，表征该机组双边交易利用小时数与机组综合利用小时数的偏差，反映该机组利用小时数受双边交易的影响程度，其计算公式如下所示：

$$\varepsilon_i = \frac{h_{ji}}{h_i} \times 100\% \tag{1-1-4}$$

式中，h_{ji}、h_i分别表示第i个发电机组双边交易利用小时数、第i个机组综合利用小时数。ε_i越大，表示该机组双边交易对机组利用小时数贡献越大，反之越小。

4　系统应用情况

以安徽电网为例，表1-1-1为安徽部分发电企业与电力用户双边交易情况。

表1-1-1　双边交易电量情况

机组名称	容量/MW	基本电/MWh	直购电/MWh
A厂1号机	630	1 814 000	1 520 000
B厂1-2号机	1 320	5 322 000	1 090 000
C厂5-6号机	700	3 249 000	100 000

采用基于灵敏度因子的网损量化分析方法，分析双边交易对网损的影响。计算结果如表1-1-2所示。

表1-1-2　双边交易对网损影响的分析结果

机组名称	网损灵敏度	网损影响/MWh	交易影响分量/MWh	计划影响分量/MWh
A厂1号机	−0.008 3	−17 697	−12 616	−5 081
B厂1-2号机	0.003 4	62	3 706	−3 644
C厂5-6号机	0.042 4	3 906	4 240	−334

可以看到，对于A厂1号机，由于该机组的网损灵敏度为负值，其双边交易可以降低系统的网损(1 261.6万kWh)，同时电网中其他机组的电量计划相应减少，也降低了系统的网损(508.1万kWh)，因此，该双边交易减少了系统网损(1 769.7万kWh)。对于C厂5-6号机，由于该机组的网损灵敏度为正值，其双边交易增加了系统的网损(424万kWh)，同时电网中其他机组的电量计划相应减少，降低了系统的网损(33.4万kWh)，而交易影响分量相

对较大，因此，该双边交易增加了系统网损（390.6 万 kWh）。

5 结语

校核系统为大规模交易电形势下电网运行方式的安排提供了有效的校核工具和决策依据，系统在安徽电力调度控制中心投入运行以来运行状况良好，通过安全校核剔除对电网安全不利的交易行为，在确保计划电量与交易电量都能均衡执行的同时，保障了电网的安全稳定运行，从而进一步提高了电网公司在计划制定与执行工作中的精益化管理水平。

参考文献

[1] 刘克俭，王铁强，时珉，等. 大规模直购电下基于让渡价格的日前发电计划研究[J]. 电力系统保护与控制，2017，45(22)：28-33.

[2] 李卫国，毛海超，陈中元，等. 安徽开展电力中长期交易的关键问题分析[J]. 电器工业，2017(10)：63-64.

[3] Q/GDW 680.6—2011. 智能电网调度技术支持系统第 6 部分：安全校核类应用[S]. 2011.

[4] 张智刚，夏清. 智能电网调度发电计划体系架构及关键技术[J]. 电网技术，2009，33(20)：1-8.

[5] 彭晖，陶洪铸，严亚勤，等. 智能电网调度控制系统数据库管理技术[J]. 电力系统自动化，2015，39(1)：19-25.

[6] 杨凤攀. 基于 SOA 架构的智能终端云服务平台设计与实现[D]. 长春：吉林大学，2017.

[7] 唐跃中，曹晋彰，郭创新，等. 电网企业基于面向服务架构的应用集成研究与实现[J]. 电力系统自动化，2008，32(14)：50-54.

[8] 王兴志，严正，沈沉，等. 基于面向服务架构的调度计划安全校核网格计算[J]. 电力系统保护与控制，2011，39(24)：90-95.

[9] 邱健，牛琳琳，于海承，等. 基于多源数据的在线数据评估技术[J]. 电网技术，2013，37(9)：2658-2663.

[10] 吕颖，鲁广明，杨军峰，等. 智能电网调度控制系统的安全校核服务及实用化关键技术[J]. 电力系统自动化，2015，39(1)：171-176.

基于 PLR-TD 算法的电网负荷季节临界变化条件研究

Research on Critical Seasonal Variation Conditions of Power Grid Load Based on PLR-TD Algorithm

万 顺 桂 宁 陈家静 陈小龙

国网安徽省电力有限公司合肥供电公司，安徽合肥，230022

摘要：一年中季节的变化，包括春季向夏季、秋季向冬季的转变，都可以使合肥电网的负荷有较大的增加，直接考验电网的承载能力。本文通过探究外界条件的变化或者电网本身指标的变化，采用 PLR-TD 算法对电网负荷影响条件中的时间、温度和峰谷差率等进行分析，综合度量合肥市电网季节变化的临界条件，对基础负荷的取值、负荷预测以及电网负荷的监测均有一定的实际意义。

关键词：负荷；负荷预测；PLR-TD 算法；峰谷差率；迎峰度冬

Abstract: The seasonal changes during the year, including the transition from spring to summer and autumn to winter, have increased the load of Hefei power grid and test the carrying capacity of the grid. Therefore, by exploring the changes of external conditions or the changes of the grid itself, it is of practical significance to comprehensively measure the critical conditions of seasonal variation of Hefei power grid for the selection of basic load, load forecasting and monitoring of grid load. In this paper, PLR-TD algorithm is used to analyze the time, temperature, peak-valley difference and other conditions in the load impact conditions.

Key words: load; load forecasting; PLR-TD algorithm; peak-valley difference; peak load in winter

电网负荷的构成是多样的，有很多因素会影响电网负荷变化，季节变化是其中较重要的因素之一，包括春季向夏季、秋季向冬季过渡都会对电网负荷产生较大的影响。合肥地区的气候属于北半球亚热带湿润季风气候，温暖潮湿多雨，四季分明，冬夏季长，春秋季短。近年来，随着人民生活水平的提高和地区经济的高速发展，居民和商业的空调负荷所占的比重越来越大，而空调用电高峰一般出现在夏季和冬季，因而电网负荷与季节变化的关系变得越来

作者简介：

万顺（1985—），男，硕士，高级工程师，主要从事电力信息化、电力大数据应用方面的研究与实践工作。

桂宁（1976—），女，本科，高级工程师，主要从事信息化管理和技术研究工作。

陈家静（1987—），女，硕士，工程师，主要从事电力信息化、电力大数据应用方面的研究与实践工作。

陈小龙（1989—），男，硕士，工程师，主要从事信息化管理和技术研究工作。

越密切。本文将采用 PLR-TD 算法对电网负荷影响条件中的时间、温度和峰谷差率等条件进行分析。

1 PLR-TD 算法

本文充分考虑具有时间序列特征的电网季节临界变化的各条件，采用分段线性表示(piecewise linear represention，PLR)中的自上而下 TD 算法对时间序列进行分割。

时间序列在二维平面上实际上是一条曲线，所谓分段，就是用一系列首尾相接的线段近似地表达一条曲线，分段线性表示法[1]是时间序列近似表示的几种主要方法之一。从时间序列中抽取一些特征点，将这些特征点依次相连构成的线段序列就是时间序列的分段线性表示。

PLR-TD 算法的思想是：

第一步，选中时间序列中的开始点和结束点两个分段点。

第二步，遍历两点之间的所有点，找出和这两点连成的直线距离最大的点，如果这个点到直线的距离"大于"预先给定的阀值，将其称为 R，并将其作为第三个分段点。这样就有了两个线段，做了最初步的划分。

第三步，就这个新增点到左边相邻点和右边相邻点构成的两条线段，继续寻找距离最大的点。然后，找到的两个点，谁与相应的线段距离最大，且这个距离"大于"阀值 R，就将该点作为第四个分段点……如此循环，直到再也找不到距离大于 R 的点，分段完成。

这个阀值，也就是点到线段的距离，可以使用正交距离(原始点和分段线段在该点的值的差的绝对值)、垂直距离(原始点到分段线段的直线的长度)和欧式距离，也可以设置其他的特性作为阀值，比如拟合误差、弧度、角度、余弦等。

2 电网季节临界变化条件分析

2.1 时间条件

选定时间条件的主要目标是找到负荷变化的时间范围，这需要对统调年负荷序列进行分割。

利用 PLR-TD 算法将 2018 年地区 5—9 月的统调负荷进行线性分段表示，选择增速最大的分段作为春夏季节变化分段，如图 1-2-1 中的绿色(第二段折线)分段，时间为 2018-07-02到 2018-07-28。

再将 2018 年地区统调负荷 10—12 月的负荷数据进行分段线性表示，选择增速最大的分段作为秋冬季节变化分段，如图 1-2-2 中的绿色(第二段折线)分段，时间为 2018-11-27 到 2018-12-13。

将 2013—2018 年统调负荷数据进行分段线性表示，得到春夏和秋冬的季节变化时间范围如表 1-2-1 所示。

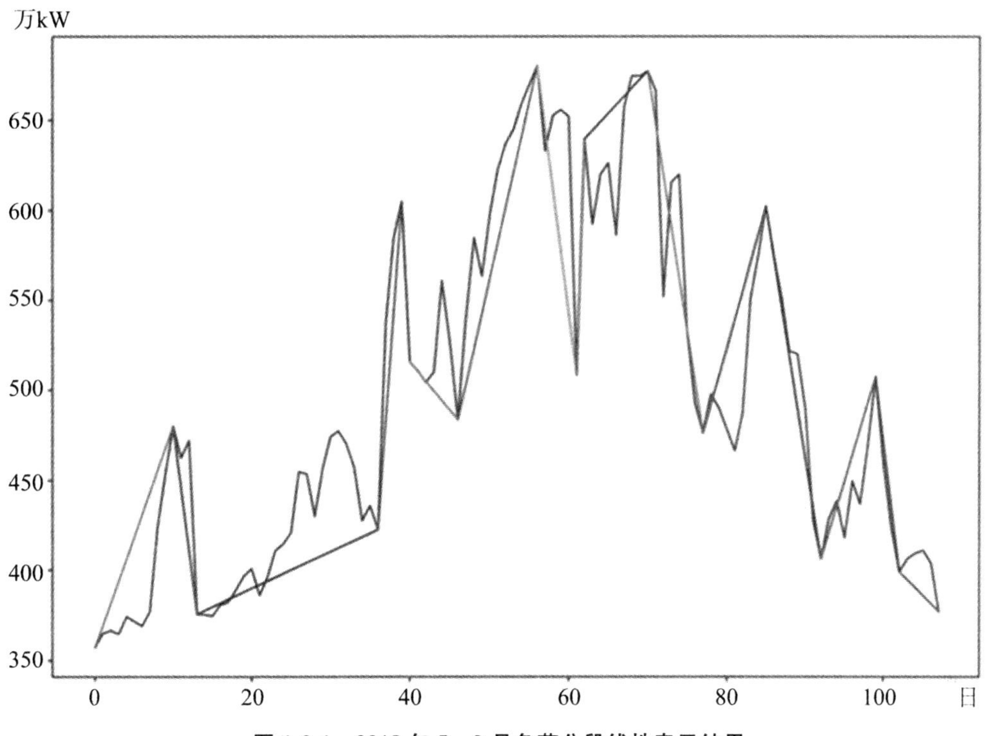

图 1-2-1　2018 年 5—9 月负荷分段线性表示结果

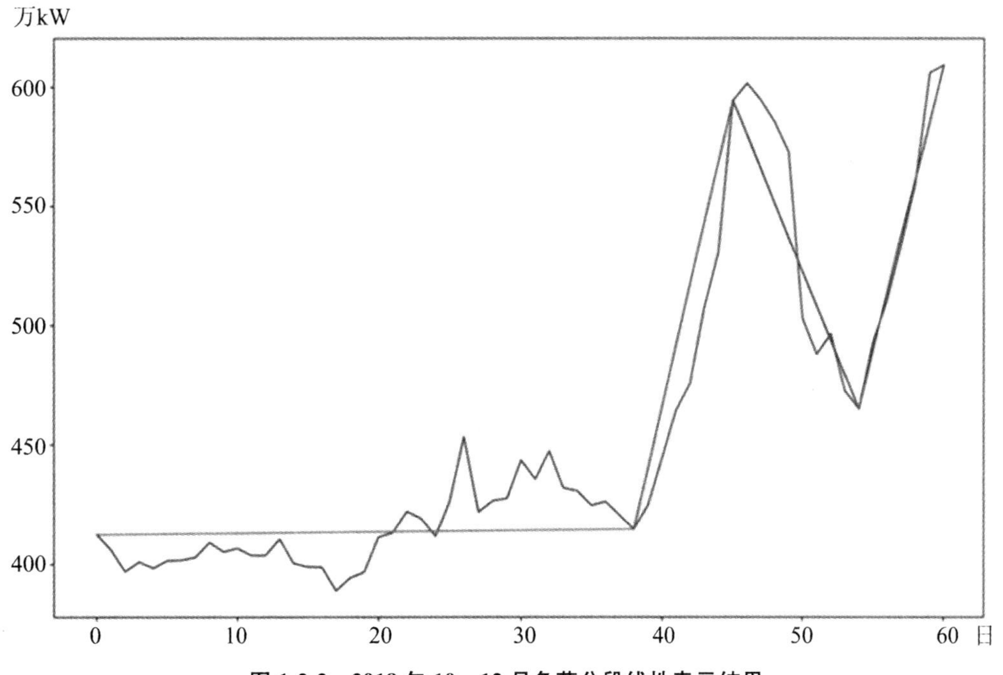

图 1-2-2　2018 年 10—12 月负荷分段线性表示结果

表 1-2-1　2013—2018 年季节变化时间范围

年份	春夏临界下界	春夏临界上界	秋冬临界下界	秋冬临界上界
2013	06-09	08-14	11-22	12-19
2014	06-30	07-21	11-22	12-11
2015	07-02	07-29	11-08	12-20
2016	07-02	07-28	11-23	12-26
2017	07-02	07-28	11-27	12-13
2018	07-02	07-28	11-27	12-13

综上可以得到，春夏季节临界变化的主要范围是 07-02 到 07-28，秋冬季节临界变化的主要范围是 11-22 到 12-20。

2.2　温度条件

春夏、秋冬季节交替，温度的变化是引起负荷变化的主要因素。

2013—2018 年春夏温度-负荷变化图如图 1-2-3、图 1-2-4 所示。

2013—2018 年秋冬温度-负荷变化图如图 1-2-5、图 1-2-6 所示。

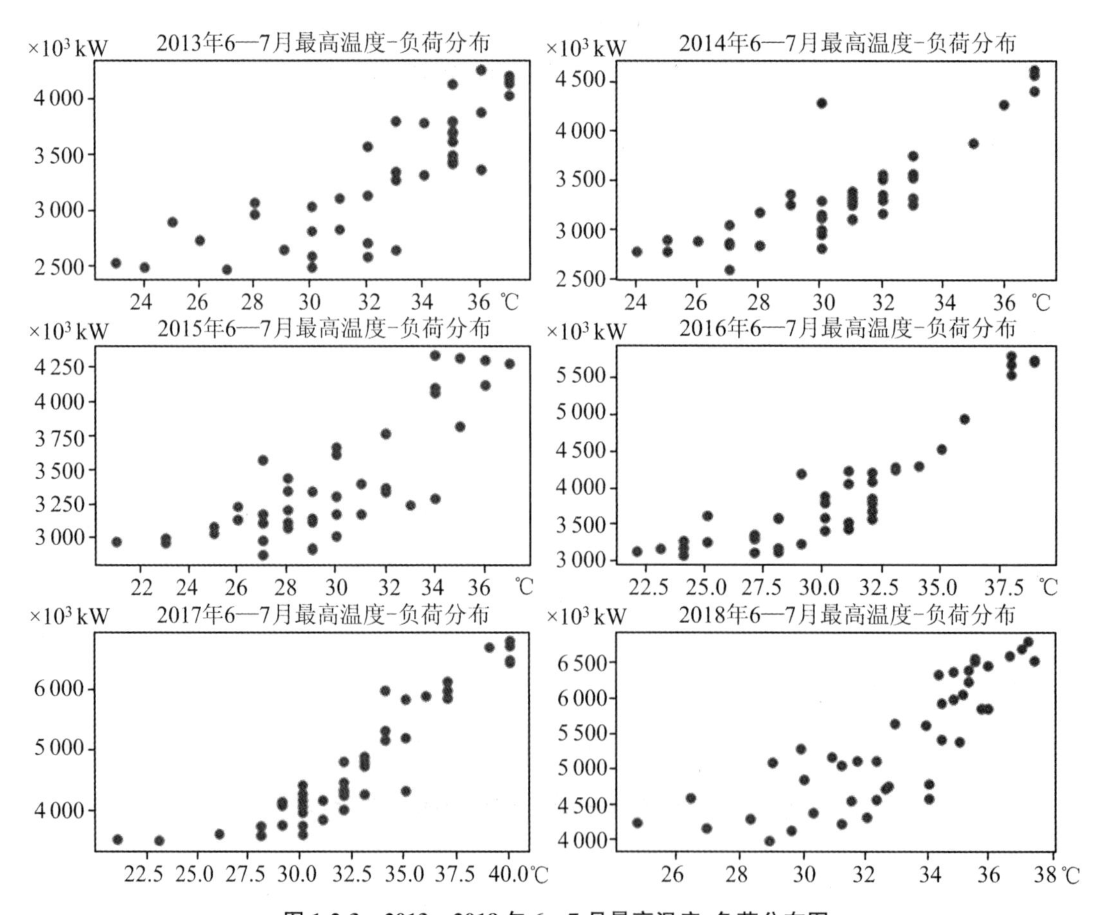

图 1-2-3　2013—2018 年 6—7 月最高温度-负荷分布图

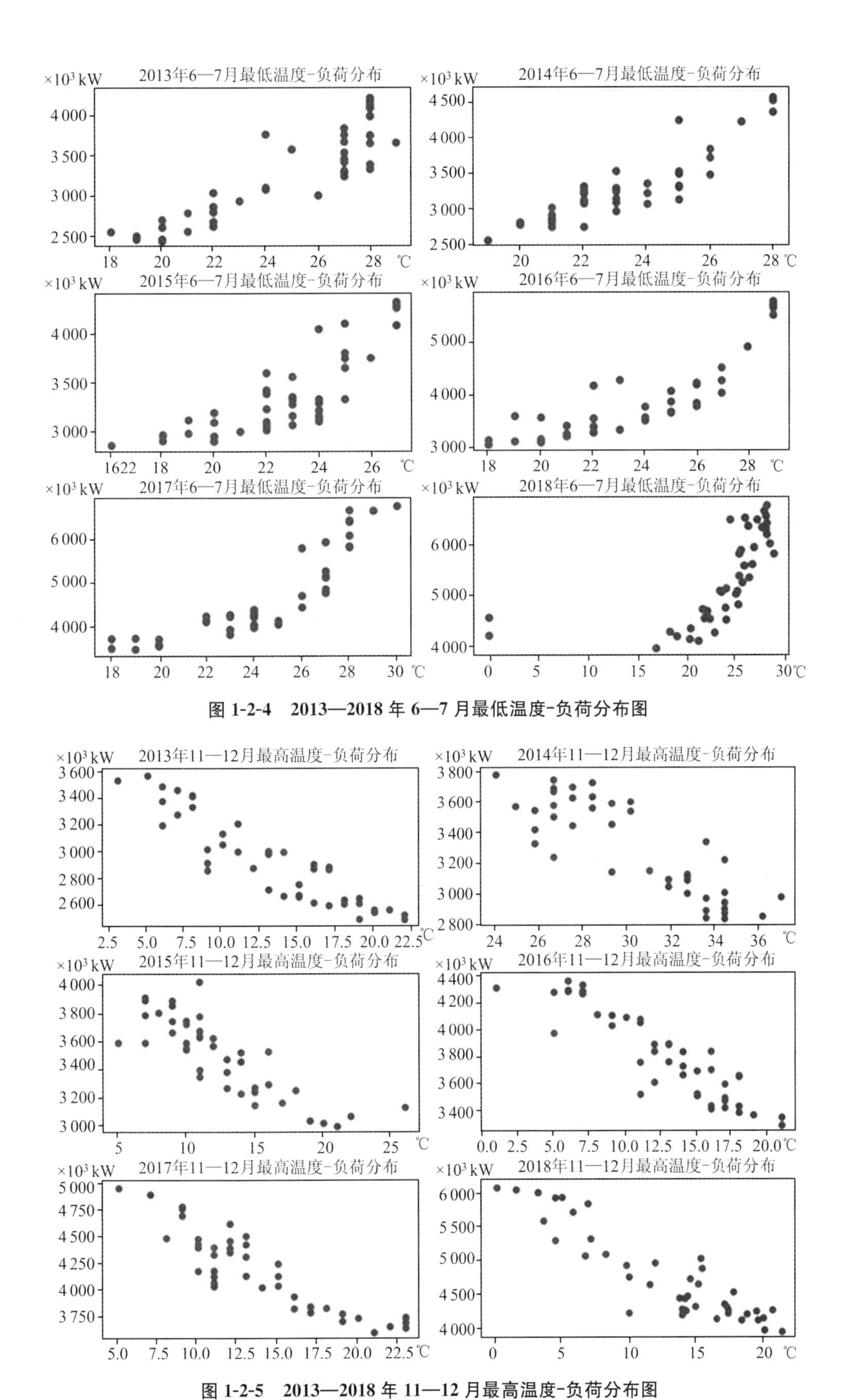

图 1-2-4　2013—2018 年 6—7 月最低温度-负荷分布图

图 1-2-5　2013—2018 年 11—12 月最高温度-负荷分布图

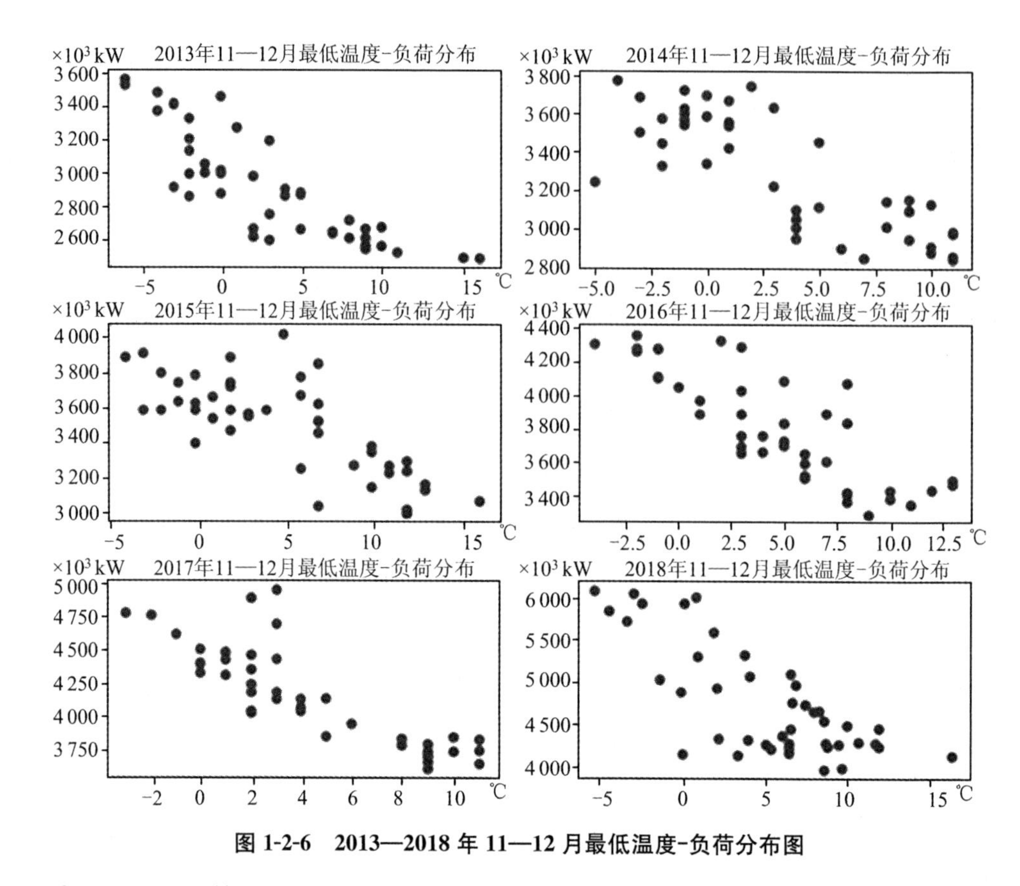

图 1-2-6　2013—2018 年 11—12 月最低温度-负荷分布图

采用 PLR-TD 算法对 2013—2018 年 6—7 月和 11—12 月的温度-负荷曲线进行拟合分割，找到季节负荷临界变化的高温和低温范围。

算法的主要原理是遍历温度范围，以最小拟合均方误差为拟合目标，求得温度分界点。

2018 年地区统调负荷春夏最高温度-负荷分布如图 1-2-7 所示，从图中可以看到算法拟合计算得到的 2018 年春夏交替最高温变化温度为 35 ℃。

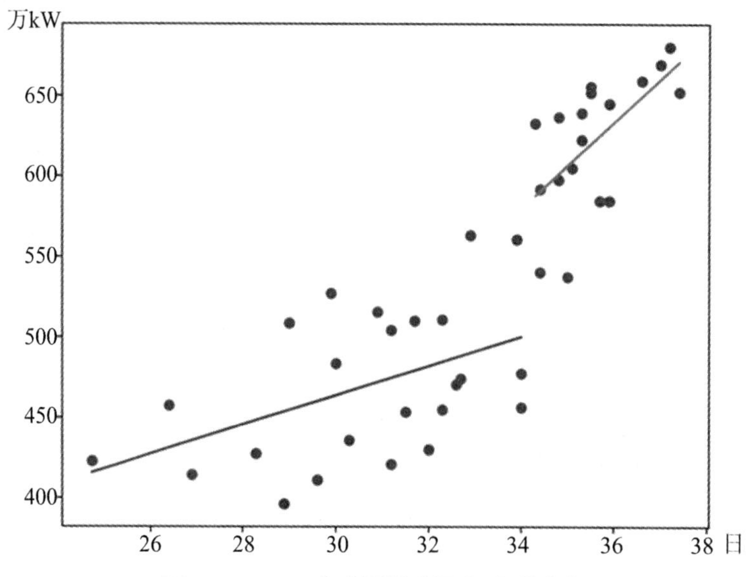

图 1-2-7　2018 年春夏最高温度-负荷分布

2018 年地区统调负荷春夏最低温度-负荷分布如图 1-2-8 所示，从图中可以看到算法拟合计算得到的 2018 年春夏交替最低温变化温度为 24 ℃。

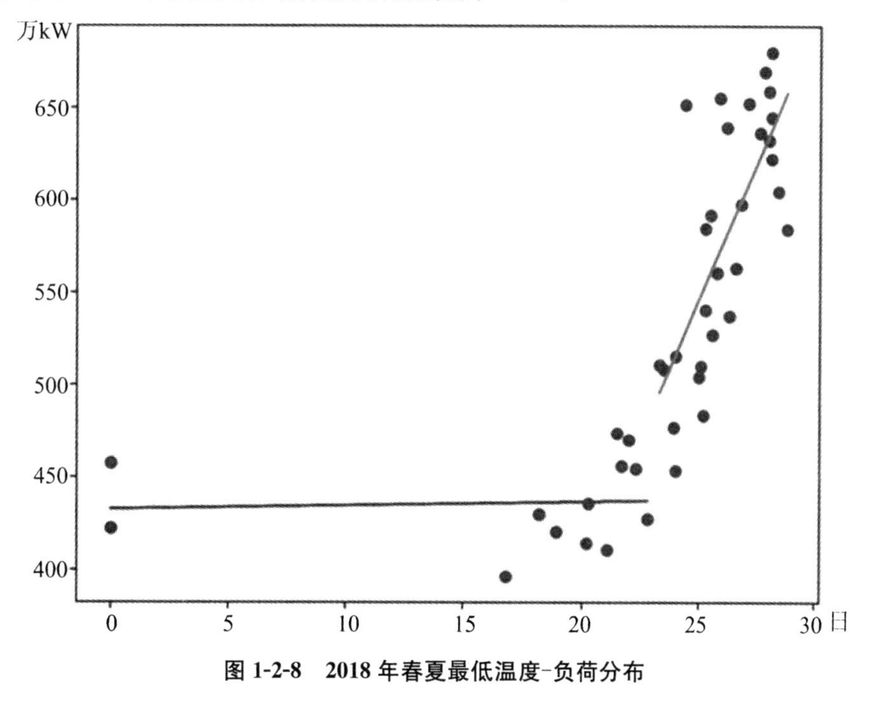

图 1-2-8　2018 年春夏最低温度-负荷分布

2018 年地区统调负荷秋冬最高温度-负荷分布如图 1-2-9 所示，从图中可以看到算法拟合计算得到的 2018 年秋冬交替最高温变化温度为 11 ℃。

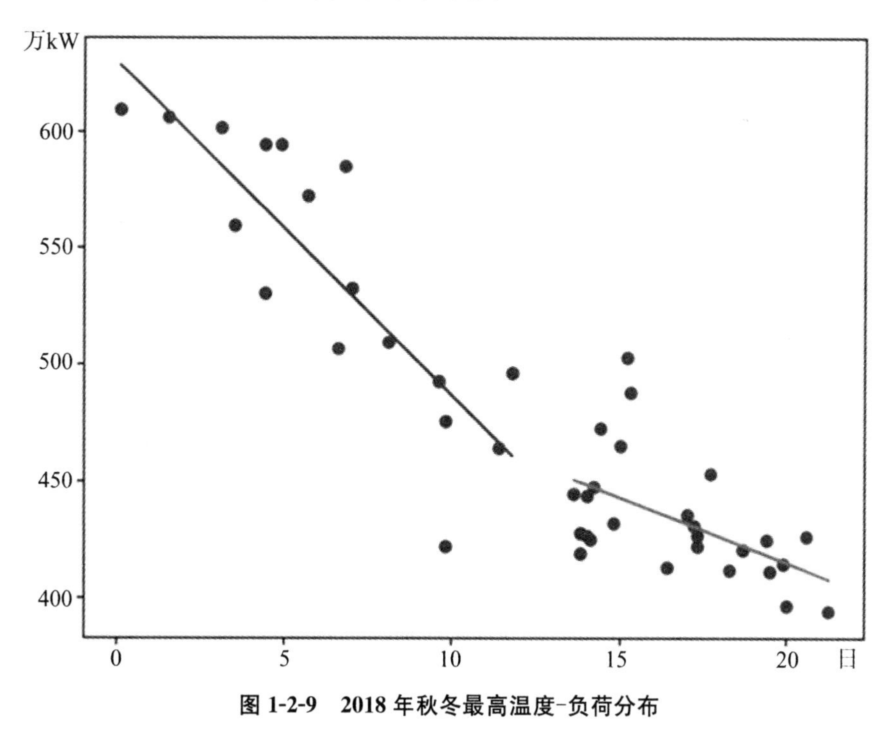

图 1-2-9　2018 年秋冬最高温度-负荷分布

2018 年地区统调负荷秋冬最低温度-负荷分布如图 1-2-10 所示，从图中可以看到算法拟合计算得到的2018年秋冬交替最低温变化温度为1℃。

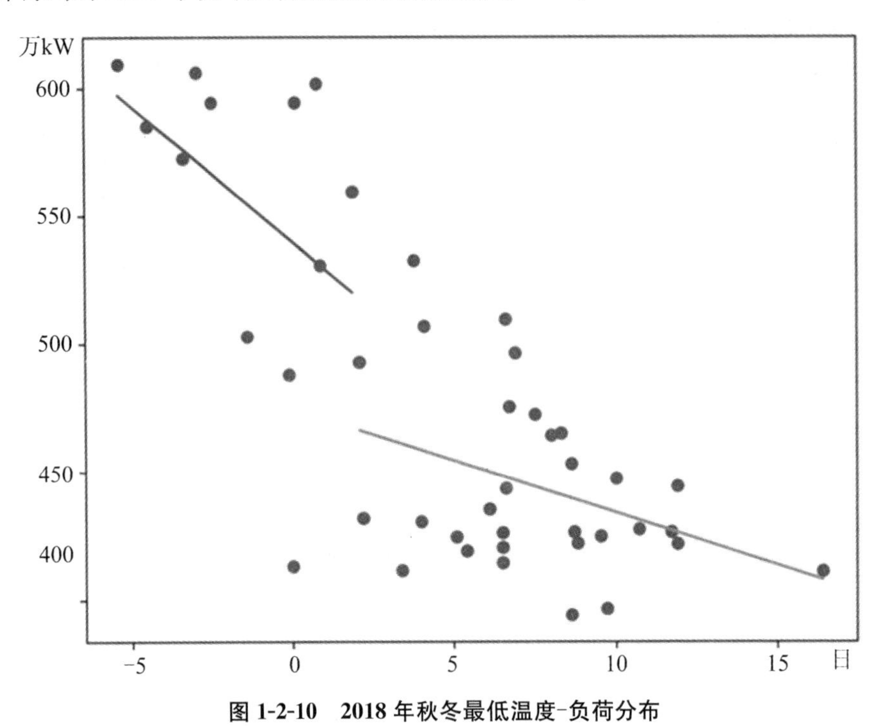

图1-2-10　2018年秋冬最低温度-负荷分布

综上,利用PLR-TD算法计算2013—2018年春夏、秋冬交替最高温度、最低温度的温度范围如表1-2-2所示。

表1-2-2　2013—2018年季节变化温度范围

(单位:℃)

年份	春夏高温	春夏低温	秋冬高温	秋冬低温
2013	29	25	9	2
2014	33	23	13	4
2015	29	24	13	5
2016	33	27	8	9
2017	32	25	12	4
2018	35	24	11	1

综合2013—2018年的临界点温度,可以得到春夏交替的高温范围为32—34℃,低温范围为23—25℃;秋冬交替的高温范围为12—13℃,低温范围为2—5℃。

2.3　日负荷率条件

日负荷率是衡量日内负荷波动情况的指标之一,而季节的变化对负荷波动有一定的影响,因此将日负荷率作为寻找季节变化临界点的分析点之一。图1-2-11、图1-2-12是合肥市统调负荷2013—2018年6—7月和11—12月日负荷率的变化曲线。

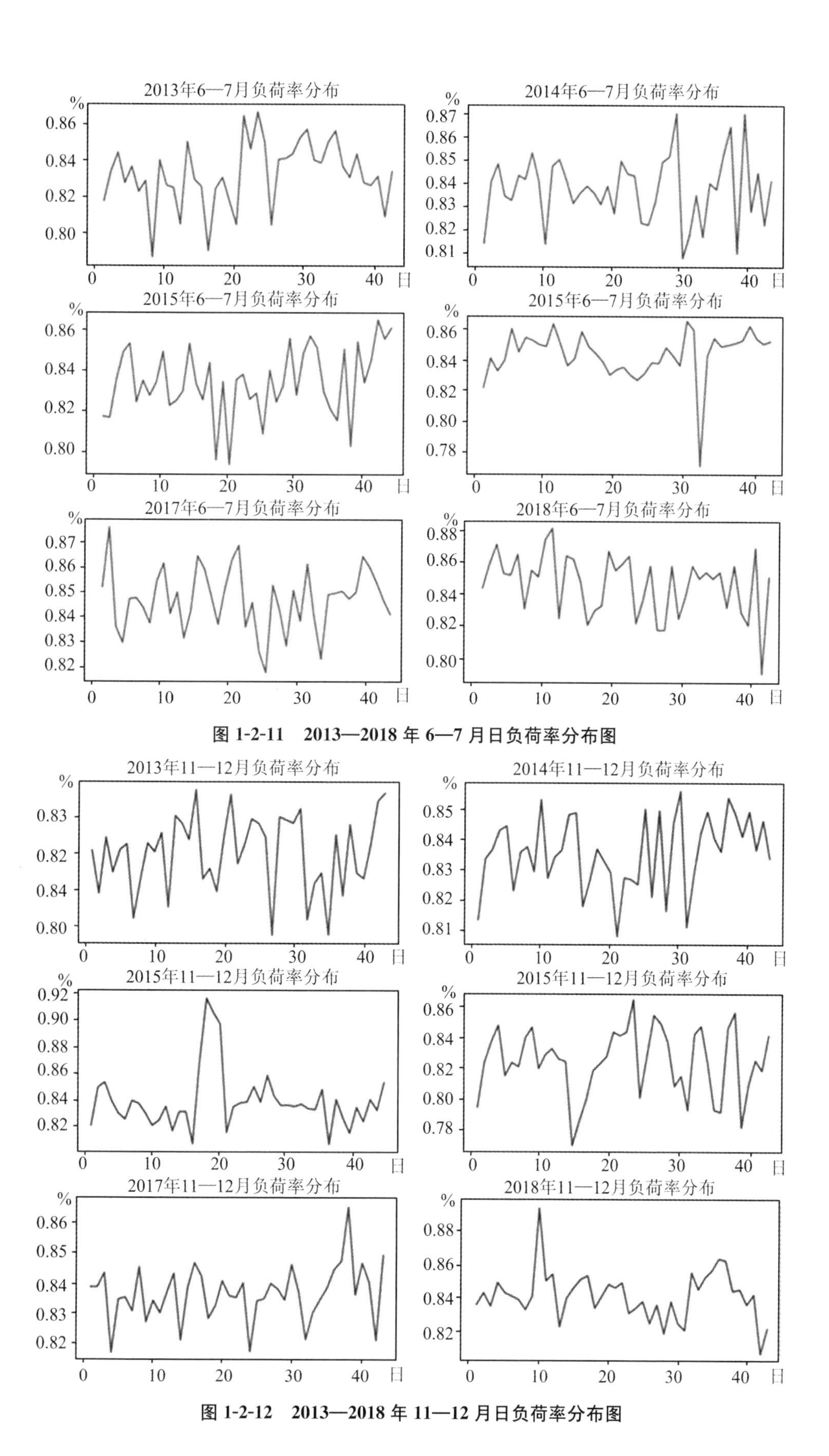

图 1-2-11　2013—2018 年 6—7 月日负荷率分布图

图 1-2-12　2013—2018 年 11—12 月日负荷率分布图

由图可以看出日负荷率分布比较平均，无明显变化。因此，取2013—2018年6—7月和11—12月的平均日负荷率范围为负荷率过滤条件。其中，6—7月日负荷率平均值的范围为0.832—0.846，11—12月日负荷率平均值的范围为0.820—0.840。

2.4　日峰谷差率条件

日峰谷差率是日最大负荷与最小负荷之差与最大负荷的比值，是研究地区统调负荷的重要指标之一[3]。日峰谷差率可以用来研究电力系统调峰措施并作为电力系统调整负荷节约用电措施的依据。

图1-2-13、图1-2-14是合肥市统调负荷2013—2018年6—7月和11—12月日峰谷差率的变化曲线。

从图中可以看出，2013—2018年6—7月平均日峰谷差率为0.341—0.366，11—12月平均日峰谷差率为0.356—0.382。

进一步观察11—12月的峰谷差率数据，可以看到峰谷差率随着时间的推移，有一定的增长趋势。达到一定水平后，峰谷差率发生波动。利用均值滤波、分段线性表示等算法进一步进行序列的分割，如图1-2-15、图1-2-16所示。

从图1-2-16可以看出，11—12月中间峰谷差率有一个较为明显的增长区间，求得此区间的平均峰谷差率为0.381。通过此算法求得历年峰谷差率的范围值为0.362—0.381，相比前述计算的范围更小。

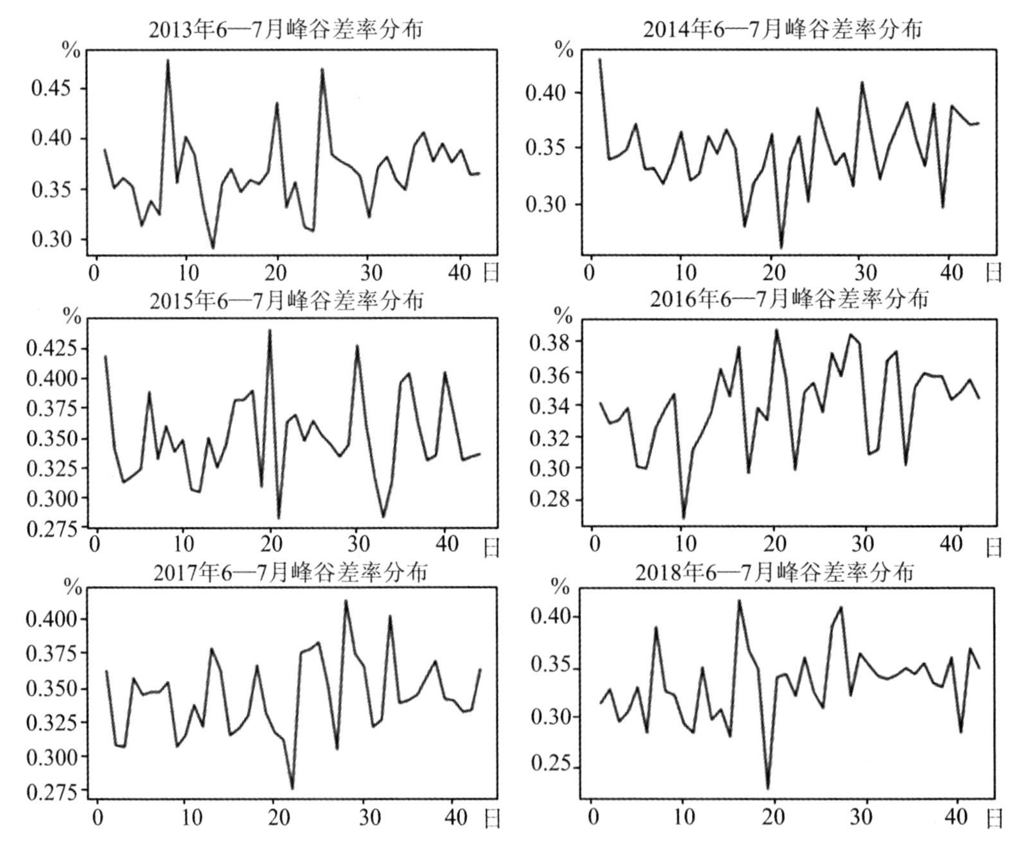

图1-2-13　2013—2018年6—7月日峰谷差率分布图

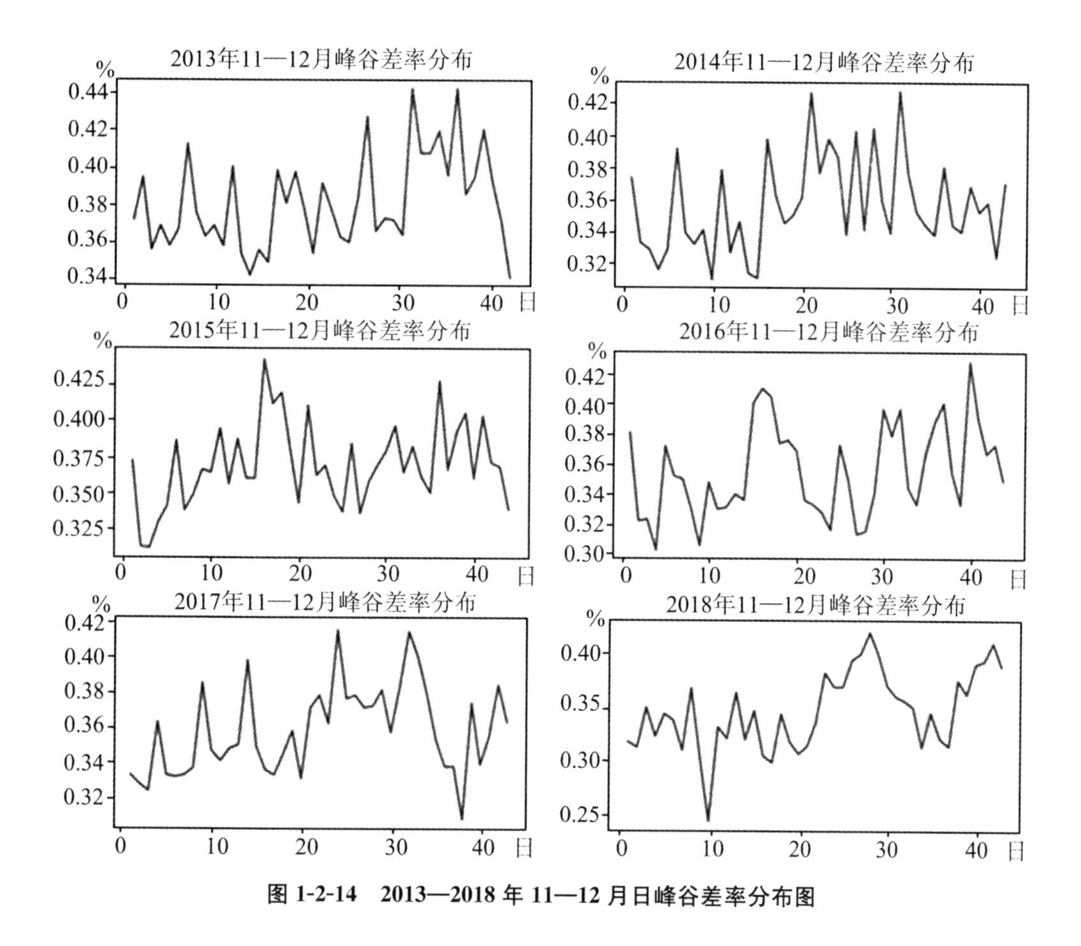

图 1-2-14　2013—2018 年 11—12 月日峰谷差率分布图

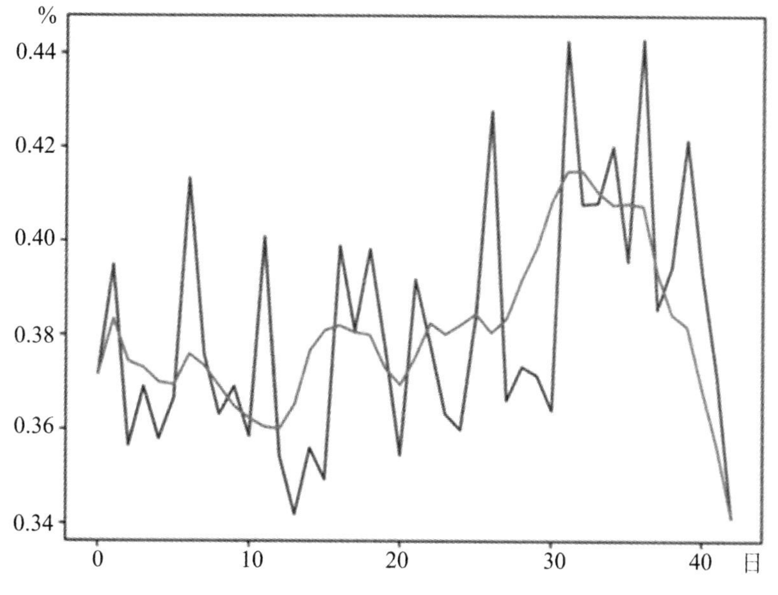

图 1-2-15　2013 年 11—12 月峰谷差率均值滤波

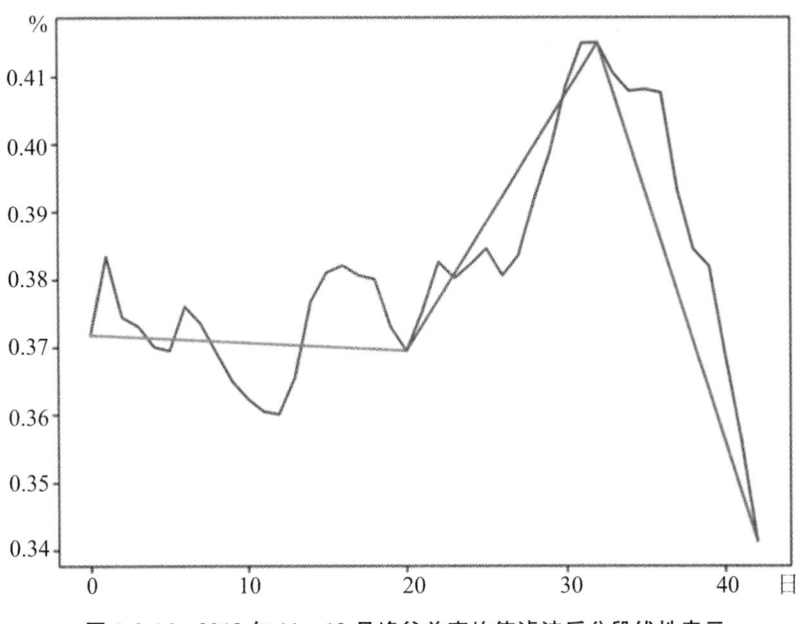

图 1-2-16　2013 年 11—12 月峰谷差率均值滤波后分段线性表示

综上可得,2013—2018 年 6—7 月平均日峰谷差率为 0.341—0.366,11—12 月平均日峰谷差率为 0.362—0.381。

3　结语

利用 PLR-TD 算法对电网季节临界变化的四个条件:时间、温度、日负荷率和日峰谷差率进行分析,综合分析结果可以得到季节变化的临界条件如表 1-2-3 所示。

表 1-2-3　2013—2018 年季节变化临界条件范围

季节变化	时间	最高温度/℃	最低温度/℃	日负荷率	日峰谷差率
春夏变化条件下界	07-02	32	23	0.832	0. 341
春夏变化条件上界	07-28	33	25	0.846	0.366
秋冬变化条件下界	11-22	12	4	0.820	0.362
秋冬变化条件上界	12-20	13	5	0.840	0.381

参考文献

[1] 喻高瞻,彭宏,胡劲松,等.时间序列数据的分段线性表示[J].计算机应用与软件,2007,24(12):17-18.

[2] 康重庆,夏清,张伯明.电力系统负荷预测研究综述与发展方向的探讨[J].电力系统自动化,2004,28(17):1-11.

[3] 董楠.电力负荷峰谷特性的谱分析方法及应用研究[D].北京:华北电力大学,2012.

[4] 牛东晓.电力负荷预测技术及其应用[M].2 版.北京:中国电力出版社,2009.

提高电网监控工作效率的策略和方法研究

Study on Strategies and Methods for Improving the Efficiency of Power Grid Monitoring

仇龙刚　陈从坦　李　萍　王欣欣　任曼曼
国网安徽省电力有限公司淮南供电公司，安徽淮南，232000

摘要：自实行电网集中监控以来，无人值守变电站日益增多，海量监控信息给监控业务带来极大挑战。本文从电网监控业务实际工作现状着手，深入剖析影响监控效率的关键因素，通过监控信息的“定值式”管理，监控缺陷的及时整改，频发、误发及伴生信号的治理和人机界面的优化设计等四个方面的策略研究，实现了监控信息的优化治理，减轻了监控员的工作负担，提高了监控业务的技能和管理水平，保障了电网设备的健康运行。

关键词：电网监控；监控效率；告警信息；优化治理

Abstract: The number of unattended substations has been increasing day by day since the implementation of centralized monitoring. A large amount of monitoring information brings great challenges to the power grid monitoring. According to the present condition, key factors influencing the monitoring efficiency are analysed, through the strategic research from the four aspects: "the constant value" management of monitoring information, the improvement of monitoring defects, reducing the frequently signals, false signals and the associated signals, and the optimization design of man-machine interface, the management of monitoring information is optimized, the workload of the monitors is reduced, the skills and management level are improved, those all ensure the healthy operation of power grid equipment.

Key words: grid monitor; monitoring efficiency; alarm information; management and optimization

在国家电网公司“三集五大”背景下，淮南电网已进入“调控一体化”运行模式稳步推进的阶段，不同电压等级变电站已逐步实现无人值守，转由调控中心集中监控。随着变电站数量的日益增长，网络结构日趋复杂，海量的监控信息以百川汇海之势涌入[1]，频发、误发以及

作者简介：
仇龙刚(1988—)，男，河南濮阳人，工程师，主要从事电力调度、监控运行工作。
陈从坦(1968—)，男，安徽淮南人，本科，副高级工程师，主要从事电力调度、监控运行工作。
李萍(1973—)，女，安徽淮南人，本科，高级工程师，主要从事监控运行工作。
王欣欣(1993—)，女，内蒙古赤峰人，本科，助理工程师，主要从事厂站自动化检修工作。
任曼曼(1990—)，女，安徽淮北人，硕士，工程师，主要从事网源协调工作。

无效和伴生等告警信息的干扰，很容易使值班监控员眼花缭乱，顾此失彼，甚至对重要信息产生漏监、误判和延判；尤其在电力系统发生复杂事故时，刷屏的告警信息和闪屏的主站推图让监控员难以迅速、准确地做出故障判断，监控员的工作任务日益艰巨。为保障电网的安全稳定运行，优化监控业务，提高监控效率意义重大。

1　电网监控工作现状

淮南电网站多、面广，站点地理位置偏远，尤其是 2016 年寿县行政区域划转到淮南，给淮南电网监控和变电站设备检修工作带来了新的挑战。截至 2017 年年底，淮南地区电网共辖 35 kV 及以上已投运变电站 48 座。自实行调控一体化模式以来，每次两名监控员值班，每隔 3—4 h 对所辖厂站进行一次全巡，每次耗时约 1 h。巡检内容包括厂站主接线图的“四遥”信息、告警窗的五类信息[2]、AVC 闭锁情况、运行工况等。正常情况对监控告警信号进行实时监控，特殊情况如大型检修、缺陷、保电、恶劣天气时需加强监视，在正常运行操作和事故处理等方面，监控员要执行调度员的指挥。集中监控实现了减员增效，但厂站多、工作量大、耗费时间长的现状使监控效率大打折扣。通过调度技术支持系统统计，淮南电网 2017 年度的五类告警信息数量分布如图 1-3-1 所示。

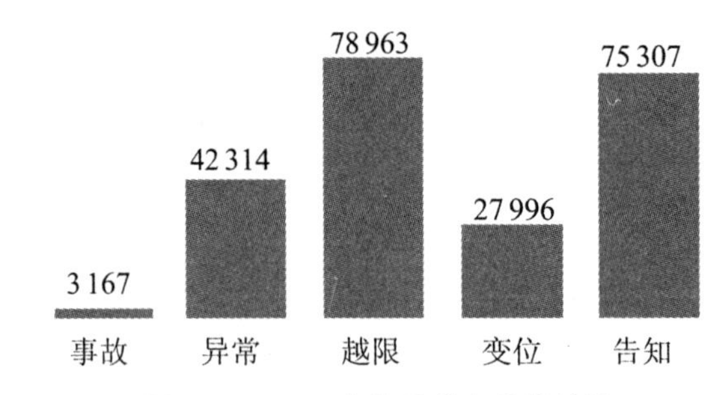

图 1-3-1　2017 年告警信息分类统计

2　监控效率影响因素分析

2.1　设备和人员的变动

OPEN3000 能量管理系统在各级电力调度系统中已经得到成熟应用，但为适应电网的发展需要，设备资源的新旧交替和人力资源的变动不可避免，这是影响监控效率的主要因素。

2.2　监控信息不规范

随着新(改、扩)建设备的更新替换，由于不同生产厂家装置型号、保护版本不同等原因，同时对信息描述和功能解释存在差异，且一直采用厂家“打包”给运检，再由运检“打包”给调控的模式，不可避免地导致监控信息的分类不合理和信息点表的不完善。以三个 220 kV 变电站为例，通过调取厂站的信息点表，梳理统计信息如表 1-3-1 所示，监控信息存在描述不准确、名称不统一、冗余重复现象。信息点表标准不统一、告警分类不合理、验收流程不规范是致使监控信息不规范的根本原因，监控信息规范率亟待提高，且存在极大改善空间。

表 1-3-1　变电站监控信息梳理统计表

变电站(220 kV)	信息总量	描述不规范		分类不规范		老旧及冗余重复信息	
		条数	占比	条数	占比	条数	占比
A站	2 827	1 120	39.3%	750	26%	524	18.5%
B站	4 996	2 108	42.2%	1 049	21%	650	13%
C站	1 740	805	46.2%	384	22%	54	3%

2.3　SCADA系统的呈现信息不健全

监控员在工作中会遇到厂站主接线图SCADA系统数据普遍存在丢失、不刷新和不完整等问题，一方面致使部分设备处于漏监状态，另一方面在分析电网故障时由于缺少辅助判据，可能会导致故障延判和误判。其主要原因有以下三点：一是现场不具备上传条件，如现场设备安装电流互感器(TA)相数只有两相，这种情况在配电网线路中居多；二是现场上传了遥测信息，但远动主站未接入；三是由于人力、技术等原因，导致监控缺陷未得到及时整改。

2.4　频发、误发及伴生信号的干扰

(1) 变电站现场设备缺陷未及时消除。变电站现场部分一、二次设备可靠性不高，发生异常后未及时处理，造成这些设备频发异常告警信息。如断路器辅助接点老化后触点松动，受到外力抖动时会产生告警信号，频发次数可高达上万次，如图1-3-2所示。

接线图　▷遥测信息表

保护名称	遥信值	动作时间	复归时间	变位次数
220kV金寿2739线第二套操作箱PT失压	分	2017/02/24 23:56:11	2017/02/24 23:56:42	704
公用测控二220kV#1录波器掉电	分	2017/02/24 23:56:11	2017/02/24 23:56:36	592
220kV金寿2739线PCS912装置动作	分	2017/02/24 23:56:00	2017/02/24 23:56:31	704
公用测控二220kV#3录波器启动	分	2017/02/24 23:56:00	2017/02/24 23:56:24	4686
公用测控一220KV#2录波器装置故障1	分	2017/02/24 23:39:29	2017/02/24 23:40:08	17934
公用测控一220KV#2录波器装置故障2	分	2017/02/24 23:39:18	2017/02/24 23:39:57	17935
220kV金辛2C42线RCS901收发信机异常	分	2017/02/24 22:06:30	2017/02/24 22:07:02	710
220kV金辛2C42线RCS902收发信机动作	分	2017/02/24 22:06:19	2017/02/24 22:06:51	711
公用测控二220kV#3录波器故障	分	2017/02/24 21:48:31	2017/02/24 21:48:42	4100
公用测控二220kV#3录波器掉电	分	2017/02/24 21:48:31	2017/02/24 21:48:42	1362
公用测控二220kV#1录波器启动	分	2017/02/24 16:48:00	2017/02/24 16:48:09	244
110kV金大九146线事故总(硬)	分	2017/02/24 12:09:14	2017/02/24 12:09:57	10
#1主变220侧A保护高侧PT失压	分	2017/02/24 12:09:14	2017/02/24 12:09:57	26

图 1-3-2　某站保护信息一览表

(2) 遥控操作时发出的“弹簧未储能”“控制回路断线”“机械合闸闭锁”“一次设备故障”

“二次设备故障”等可短时复归的伴生信号,未采取有效手段进行抑制,在告警窗中主要体现为保护动作等事故信号、电气设备状态异常信号、电压电流等越限信号,极易造成监控系统刷屏和语音频报,给监控员的正常监控造成干扰,易导致漏监其他夹杂在其中的重要信号。

2.5 监控系统人机界面设计不友好

(1) 部分变电站的主变压器(以下简称主变)、母线没有独立隔间,公共信号没有间隔,监控员无法查看告警窗对应的光字牌信息,不能实现频发告警信息的单点抑制。

(2) 监控系统卡顿现象严重,监控员经常遇到长时间打不开指定界面,远方试拉、合一个断路器需要近 10 min 的现象,严重影响巡检效率,故障处理时使恢复时间延长。通过逐渐摸索,调控班得出结论:保护信息表里包含全部未复归和已复归信号(如图 1-3-2 所示),占用较大存储空间,这是导致系统运行缓慢的根本症结。

(3) 对未复归的保护信息只能逐站巡视,不能实现未复归信号一键全巡。

(4) 主变、线路等重过载设备没有一键全巡和语音告警,不能及时发现电网薄弱点。

(5) 电压遥测值一览表只统计了 10 kV 及以上母线线电压,母线相电压和 $3U_0$ 情况只能通过对应的遥测表逐站查看,可能会导致配电网接地现象发现不及时。

2.6 监控人员的业务水平

调控运行岗位有着完善的规章制度,监控人员均通过上岗考试并合格,50%以上人员都有变电运维工作经历,有着丰富的工作经验,发挥了良好的传帮带作用。除此之外,为提高青年员工的业务技能,调控中心定期组织开展“多专业技术(技能)集中培训”,形成了良好的学习和工作氛围。监控人员完全满足监控工作的需要,所以业务水平的影响不大。

3 提高监控效率策略研究

针对以上影响监控效率的主要因素,公司调控中心结合工作实际,积极展开探索,开展了一系列策略研究并伴随以实施方案,取得积极效果。

3.1 开展“定值式”监控信息管理

按照安徽省调控中心设备监控处《关于开展监控信息专项梳理整治工作》的通知,公司调控中心以全面规范监控信息管理、切实提高监控信息的可辨识性为目标,通过制定《“定值式”“四遥”信息表管理流程》,参照“定值式”监控信息规范和典型模板[3],重新调整信息定义的级别,如将“CT、PT”修改为“TA、TV”,主变的“本体轻瓦斯”信号修改为“本体轻瓦斯告警”、“本体重瓦斯”信号修改为“本体重瓦斯出口”、“报警”修改为“告警”等,根据信号特点和危急程度,将告警信息重新分类,删除无用信息或降低级别,结合公司年度检修计划,针对新、改、扩建设备,制定监控信息管理推进计划,明确了工作流程及相关部门的工作职责。

“定值式”监控信息管理的具体验收流程及实施方法如表 1-3-2 所示。2017 年度,公司调控中心结合计划检修工作,共完成 1 座 35 kV 变电站、5 条输电线路、1 项 220 kV 双母差改造工作的监控信息治理,2018 年计划完成 10 座已投运变电站的监控信息治理工作,目前正按照省调设备监控管理专业重点工作要求,有序开展监控信息专项梳理整治工作,切实提高监控信息管理水平。

表 1-3-2 “定值式”监控信息管理流程及实施方法

管理流程	实施方法
信息梳理	以××变电站改造为契机，梳理形成信息表典型模板，形成间隔信息表
信息审核	监控负责人审核后提交远动主站班，以定值单形式下发主站端和厂站端进行信息入库，以保证厂站、主站、监控信息库三者之间的信息统一
信息接入	监控负责人将信息表提交自动化主站进行点号分配
信息验收	自动化主站班根据“定值式”信息表逐条核对现场信息是否一致

3.2 进行监控缺陷梳理和整改

(1) 监控班历时两个月对所辖变电站的 SCADA 系统数据进行精细化核对梳理，核查内容包括接线方式(包括母线、断路器、闸刀)的正确性，间隔位置和双重名称的正确性，所有断路器的遥测数据(有功功率、无功功率、电流)、主变油温、挡位以及母线三相相电压和线电压数据的完整和正确性，同时核对相应间隔和遥测表里实时及历时曲线数据的采集正确性，梳理出详细问题清单报主站进行整改并审核通过。

(2) 定期组织召开监控缺陷隐患梳理会议。调控中心牵头组织自动化、保护、厂站等相关人员就监控缺陷进行全面梳理，内容涵盖监控未复归信号、各站漏缺监控信息及通信状态异常设备等方面，对进行了专业评审的监控缺陷进行评估和探讨，明确部门分工定位和消缺时间节点，强化专业责任落实和协同配合，以监控缺陷整改为问题导向，及时制定整改计划，确保设备健康状况能控、可控、在控。

3.3 频发、误发及伴生信号的治理

由于事故、异常和越限信号是需要实时监视的信息，考虑对频发信号进行延时处理[4,5]。通过如图 1-3-3 所示的延时限次处理流程原理实现压缩过滤，告知信息为一般信息，可以暂不做处理。

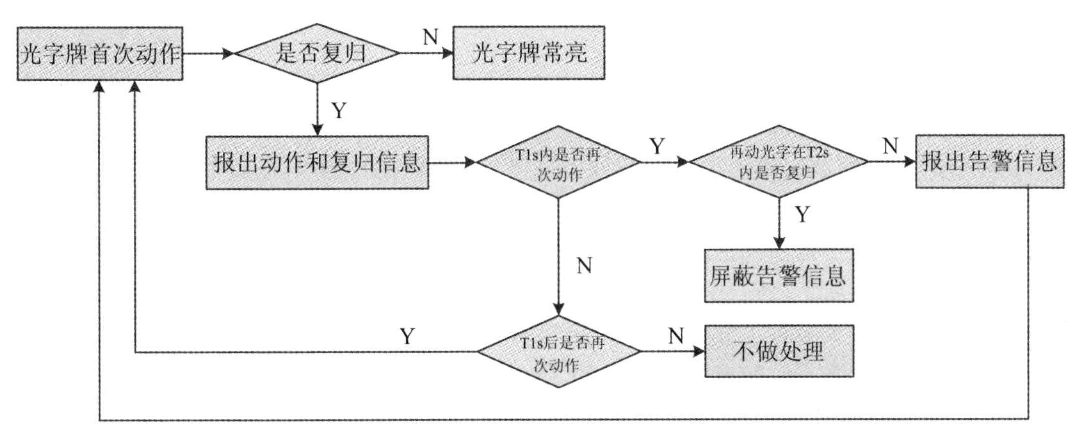

图 1-3-3 频发信息治理流程图

如表 1-3-3 所示，伴生信息可直接通过延时进行过滤，如正常遥控操作断路器时，会发出“弹簧未储能”动作和复归的伴生信号，此时可设置一个时间延时，即若信号在 30 s(可根据

需要设置)内复归则不发出。

表 1-3-3　正常遥控操作时的伴生信息

告警信息	是否为伴生信息	是否延时
断路器位置	否	否
断路器远方/就地控制	否	否
断路器控制回路断线	是	是
断路器弹簧未储能	是	是
速断保护	是	否
过流保护	是	否
××线路重合闸动作	是	否

利用此方法对 2018 年 1—9 月淮南电网五类告警信息进行统计,结果如图 1-3-4 所示,与 2017 年相比大大精简了告警信息量。

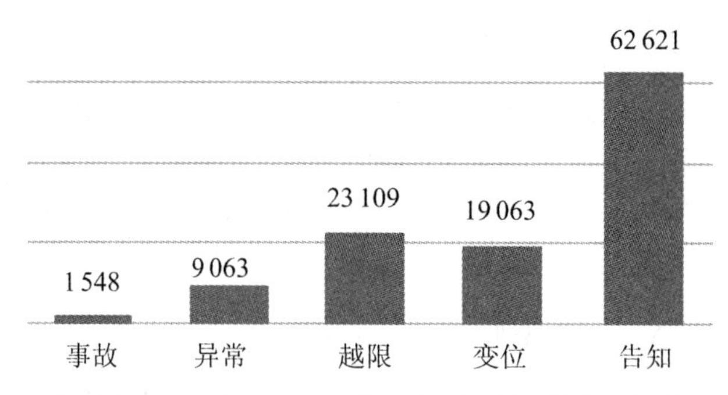

图 1-3-4　2018 年 1—9 月淮南电网五类告警信息统计

3.4　人机界面的优化设计

3.4.1　实现单点信息抑制

如图 1-3-5 所示,增设主变和母线以及公共信号间隔,使信息归属更加严谨,100%实现单点信号单抑制封锁,降低频发信号和现场检修操作时导致的监控系统推屏量和语音告警量。为避免因未及时解封信号而导致漏监,增设告警抑制和间隔/厂站抑制信息一览表,如图 1-3-6 所示。

3.4.2　优化保护信息和遥测信息表

(1) 如图 1-3-7 所示,使每个厂站的保护信息表只显示未复归信息,改变以往的动作/复归信息全部显示,大大节省了数据库的存储空间,消除了以往系统死机、卡顿的现象,监控系统操作更加流畅,提高了监控员的巡检效率。

(2) 统计淮南电网主变、输电线路的额定电流和告警电流,在 SCADA 系统中建立主变、输电线路(以及易重载)电流一览表,如图 1-3-8 所示,当实时采集电流超过告警限值时,电流颜色变色并在事故栏自动推送信息,发语音告警。

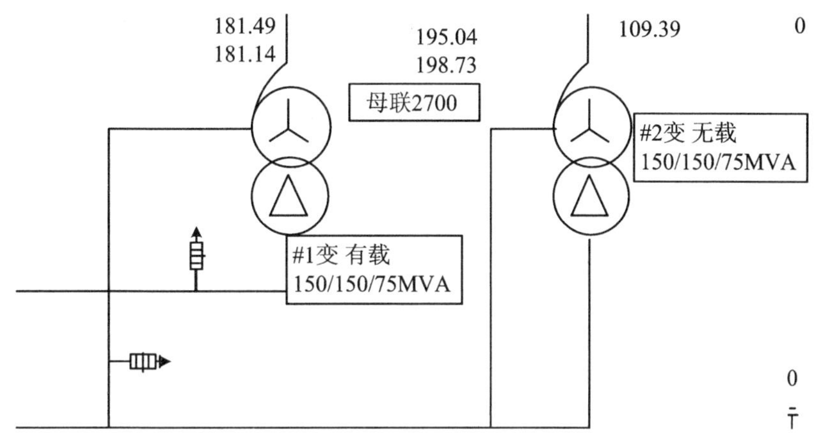

图 1-3-5　××变电站主变间隔图

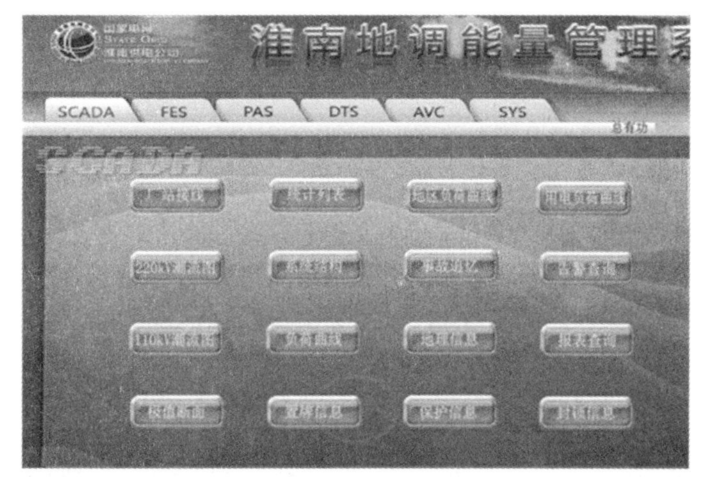

告警抑制保护信息一览表

厂站ID号	保护名称

间隔/厂站抑制信息一览表

厂站ID号	断路器名称	遥信状态

厂站ID号	间隔名称

厂站名称	厂站状态

图 1-3-6　告警抑制和间隔/厂站抑制信息一览表

未复归保护信息一览表

	厂站ID号		保护名称	遥信值	动作时间	保护状态	保护类型
1	220kV	变	#1主变110侧保护中侧控制回路断线或直流电源消失	合	1970/01/01 00:00:00	正常	动作信号
2	220kV	变	10kV分段03开关远方位置	合	1970/01/01 00:00:00	正常	动作信号
3	220kV	变	220kV 第二套压力降低禁止重合闸信号	合	1970/01/01 00:00:00	正常	重合闸信号
4	220kV	变	220kV 第二套保护PSL631U装置告警	合	1970/01/01 00:00:00	正常	动作信号
5	220kV	变	110kV旁路110开关TV断线	合	1970/01/01 00:00:00	正常	动作信号
6	220kV	变	全站事故总信号	合	1970/01/01 00:00:00	正常	事故总

图 1-3-7　未复归保护信息一览表

易重载主变电流一览表										▶上一页
厂站名称	#1主变(高)	#2主变(高)	#1主变(中)	#2主变(中)		厂站名称	#1主变(高)	#2主变(高)	#1主变(中)	#2主变(中)

图 1-3-8 易重载主变电流一览表

(3) 统计 35 kV 及以下电压等级母线的相电压值、$3U_0$ 值,设置相应告警值,在 SCADA 系统中建立母线电压越限表,如图 1-3-9 所示,监控员对所有厂站的小接地电流系统的接地或电压异常情况一目了然。当无接地信号变电站的 $3U_0$ 达到告警值,则在异常栏自动推送信息,发语音告警。通过对 SCADA 系统监视功能的优化,直观、准确、可靠地反映了设备的运行状况,大大提高了监控效率。

母线电压越限表									
厂站名称	U_a	U_b	U_c	$3U_0$	厂站名称	U_a	U_b	U_c	$3U_0$

图 1-3-9 母线电压越限表

4 结语

本文深入剖析了电网监控专业普遍存在的共性问题,通过"定值式"监控信息管理,在很大程度上精简规范了监控信息;通过监控缺陷的梳理和整改,保证了监控信息的准确性、可靠性和可控性;通过频发、误发和伴生信号的治理,减少了信号和语音告警的干扰,减轻了监控人员的工作负担;通过人机界面的优化设计,大大缩短了厂站全巡时间,实现了重过载设备及电网薄弱环节的实时监测。

本文的策略研究和实施方法对能量管理系统做了相应改进,给系统内其他单位提供了一定的参考借鉴,但随着电网的快速智能化发展,只有寻求更多更高的创新突破,才能不断满足电网监控工作的需要,保证电网设备的健康运行。

参考文献

[1] 黄志华.变电站监控系统若干问题的研究[D].杭州:浙江大学,2010.
[2] 李裕珺.调控一体化电网监控信息优化分类治理[J].通信电源技术,2015(4):119.
[3] 国家电网公司.变电站设备监控信息规范[Q/GDW].2015.
[4] 王江涛.调度主站侧频发信号治理和监控功能完善[J].山东电力技术,2014(1):45-48.
[5] 王文学,时珉,等.变电站集中监控模式下告警信息的优化处理[J].河北电力技术,2015(2):23-27.

第二篇

智能变电站

变电站信息接入测试模拟主站环境构建及应用

Construction and Application of Mobile Simulation Main Station for Substation Information Access Test

刘　军[1]　胡育蓉[2]

1. 国网安徽省电力有限公司，安徽合肥，230022

2. 国网安徽省电力有限公司检修分公司，安徽合肥，230061

摘要：本文针对调度自动化系统和变电站信息接入调试及维护工作方面的不足，提出了移动式的模拟主站环境创建和应用设计的方式。此方法利用厂站模型管理及验证机制等手段，创建可移动电网调度模拟主站测试环境。所创建的调度主站模拟测试环境不再依赖变电站及主站的通信，能够实现调度自动化主站和变电站自动化设备连接调试，提高接入变电站信息的有效性及正确性，以此为厂站全新设备的投入运行检测提供技术基础。

关键词：变电站；信息接入测试；模拟主站；环境创建

Abstract: Aiming at the shortcomings of dispatching automation system and substation signal access debugging and maintenance, this paper proposes a mobile simulation master station environment creation and application design method. This method uses plant-station model management and verification mechanism to create a mobile power grid dispatching simulation master station test environment. The simulated test environment of dispatching master station is no longer dependent on the communication between substation and master station. It can realize the connection and debugging of dispatching automation master station and substation automation equipment, and improve the validity and correctness of the information of access substation, so as to provide a technical basis for the commissioning and testing of new equipment in the plant and station.

Key words: substation; information access testing; simulation master station; environment creation

随着电网运行体系的不断完善，形成了监控和调度一体化的模式。新、扩建变电站接入电网投运前监控、自动化联调、测试工作量很大，受到通信条件制约。一般调度自动化系统信号调试都是满足调度主站需求，首先创建模型，之后作图，最后入库[1]；然后和变电站实现通信、数据联调等，不仅消耗时间，还浪费精力。基于此，本文设计了基于模拟主站的变电站信息和测试环境的相互连接，结合电网调度及模拟两个主站，使模拟主站的运行环境独立，

作者简介：

刘军（1970—），男，安徽霍山人，硕士，高级工程师，主要从事电网建设管理及研究工作。

胡育蓉（1976—），女，安徽桐城人，高级工程师，主要从事电网运行、检修技术管理工作。

利用调度主站实现初始模型的检测，并对环境进行测试。模拟主站和调度主站并不是完全割离的，模拟主站具备独立的运行环境，但其中对初始模型的检测通过调度主站实现，并且测试验证之后将测试模型导回到调度主站，所以一般模拟主站都是使用厂站模型[2]。

1　模拟主站的总体架构

1.1　模拟主站的创建

本文研究的移动式模拟主站是一个轻量级电网调度系统，使用一台笔记本电脑，将虚拟机软件安装到笔记本中，并在其中实现智能调度系统支撑平台软件及数据库的安装，以此实现可移动电网调度模拟主站的创建。模拟主站的总体架构见图 2-1-1。其中的模拟主站功能能够实现验证，并且还能够实现控制点表固化及全景厂站模型的管理[3]。

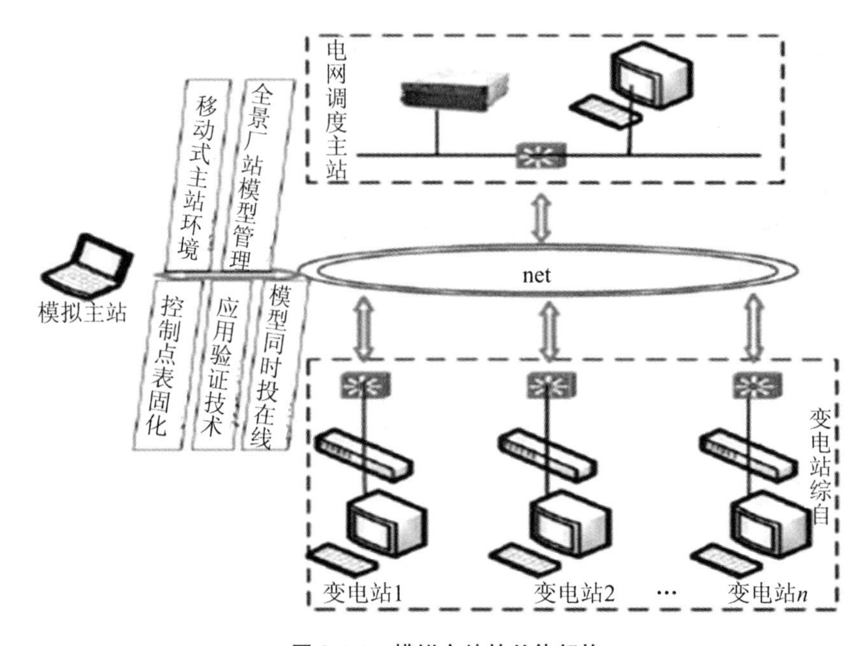

图 2-1-1　模拟主站的总体架构

1.2　模拟主站调试工作流程

图 2-1-2 为模拟主站调试的工作流程。

(1) 在主站测试实现系统运行过程中的图模维护，使厂站的所有图形和模型都能够导入图库。

(2) 通过主站导出 CIM 格式的图形文件，并使文件能够转变成为版本文件，对主站模拟测试系统进行传输。

(3) 在主调侧实现图模文件的导出，并对第一次的遥控点表进行固化操作[4]。

(4) 主站模拟能够利用单厂站模型进行导入，将模型文件通过主站侧进行上传，然后通过校验、解析对不同模型的差异进行对比并记录，包括添加、删除及修改等操作，之后到主站模拟测试系统数据库进行更新，导入到模型中，从而有效实施图形合理性的校验，实施模型库图模的有效映射关联。

(5) 在变电站中实现主站模拟测试系统的导入，之后进行传动试验，修改模型图形，并使系统能够操作现场的测控装置[5]。

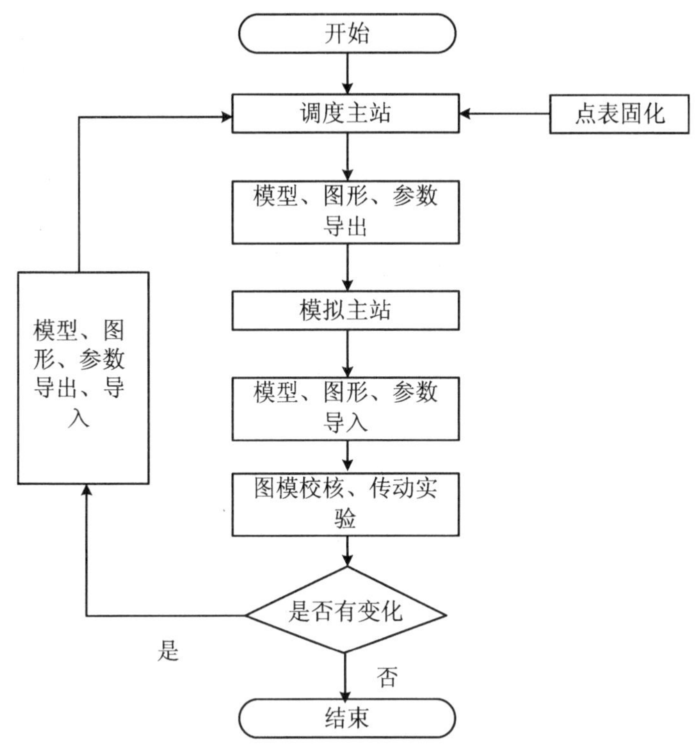

图 2-1-2 模拟主站调试的工作流程

(6) 核对图形、模型，如果模型发生改变，就在主站模拟测试系统中利用单厂站模型导出工具，将模型文件转变为版本文件在主站系统中进行上传，通过单厂站导入工具，利用解析和校验对模型差异进行对比，执行添加、修改等操作之后映射到模型库生成图模关联。在主站遥控操作的过程中，对遥控点号实现双重校验[6]。

2 模拟主站环境的设计

2.1 硬件设计

图 2-1-3 为模拟主站硬件结构，以计算机局域网为基础，利用双前置机和以太网与网络式 RTU 进行通信，采用 C/S 分布式体系结构，系统功能分配到网络不同节点中，具有良好的可扩充性。图 2-1-3 所示系统中具有 1 台服务器、6 台计算机。系统主要包括数据收集、系统服务器、应用子系统及计算机数据通信和其他设备等模块[7]。

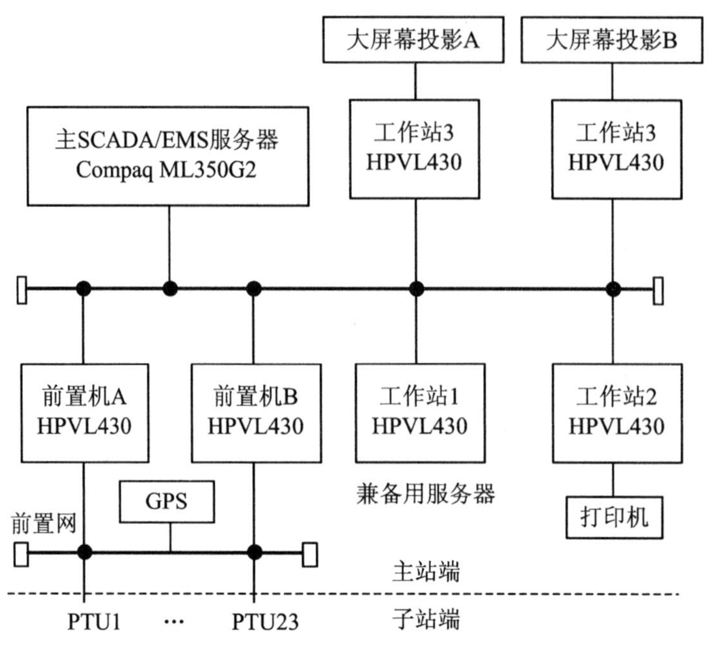

图 2-1-3　模拟主站硬件结构

2.2　软件设计

2.2.1　操作系统

软件设计过程中使用了混合操作系统开发技术，有效实现了源码级跨平台可移植。操作系统使用 Linux，服务器和计算机都使用中文 Win7 操作系统。

2.2.2　安全区的通信设计

电力系统中在线检测装置及综合应用服务器都属安全区，安全区通信网关机及状态检测主站也属于安全区，为了保证站内数据在安全区中，相互部署隔离网闸实现数据安全隔离。图 2-1-4 为安全区之间的数据传输，在服务器端设计专用服务模块，此模块首先实现在线检测数据预处理，之后将数据组织成为满足定义的 xml 数据文件，此文件在检测数据变化过程中更新。在通信网关机端设计文件读取服务器，实现综合应用服务器端文件的定时读取[8]。

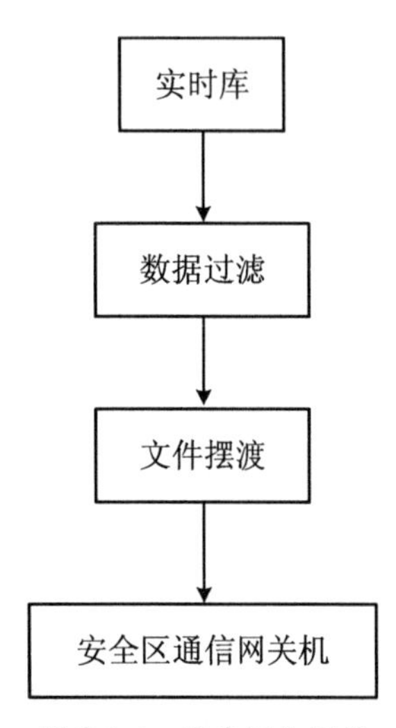

图 2-1-4　安全区之间的数据传输

2.2.3　应用软件设计

数字主站系统软件主要包括电力调度过程中使用的 SCADA 应用软件，具有良好的逼真性，能够有效满足电力通信的需求。此应用软件能够为电力系统启用监控服务和数据实时收集与处理，还能够有效实现实时数据的计算、统计及信息查询等[9]。图 2-1-5 为应用软件的结构。

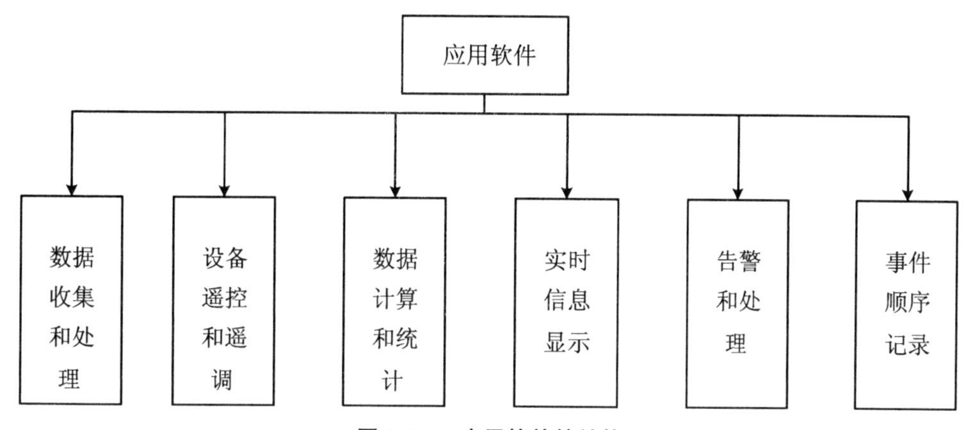

图 2-1-5　应用软件的结构

2.3　环境创建

图 2-1-6 为环境的创建结构，主要包括调度侧及变电站侧。变电站侧主要由在线检测装置、隔离网闸及综合应用服务器构成。在线检测装置主要包括 IED 及传感器，传感器在过程层部署，IED 在间隔层部署。综合应用服务器部署在变电站内站控层，属于一体化监控[10]。

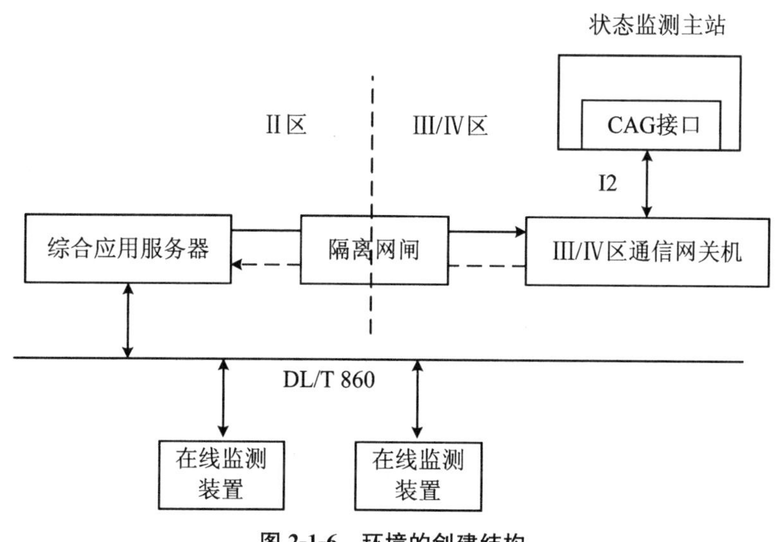

图 2-1-6　环境的创建结构

2.4　模型验证机制

电网调度模拟主站中安装有智能电网调度支持系统软件，能够有效实现全部系统应用功能。在验证过程中，首先实现前置数据正确性验证，其次实现 SCADA 的数据校核，最后实现变电站状态的估计验证[11]。

2.5　模拟主站和调度主站的共享

模拟和调度两个主站存在模型双向互导的问题，在同一个模型中无法进行单向的共享，在模拟和调度两个主站中的共享属于双向共享。模拟主站为模拟主站调试场站模型的调度，禁止维护模型，通过名称和ID作为关键的索引，使模拟主站共享性等同于调度主站模型。其中调度主站模型中的记录ID导入到模型主站，存储到模拟主站表示中，模拟主站对模型进行导出，从而输出RDF，对模拟主站侧的新加记录标记空[12]。图2-1-7为模拟主站和调度主站的共享结构。

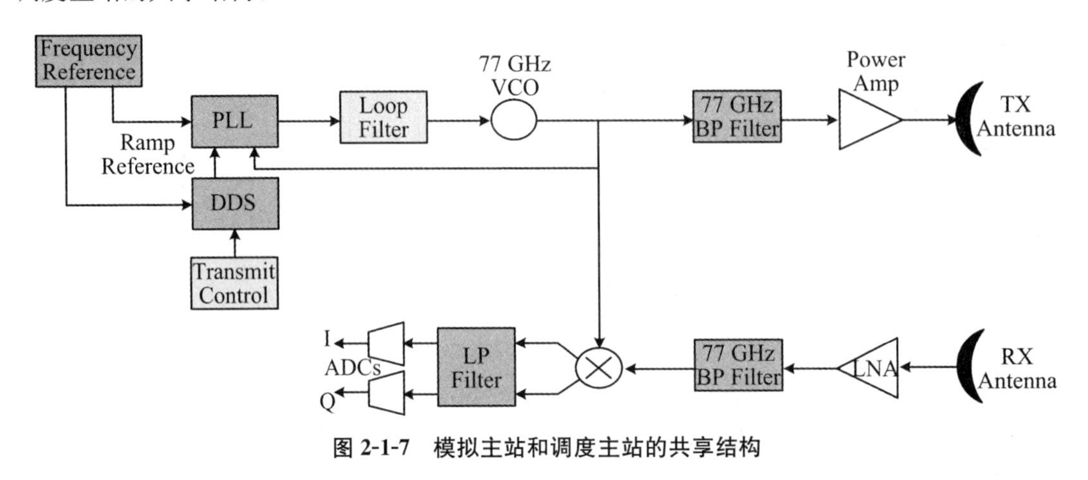

图2-1-7　模拟主站和调度主站的共享结构

3　模拟主站环境的应用

将本文所设计的电网调度模拟主站应用到某电网地调中，工作人员在使用新创建的自动化系统以前要对变电站的模型及信号进行调试。现场的模拟主站利用笔记本电脑作为系统硬件，此笔记本电脑实现了开源虚拟机软件的安装[13]。表2-1-1为传统模式及全新模式的效果对比。

表2-1-1　传统模式及全新模式的效果对比

对比项	模拟主站模式	传统调试模式
测试信号调度主站干扰	没有干扰	容易干扰
厂站投运时间	缩短40%	主站侧要求对信号耗费的时间及人力再次核对
新设备入网检测功能	可以提供	需要创建零时系统
模拟参数的正确性	100%	要求人工对问题进行核对

以电网实际情况为基础，在操作之前要命名地区的名字，结合实时的导入模型库中的文件，以此能够对文件进行及时的恢复、使用、备份和修改。模拟主站在不同地区调用使用之后使各地调接入厂站模型功能有效提高。如果最新创建的厂站没有通道，需要在厂站端实现模型创建及调试，假如厂站的调试通道能够满足实际需求，就能够使用模拟主站进行测试，厂站模型导入到主站系统中，以此使调试时间得到缩短[14]。

扩展已经实现厂站模型的创建，通过模拟主站模拟全新测试设备的接入情况，在全面测试之后，导回到调度主站中，使全新入网设备作为调度运行系统，从而降低系统受到冲击的风险[15]。使用模拟主站调试之后，能够有效提高调试的效率，并且还能够有效缩短建模的周期，最终校验接入调度主站全新站模型参数的正确性[16]。

4　结语

本文中设计的移动模拟主站能够有效地实现自动化主站系统及变电站设备接入系统的测试联调，而且本文设计的模拟主站不依赖通信通道建设，不受环境因素的限制，在使用时只需利用笔记本电脑就能够创建移动式主站模拟测试系统，实现变电站自动化设备数据控制及通信，能够缩短工期，节约物力人力，缩短停电时间或不停电，电网稳定性及安全性得到保证，保证了全新入网设备满足运行需要。

参考文献

[1] 胡宝，张文，李先彬，等. 智能变电站嵌入式平台测试系统设计及应用[J]. 电力系统保护与控制，2017，45(10)：129-133.

[2] 邵千智. 智能变电站信息一体化平台研究与应用[D]. 沈阳：沈阳工程学院，2016.

[3] 姚晔. 智能变电站在线监测信息交互关键技术研究[D]. 沈阳：沈阳工程学院，2016.

[4] 王菲. 智能变电站高级应用测试系统研究开发[D]. 济南：山东大学，2016.

[5] 张尚铎，黄琦，赵敏. 综合应用服务器模拟器在智能变电站中的应用[J]. 装备制造技术，2016，15(4)：224-227.

[6] 李贤. 改进中原油田变电站接入调度自动化主站系统的方式[J]. 工业，2016，21(11)：00049.

[7] 夏立萌，张金祥，宋巍，等. 基于模拟技术的智能变电站远动信息快速校验方法[J]. 电气应用，2017，15(24)：55-60.

[8] 赵琛，张勇. 远动数据传动模拟测试系统的开发与应用[J]. 华东科技(学术版)，2016，20(4)：197.

[9] 李文战. 一种数字化变电站模拟系统设计[J]. 中国科技信息，2018，22(5)：53-54.

[10] 王晓蔚，郭捷，刘翔宇，等. 移动式主站模拟测试装置关键技术研究[J]. 河北电力技术，2017，18(5)：4-7.

[11] 杨启京，孟勇亮，岑红星，等. 用于变电站信息接入测试的移动式模拟主站环境构建及应用方法[J]. 电力工程技术，2017，36(4)：25-26.

[12] 李倩. 利用自动化主站系统实现变电站监控系统信息的网络化传输[J]. 工业，2016，19(11)：00182.

[13] 张小易，彭志强. 智能变电站站控层测试技术研究与应用[J]. 电力系统保护与控制，2016，44(5)：88-94.

[14] 王晓蔚，习新魁，胡文平，等. 基于 D5000 系统的变电站综自调试试验系统方案与问题分析[J]. 电力系统保护与控制，2016，44(23)：190-196.

[15] 周广磊. 基于 OS2 的变电站一体化监控模拟仿真系统的设计与实现[J]. 工程技术(文摘版)，2016，21(3)：00077.

[16] 林昭. 变电站监控信息流管控机制的构建[J]. 现代制造，2017，22(27)：147-148.

智能变电站二次保护系统健康度评估方法

Discussion on Health Assessment of Secondary Protection System of Smart Substation

钱 壮 汤 强 陈继军 江炜楠 曹现峰

国网安徽省电力有限公司池州供电公司，安徽池州，247000

摘要：采用传统的可靠性分析方法对智能变电站二次系统进行可靠性研究，只能获得各个独立的二次间隔系统的可靠性指标，而对二次系统整体可靠性的定性分析并不适用。本文针对智能变电站二次保护系统网络结构，建立了故障树模型，得到各分立系统的可靠性指标；建立递阶层次模型，得到各分立系统的权重系数；结合模糊专家系统，引入健康度评分概念，完成对二次保护系统的健康度评分。研究结果可为智能变电站二次保护系统可靠性指标的融合和定性评估提供参考依据。

关键词：智能变电站；二次保护系统；故障树；层次模型；模糊专家系统；健康度评估

Abstract: The reliability study on the smart substation secondary system can acquire the reliability index of separated interval system by using the traditional reliability analysis method, but it does not apply to qualitative analysis of whole secondary system reliability. The fault tree model is established for the network structure of smart substation secondary protection system, and the reliability index of separated interval system is obtained, the hierarchy model is established to get weight coefficient, combined with fuzzy expert system, the concept of health rating is introduced. The results can provide reference for fusion of reliability index and qualitative assessment of secondary protection system.

Key words: smart substation; secondary protection system; fault tree; hierarchy model; fuzzy expert system; health assessment

随着 IEC61850 标准、信息通信技术和智能化设备的发展，传统的变电站二次系统已经发展成为自动完成信息采集、测量、控制、保护、计量和监测等基本功能的智能变电站二次系统[1-3]。与传统变电站二次系统相比，基于 IEC61850 的智能变电站二次系统无论在系统结构还是在构成元件上都有较大差异[4,5]，这些都决定了智能变电站二次系统可靠性和可用性

作者简介：

钱壮(1993—)，女，安徽池州人，硕士，工程师，主要从事电力系统二次检修相关工作。

汤强(1982—)，男，江苏无锡人，本科，高级工程师，主要从事电力系统二次检修工作。

陈继军(1979—)，男，湖北黄冈人，硕士，工程师，主要从事电力系统二次检修工作。

江炜楠(1988—)，男，安徽池州人，硕士，高级工程师，主要从事电力系统二次检修工作。

曹现峰(1991—)，男，安徽池州人，硕士，工程师，主要从事电力系统二次检修工作。

研究的特殊性。

目前关于智能变电站二次系统可靠性研究已有一些成果，文献[6,7]基于故障树法分析了变电站通信网络的可靠性。文献[8]将智能变电站系统划分为各子系统，利用可靠性框图方法计算得到全站的可靠性指标。文献[9]针对数字化保护系统，采用可靠性框图分析了不同结构下保护系统的可靠性指标和元件重要度。文献[10]采用连续时间马尔可夫链模型评估智能变电站自动化系统的可靠性。上述文献得到了二次系统的可靠性指标，但没有对二次系统整体可靠性进行定性分析，未能完成各分立系统可靠性指标的融合。

本文研究智能变电站二次保护系统健康度评分方法。基于智能变电站二次保护系统的网络结构，建立相应的故障树模型，得到分立的二次保护系统的可用度和重要度；根据智能变电站二次保护系统的工作原理与配合关系，建立智能变电站二次可靠性指标体系的递阶层次结构模型，得到分立保护系统二次可靠性指标的权重系数；根据递阶层次结构模型，结合专家经验，建立智能变电站二次可靠性指标融合的模糊规则库，并引入健康度评分概念，完成对智能变电站二次保护系统可靠性指标的融合和定性评估。

1　可靠性理论及算法

1.1　可靠性理论的基本概念

可靠性理论是进行故障树分析的基础，其中几个关键的技术指标如故障率、可靠度、平均寿命、系统可用度和失效度等规定如下：

(1) 故障率 λ，组件或系统在给定时间周期 T_p 内故障的平均次数。

(2) 可靠度 R，组件或系统在规定时间和条件下，完成规定功能的概率，记为 $R(t)=P(T>t)$，$t\geqslant 0$。

(3) 平均寿命。对于不可修复产品，平均寿命指的是平均工作时间($MTTF$)；对于可修复产品，平均寿命是指相邻故障间的平均工作时间($MTBF$)。

(4) 系统可用度 A：

$$A=MTBF/(MTBF+MTTR)$$

其中 $MTTR$ 为系统平均维修时间。

(5) 系统失效度 q：

$$q=MTTR/(MTTR+MTBF)$$

1.2　故障树分析法的基本理论

故障树分析法是研究引起系统发生故障这一事件的各种直接或间接的原因，并为各原因之间建立逻辑关系的方法。在故障树中，底事件通过一些逻辑符号(如或门和与门)连接到一个或多个顶事件，顶事件为选定的系统故障状态。故障树分析的基本步骤包括：选取顶事件，建立故障树，求故障树的最小割集，求解系统的故障概率和重要度计算。

设故障树中有 n 个基本事件 X_1，X_2，…，X_n，而 $C_i=\{X_{i1}, X_{i2}, \cdots, X_{ik}\}(1\leqslant ik\leqslant n)$为由其中某些基本事件组成的集合，当 C_i 中的基本事件都发生时，顶事件必发生，则称 C_i 为故障树的一个割集。若 C_i 中去掉一个基本事件就不再是割集时，则称 C_i 为最小割集。最小割集的求解方法有上行法、下行法和质数法。

若已求得故障树的所有最小割集 $C_1, C_2, \cdots, C_m$，为求系统故障概率，根据不交型布尔代数运算法则，将所有最小割集 $C_1, C_2, \cdots, C_m$ 化成互不相容的最小割集 $D_1, D_2, \cdots, D_m$，则顶事件的发生概率为

$$g(Q) = \sum_{i=1}^{m} P\{D_i\} \tag{2-2-1}$$

在已经求得系统故障状态发生概率的基础上，可以对系统进行重要度分析。设故障树底事件发生概率为 $Q(i)$，得到第 i 个事件的概率重要度：

$$I_i^{\mathrm{pr}} = \frac{\partial g(Q)}{\partial Q_i} \tag{2-2-2}$$

并定义第 i 个事件的关键重要度为

$$I_i^{\mathrm{cr}} = \frac{\partial g(Q)}{\partial Q_i} \frac{Q_i}{g(Q)} \tag{2-2-3}$$

概率重要度可以用来发现系统的薄弱环节，以便以有效的方式提高系统的可靠性；关键重要度可以用于指导系统故障检修和优化系统维护计划。

2 二次保护系统健康度评分方法

2.1 二次保护系统递阶层次模型

智能变电站二次保护系统中的各个分立的保护系统对整个二次系统可靠度的影响大小是不同的，各子系统的权重系数 w_i 代表该系统对二次保护系统的影响。层次分析法[11]能合理地将定性和定量的分析结合起来，故本文采用层次分析法来确定二次保护系统各分立系统的权重系数 w_i。采用层次分析法确定权重系数 w_i 的步骤如下：

（1）建立以智能变电站二次保护系统的可靠性为目标层的层次分析模型，如图 2-2-1 所示。

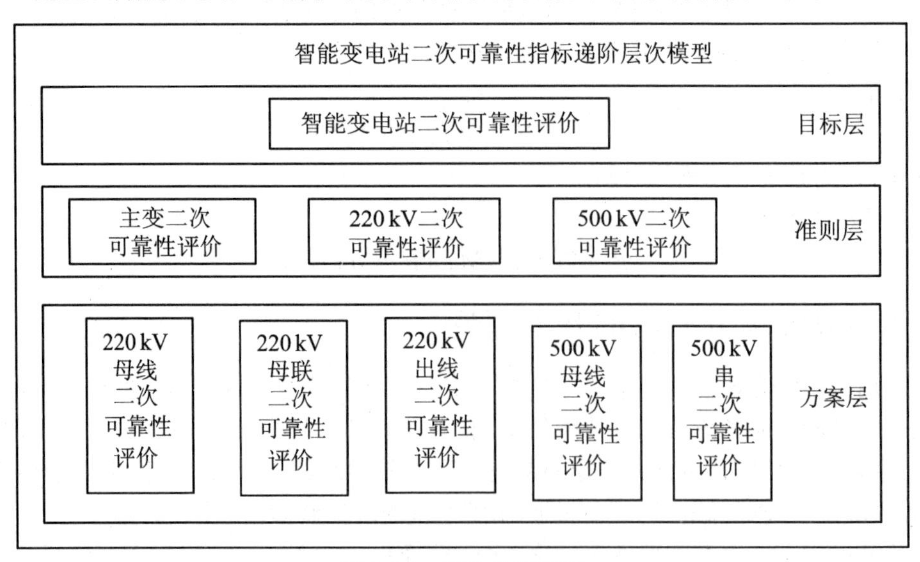

图 2-2-1 层次分析模型

（2）根据各分立保护系统的重要度构造判断矩阵 ϕ，代入特征方程 $|\lambda E - \phi| = 0$，解得最大特征值 $\lambda_{\max}$ 及矩阵 ϕ 的一致性指标 C_ϕ，进行一致性检验。

(3) 解得最大特征值对应的特征向量,即为各分立保护系统的权重系数 w_i。

2.2 模糊专家系统

模糊专家系统[12]结合了专家系统和模糊理论两部分内容,其模糊逻辑系统包括模糊产生器、模糊规则库、模糊推理机和模糊消除器四个部分。

2.2.1 模糊产生器

模糊产生器的作用是将一个确定的点映射为输入空间的一个模糊集合,也称模糊化。系统的输入变量根据相应的隶属度函数,归到恰当的模糊集合。

下面以各分立保护系统的可用度与智能变电站二次保护系统为例,说明建立输入变量及隶属度函数的过程。选取方案层各分立二次保护系统以及准则层主变压器(以下简称主变)保护系统的可用度为模糊专家系统的输入变量,对各输入变量进行健康度评分。定义智能变电站二次保护系统的健康度评分的模糊论域 $h=\{0,20,40,60,80,100\}$。选用三角形分布函数和半梯形分布函数来描述可用度与健康度评分的隶属度关系:

$$\mu_0(A)=\begin{cases}1, & A<0.7\\ -10A+8, & 0.7\leqslant A<0.8\\ 0 & 0.8\leqslant A\end{cases}\tag{2-2-4}$$

$$\mu_{20}(A)=\begin{cases}10A-7, & 0.7\leqslant A<0.8\\ -10A+9, & 0.8\leqslant A<0.9\end{cases}\tag{2-2-5}$$

$$\mu_{40}(A)=\begin{cases}10A-8, & 0.8\leqslant A<0.9\\ \dfrac{A-0.99}{0.09}, & 0.9\leqslant A<0.99\end{cases}\tag{2-2-6}$$

$$\mu_{60}(A)=\begin{cases}\dfrac{A-0.9}{0.09}, & 0.9\leqslant A<0.99\\ \dfrac{0.999-A}{0.009}, & 0.99\leqslant A<0.999\end{cases}\tag{2-2-7}$$

$$\mu_{80}(A)=\begin{cases}\dfrac{A-0.99}{0.009}, & 0.99\leqslant A<0.999\\ \dfrac{0.9999-A}{0.0009}, & 0.999\leqslant A<0.9999\end{cases}\tag{2-2-8}$$

$$\mu_{100}(A)=\begin{cases}0, & A<0.999\\ \dfrac{A-0.99}{0.009}, & 0.999\leqslant A<0.9999\\ 1, & 0.999\leqslant A\end{cases}\tag{2-2-9}$$

以主变二次保护系统的健康度计算为例,选取主变二次可用度 A_z 作为输入量,根据式(2-2-4)—式(2-2-9)所示的隶属度公式,计算主变二次隶属度 $\{\mu_{z,1},\mu_{z,2},\mu_{z,3},\mu_{z,4},\mu_{z,5},\mu_{z,6}\}$,并得到6组相应的健康度评分,记为 $h_{z,r}$。采用加权平均方法去模糊化,根据式(2-2-10)计算主变保护系统的健康度评分 h_z:

$$\begin{cases}h_z=\dfrac{\sum\limits_{r=1}^{6}\mu_r h_{z,r}}{\sum\limits_{r=1}^{6}\mu_r}\\ \mu_r=\mu_{z,r}\end{cases}\tag{2-2-10}$$

2.2.2 模糊规则库

模糊规则库由一系列产生式规则构成，是模糊推理系统的核心部分。产生式规则的一般表示形式为：if A is X then H is Y。if 对应的部分称为规则的前件，then 对应的部分称为规则的后件。以智能变电站二次保护系统健康度评分为例，模糊规则的表达式可表示为：if h_z 为主变二次健康度评分，h_{220} 为 220 kV 二次健康度评分，h_{500} 为 500 kV 二次健康度评分；then 智能变电站二次健康度评分 h_{IS} 为

$$h_{IS} = \omega_1 h_z + \omega_2 h_{220} + \omega_3 h_{500} \tag{2-2-11}$$

式中，w_1、w_2、w_3 分别为主变健康度的权重系数、220 kV 系统健康度的权重系数以及 500 kV 系统健康度的权重系数。

模糊规则的确定依赖于专家知识和经验，可以根据实际系统运行情况，做出相应补充和修改。

2.2.3 模糊推理机

模糊推理机主要是把输入空间的模糊集合通过模糊规则映射到输出空间的模糊集合，本文采用 TAakagi-Sugeno 模糊推理，其模糊蕴含关系为加权平均运算。

2.2.4 模糊消除器

模糊消除器的作用是将输出空间的一个模糊集合映射为一个确定的点，以达到实际应用的目的。本文采用的去模糊化方法为加权平均法。

智能变电站二次保护系统健康度评分方法的算法流程如图 2-2-2 所示。

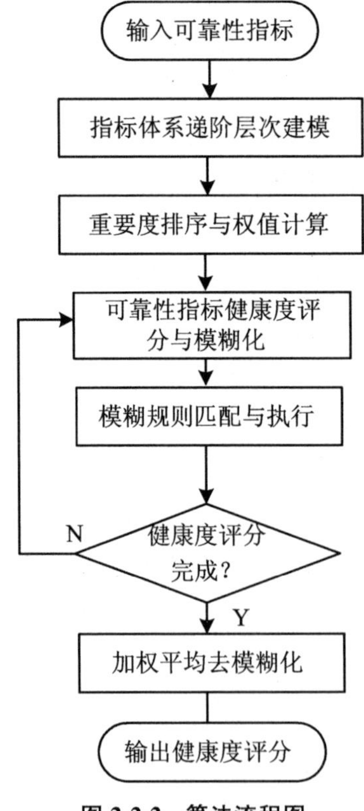

图 2-2-2 算法流程图

3 算例分析

3.1 算例

本文以某智能变电站为例，该智能变电站 220 kV 出线 4 回，均采用双母线接线；500 kV 出线两回，均采用 3/2 接线。全站采用 IEC61850 标准，采用 SV+GOOSE 双网组网方式。智能变电站的二次保护系统由保护单元(PR)、合并单元(MU)、交换机(SW)、智能终端(ST)、直流电源(PS)等构成，各元件的可靠性参数如表 2-2-1 所示。

表 2-2-1 智能变电站元件可靠性参数

元件类型	故障率/y	修复率/y	$q/\times10^{-6}$
PR	0.006 7	366.815 1	18.265
MU	0.006 7	366.815 1	18.265
SW	0.02	364.996 8	54.792
ST	0.005	365.011 8	13.698
PS	0.002	370.000 0	5.405 4

3.2 二次保护系统可用度和重要度计算

根据智能变电站保护系统内部的网络结构，可以将二次保护系统划分为 220 kV 母联保护部分、220 kV 线路保护(线路Ⅰ、线路Ⅱ、线路Ⅲ、线路Ⅳ)部分、220 kV 母线保护(IM、IIM)部分、主变保护部分、500 kV 母线保护(IM、IIM)部分、500 kV 第三串保护部分、500 kV 第五串保护部分。其故障树模型如图 2-2-3 所示。

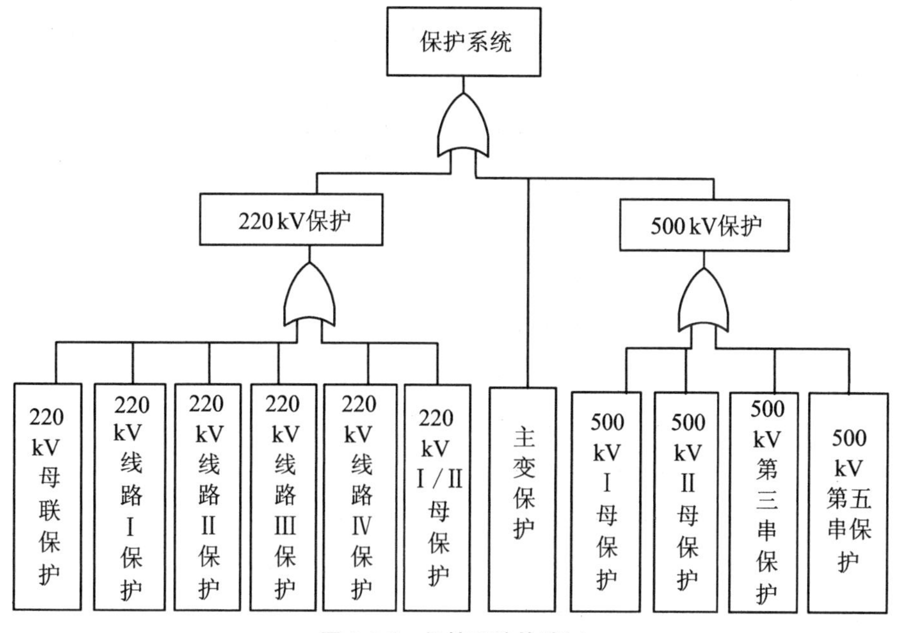

图 2-2-3 保护系统故障树

同理,根据分立保护系统的结构,得到其故障树模型,从而得到可靠性指标,结合图 2-2-3,得到分立保护系统的可用度和重要度如表 2-2-2 所示。

表 2-2-2 分立保护系统的可用度和重要度

保护系统	A	I^{pr}	I^{cr}
220 kV 母联保护系统	0.999 86	0.997 18	0.047 62
220 kV 线路保护系统	0.999 86	0.997 18	0.047 62
220 kV 母线保护系统	0.999 83	0.997 20	0.058 38
500 kV 母线保护系统	0.999 83	0.997 21	0.058 38
500 kV 第三串保护系统	0.999 31	0.997 73	0.233 58
500 kV 第五串保护系统	0.999 50	0.997 54	0.169 02
主变保护系统	0.999 46	0.997 58	0.182 86
220 kV 保护系统	0.999 12	0.997 91	0.296 61
500 kV 保护系统	0.998 46	0.998 58	0.519 63

由表 2-2-2 可知,对于方案层上的分立保护系统而言,在可用度方面,220 kV 母联/线路的可用度最高,500 kV 第三串保护的可用度最低;在重要度层面,220 kV 母联/线路的重要度最低,500 kV 第三串保护的重要度最高,这是由于 220 kV 母联/线路的构成元件较为简单,而 500 kV 第三串保护构成元件最为复杂。

在准则层上,主变保护的可用度最高,重要度最低;500 kV 保护的可用度最低,重要度最高,同样是由于系统结构不同造成的。

3.3 准则层权重系数及矩阵一致性判断

根据图 2-2-1 所示的层次模型以及各分立保护系统的重要度计算结果,解得准则层重要度判断矩阵的一致性指标 $C_{\phi}<0.1$,通过一致性检验。表 2-2-3 给出了二次各子指标的权重系数。

表 2-2-3 分立保护系统的权重系数

保护系统	权重系数
220 kV 母联保护系统	0.166 67
220 kV 线路保护系统	0.166 67
220 kV 母线保护系统	0.166 67
500 kV 母线保护系统	0.249 95
500 kV 第三串保护系统	0.250 08
500 kV 第五串保护系统	0.250 03
主变保护系统	0.333 18
220 kV 保护系统	0.333 30
500 kV 保护系统	0.333 52

由表 2-2-3 可知，在方案层上，220 kV 母线/线路/母联保护的权重系数较低，500 kV 第三串保护的权重系数最高；在准则层上，主变保护的权重系数较低，500 kV 保护的权重系数最高。权重系数的不同，是由于各分立保护系统的结构不同造成的。

3.4 二次保护系统的健康度评分

表 2-2-4 给出了依据模糊专家系统得到的 220 kV、500 kV、主变系统以及二次保护系统的健康度评分。

表 2-2-4 保护系统的健康度评分

保护系统	健康度评分
220 kV 保护系统	92.996 1
500 kV 保护系统	86.087 9
主变保护系统	81.868 5
二次保护系统	86.984 5

由表 2-2-4 可知，不同的网络结构对应的健康度评分也不同，健康度的评分从侧面反映了二次保护系统的状态，可以为渐变故障的状态监测和状态评估提供一定的参考。

4 结语

本文针对某智能变电站，研究基于层次模型和模糊专家系统的智能变电站二次保护系统的健康度评分方法，将各分立的二次保护系统联系在一起，对分散和独立的智能变电站二次可靠性指标进行划分和重组，完成二次保护系统可靠性指标的融合和定性评估，得到的健康度评分结果可以为渐变故障的状态监测和状态评估提供一定的参考。

参考文献

[1] 国家电网公司. Q/GDW 383—2009. 智能变电站技术导则[S]. 北京：中国电力出版社，2009.

[2] 林金洪. 110 kV 数字化变电站继电保护配置方案[J]. 南方电网技术，2009，3(2)：71-73.

[3] 张跃丽，陈幸琼，王承民，等. 智能变电站二次系统可靠性评估[J]. 电网与清洁能源，2012，28(11)：7-11.

[4] 张沛超，高翔. 数字化变电站系统结构[J]. 电网技术，2006，30(24)：73-77.

[5] 徐志超，李晓明，杨玲君，等. 数字化变电站系统可靠性评估与分析[J]. 电力系统自动化，2012，36(5)：67-69.

[6] 雷宇，李涛. 变电站综合自动化系统可靠性的定量评估[J]. 电力科学与工程，2009，25(6)：37-40.

[7] 韩小涛，尹项根，张哲. 故障树分析法在变电站通信系统可靠性分析中的应用[J]. 电网技术，2004，28(1)：56-59.

[8] 侯伟宏，张沛超，胡炎. 数字化变电站系统可靠性与可用性研究[J]. 电力系统保护与控制，2010，38(14)：34-37.

[9] 张沛超，高翔. 全数字化保护系统的可靠性及元件重要度分析[J]. 中国电机工程学报，2008，28(1)：77-81.

[10] 周立龙，王晓茹，董雪源. 贝叶斯网络在数字化变电站信息传输可靠性研究中的应用[J]. 南方电网技

术,2010,4(6):70-73.
[11] 葛少云,董智.基于区间层次分析法的城市电网电缆化改造[J].中国电力,2004,37(10):34-37.
[12] 邹欣,孙元章,程林.基于模糊专家系统的输电线路非解析可靠性模型[J].电力系统保护与控制,2011,39(19):1-5.

智能变电站电子式电流互感器异常情况分析

Analysis of Abnormal Condition of Electronic Current Transformer in Intelligent Substation

张　鲁[1]　邵庆祝[2]　唐小平[1]　苏　涛[1]　黄云龙[1]　余淑琴[1]　汪本清[1]

1. 国网安徽省电力有限公司合肥供电公司,安徽合肥,230022

2. 国网安徽省电力有限公司,安徽合肥,230022

摘要:为找出某新一代智能变电站电子式电流互感器采样异常现象的根源,对其进行了模拟现场的验证试验。通过对新旧版本采集器和合并单元进行一次电流迅速降低和低温时的异常再现与对比分析,确定老版本的采集器和合并单元激光供能模块存在严重缺陷,导致采集器上稳压芯片的输入电压无法满足相关芯片正常工作的设计要求。升级后的采集器和合并单元激光供能模块虽然暂时表现较好,但尚无法证明其能够长期稳定运行,需要试运行并充分验证产品性能的可靠性和稳定性后,方可进行全面整改升级。

关键词:智能变电站;电子式电流互感器;采集器;合并单元;异常情况

Abstract: Inorder to find out the root cause of sampling anomaly of a new type of intelligent substation electronic current transformer, verification test on the simulation site is carried out. Through the abnormal reproduction and comparative analysis of the rapid reduction of current and low temperature at the old and new collectors and merging units, it is determined that the old version of the collector and the merging unit laser-powered module have serious defects. The input voltage of the voltage regulator chip on the collector cannot meet the design requirements of the relevant chip for normal operation. Although the upgraded collector and merging unit laser-powered modules have performed well for a while, they have not been proven to be able to operate for a long time. They need to be commissioned and fully verified the reliability and stability of the product performance before they can be fully rectified and upgraded.

Key words: intelligent substation; electronic current transformer; collector; merging unit; abnormal situation

作者简介:

张鲁(1983—),男,安徽巢湖人,硕士,高级工程师,主要从事继电保护运行管理工作。

邵庆祝(1988—),男,安徽阜阳人,硕士,工程师,主要从事继电保护运行管理工作。

唐小平(1982—),男,安徽巢湖人,硕士,高级工程师,主要从事继电保护运行维护工作。

苏涛(1975—),男,安徽合肥人,本科,工程师,主要从事继电保护运行维护工作。

黄云龙(1985—),男,江苏江阴人,硕士,高级工程师,主要从事继电保护运行管理工作。

余淑琴(1988—),女,安徽池州人,硕士,工程师,主要从事继电保护运行管理工作。

汪本清(1981—),女,安徽合肥人,硕士,高级工程师,主要从事继电保护运行管理工作。

某110 kV新一代智能变电站(以下简称变电站)投运后即出现电子式电流互感器(electronic current transformer,ECT)采样异常现象,为找出异常现象根源,对变电站ECT进行了一系列模拟现场的验证试验。

1　异常情况及排查

自2016年1月24日起,变电站110 kV侧包括主变压器(以下简称主变)在内的所有间隔均不定时出现诸如“采集通道异常”“采集器AD错误[动作]”“保护装置告警”“保护装置SV总告警”“开关SV总告警”“开关合智一体SV异常”“测控SV总告警”“MU SV通道采样数据品质异常”等一系列采集异常现象,见图2-3-1。

18	2016-01-26 07:55:56.883	采集器[3] AD错误[返回]
19	2016-01-26 07:55:56.880	采样异常:采集器[3] AD错误[动作]
20	2016-01-26 07:55:56.880	采集通道03异常返回
21	2016-01-26 07:55:56.682	采样异常:采集通道03异常

图2-3-1　1号主变间隔IED日志

如图2-3-1所示,以1号主变110 kV侧间隔(intelligent electronic device,IED)日志为例,“采集通道03异常”表示ECT采集器存在通信中断,“采集器[3]AD错误[动作]”表示ECT采集器采样回路中ADC芯片的参考电压异常。

ECT采集器监测到ADC芯片的参考电压异常后,置错误标上送到合并单元,此时保护装置同时出现品质异常的现象,如图2-3-2所示。

图2-3-2　保护装置通道异常告警信号

据变电站现场运行人员反馈,出现异常的情况主要存在于一次电流迅速变化、低温等条件下,而且出现异常的采集器多,不属于偶然性事件,因此初步推断此问题可能为此型号ECT的通用缺陷,甚至可能存在产品家族性缺陷。

2　模拟试验

为证实前述推断，专业技术人员构建测试平台，模拟变电站现场，对 ECT 异常情况进行了复现和分析。

2.1　试验一：一次电流迅速降低时的异常再现与分析

试验现场共准备了 4 块采集器，分别为 1 号采集器，取自变电站出现异常的 110 kV 933 断路器 W 相 ECT 第 2 套；2 号采集器，取自出现异常的 110 kV 900 断路器 V 相 ECT 第 1 套；3 号采集器，取自 ECT 生产厂家带来的供给变电站的同批次老版本采集器；4 号采集器，取自厂家带来的升级过软件程序的采集器。

另外准备了两个合并单元，一个是未升级激光调节程序的老版本合并单元，另一个是升级过激光调节程序的新版本合并单元。1 号、2 号、3 号采集器接在老软件版本合并单元激光供能模块上，4 号采集器接在新版本合并单元激光供能模块上。所有采集器同时接入一次线圈取能和激光供能。

现场用升流器将一次电流升到 150 A 左右，然后迅速降低一次电流至 50 A 左右，1 号、2 号、3 号采集器均报出采集通道异常和 AD 采样错误，如图 2-3-3 所示。

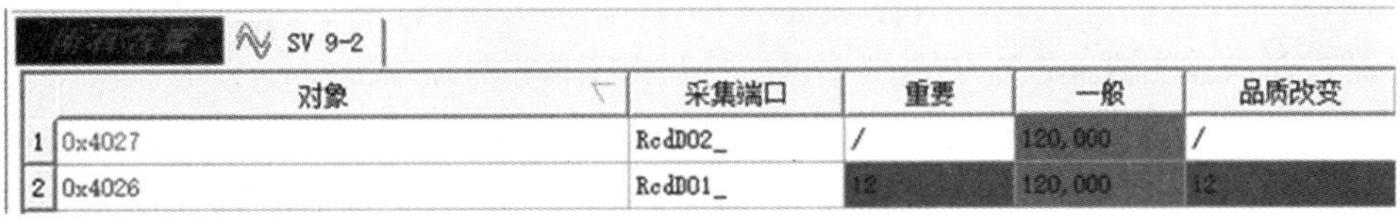

SV 9-2

	对象	采集端口	重要	一般	品质改变
1	0x4027	RcdD02_	/	120,000	/
2	0x4026	RcdD01_	12	120,000	12

图 2-3-3　采集器告警情况统计

采样异常或采集器 AD 错误时，故障录波器上对应该通道的数值为 0，品质位全部置 1，即 invalid 无效。这种状态下发往各 IED 装置的广播报文全部为无效报文，如图 2-3-4 所示。

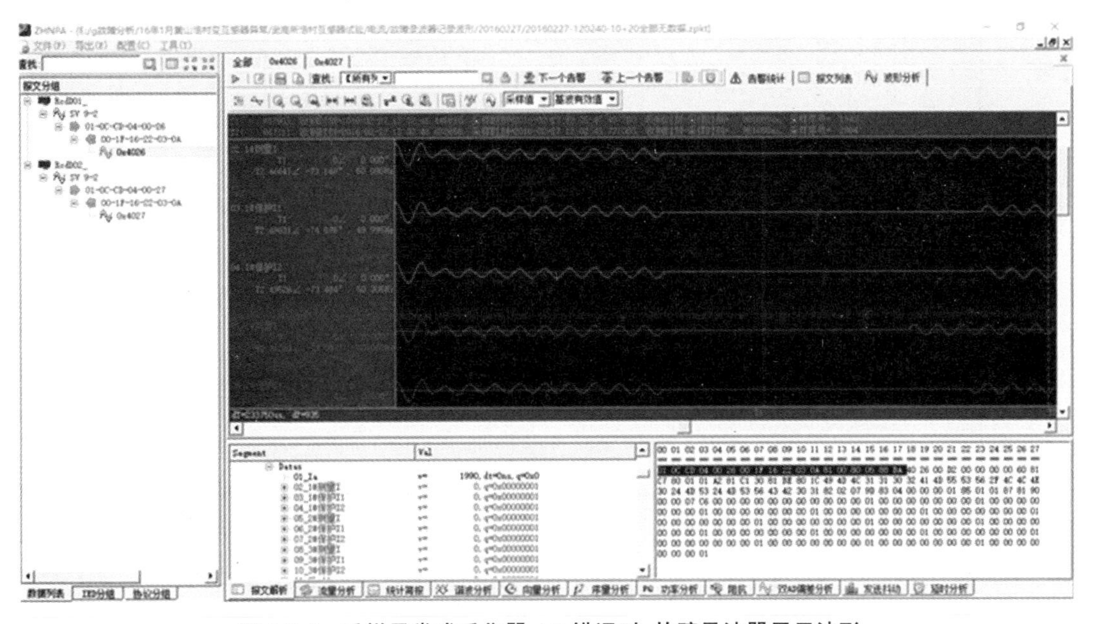

图 2-3-4　采样异常或采集器 AD 错误时，故障录波器显示波形

据ECT厂家解释，现场ECT为采用罗氏线圈原理的电流互感器，ECT采集器由一次取能线圈与合并单元激光供能模块同时提供工作电源。出现采样异常或者AD错误的主要原因为当一次电流下降较快时，采集器从一次取能线圈获得的功率也相应下降较快，而老版本合并单元的激光供能模块没有迅速调节的功能，无法迅速提高输出功率，因此可能导致采集器无法获得正常的功率能量，发生采样异常或是AD错误。

图 2-3-5　采集器电路板正面示意图

为验证厂家解释的正确性，专业技术人员特地要求厂家提供一块采集器，与变电站现场的故障采集器进行对比分析，发现电路板制版均为2010年12月完成，图2-3-5为采集器电路板的正面示意图。

其中1为光电池输入（位于板卡背面），2为一次线圈取能输入，3为激光器发送芯片HFBR1414（变电站采用的是最低工作温度－20°的HFBR1712），4为PLC MSP430F233，5为稳压芯片TPS76033，6为模数转换芯片ADR7685。另外还有参考电压转换芯片ADR441（采集器背面）、温度测量芯片TMP36F、看门狗MAX823等芯片。

采集器板卡上芯片所用的直流电压均由稳压芯片TPS76033提供，其正常工作范围是3.5—16 V。一旦稳压芯片输入出现异常，达不到正常工作的条件，那么接在后端的PLC、D/A、发送等芯片将全部出现异常，发生采样异常（通信中断）或采集器AD异常（采集器参考电位波动超过3%）。为此特地在稳压芯片的输入端增加两个焊点，通过示波器读取稳压芯片的输入电压，判断其能否正常工作，如图2-3-6至图2-3-9所示。

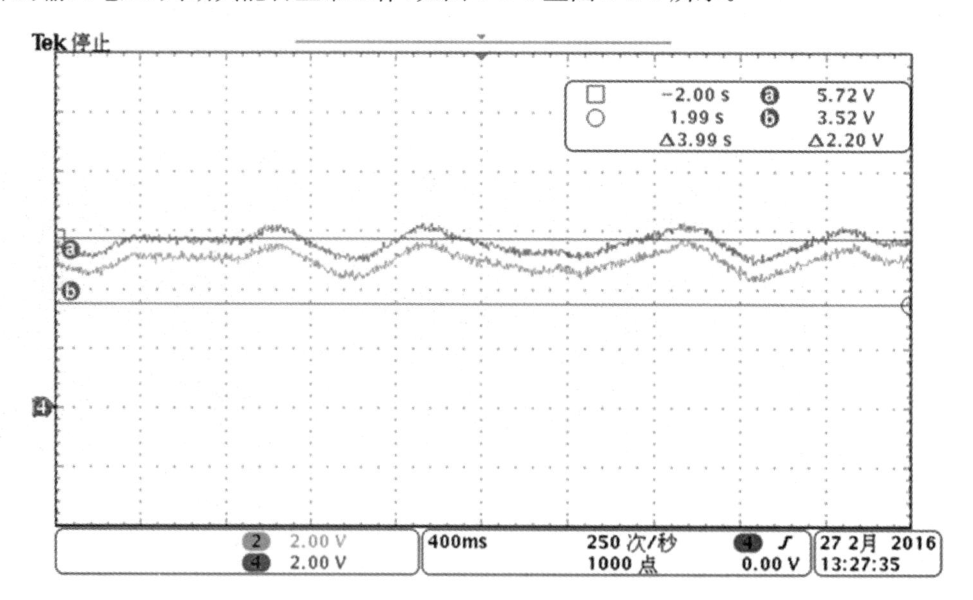

图 2-3-6　正常时老版本采集器稳压芯片输入电压图

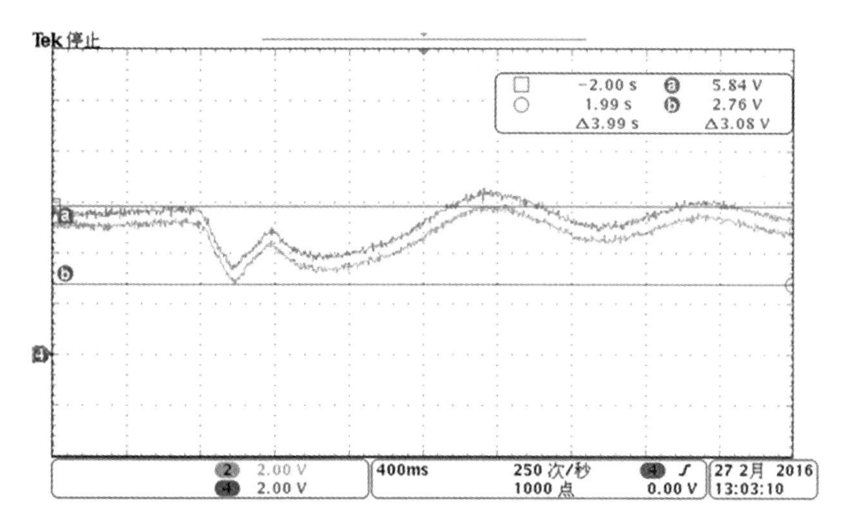

图 2-3-7　一次电流迅速降低时老版本采集器稳压芯片输入电压波形图

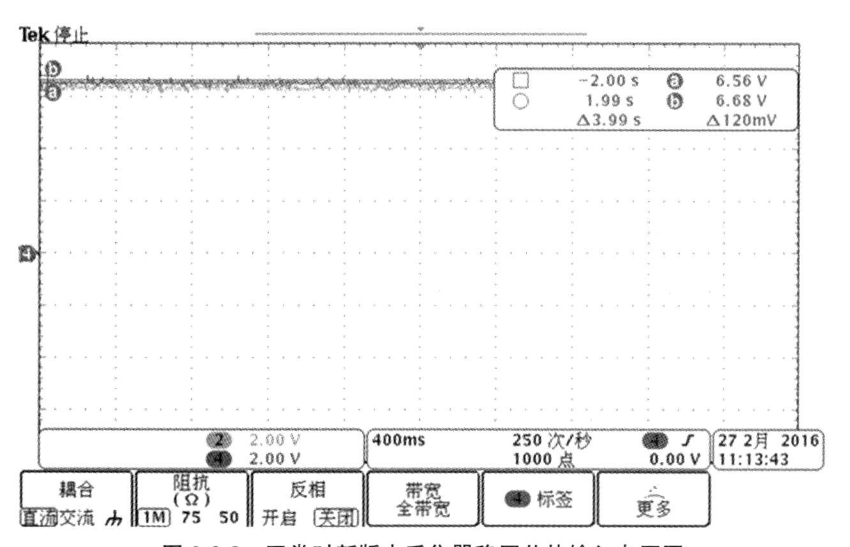

图 2-3-8　正常时新版本采集器稳压芯片输入电压图

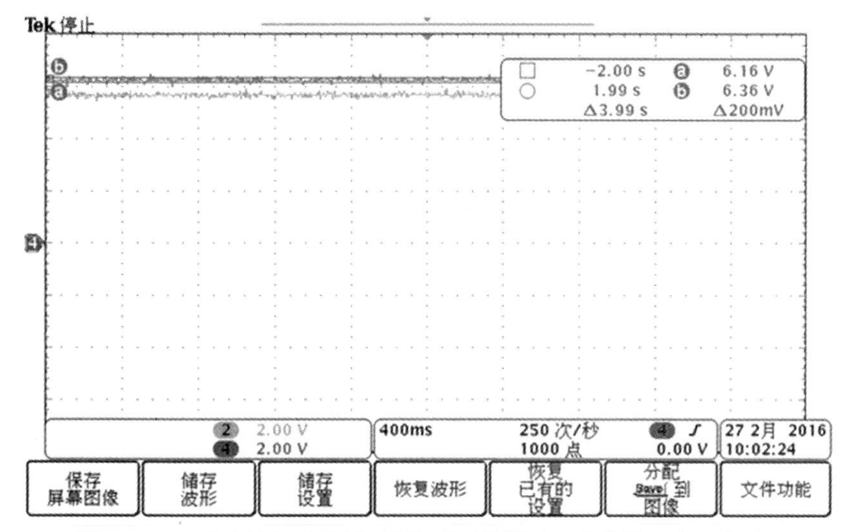

图 2-3-9　一次电流迅速降低时新版本采集器稳压芯片输入电压波形图

由上面几幅图可以看出，老版本采集器在正常工作时电压波形变化较为剧烈，而在一次电流迅速下降时（模拟采集器由一次线圈取能迅速变成单靠激光供能），其输入电压抖动增大，最低点在 2.8 V 左右，远低于稳压芯片要求的正常工作电压，导致稳压芯片及后端所有芯片均不能正常工作，报采样异常或采集器 AD 错误。

而新版本的采集器由于增加了配合激光供能模块快速调节的算法，正常工作条件下和一次电流迅速降低时，均能保证稳压芯片输入为较正常的工作电压，使整个采集器工作处于正常状态下。

多次反复的试验证明了上述试验结论的正确性。

2.2　试验二：低温时的异常再现与分析

根据变电站现场情况的描述，投运前后多只 ECT 在一次断路器分位的情况下也报采样异常或采集器 AD 错误。对此，将 ECT 采集器放入温箱内进行试验，去掉一次电流，同时在通道中加入一定的衰耗，以模拟现场实际情况。试验结果如图 2-3-10、图 2-3-11 所示。

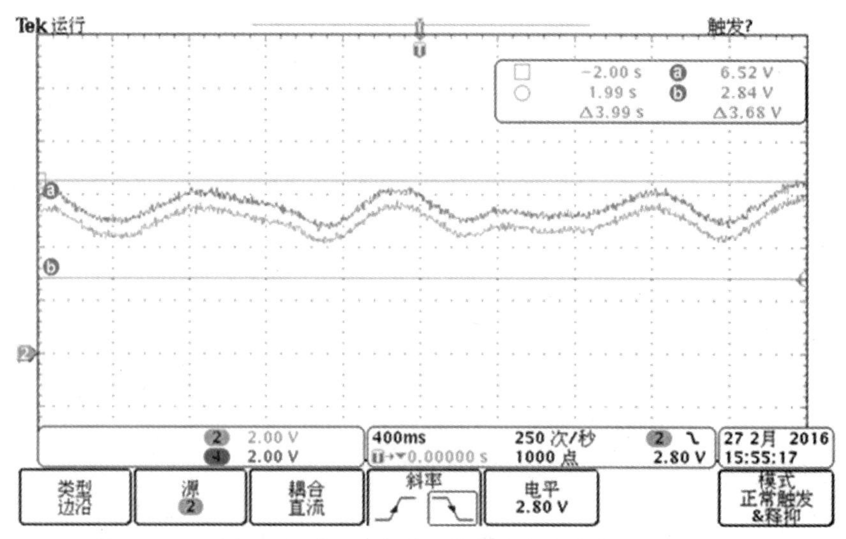

图 2-3-10　室温下(10 ℃)老版本采集器稳压芯片输入电压波形图

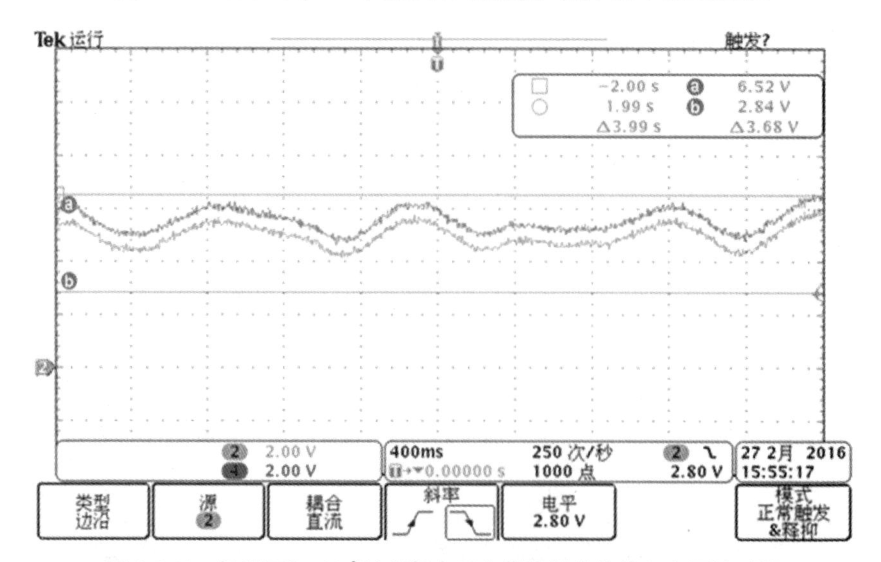

图 2-3-11　低温下(－20 ℃)老版本采集器稳压芯片输入电压波形图

从图 2-3-10 与图 2-3-11 的对比可以看出，低温下老版本采集器稳压芯片电压波动比室温下的电压波动更剧烈，更有可能使采集器工作异常。试验当日，低温状态下共出现 3 次采样无效或采集器 AD 错误，分别为 1 号采集器 2 次，3 号采集器 1 次，示波器均准确地抓取到该时刻稳压芯片的输入电压远低于标称要求的 3.5 V。

2.3 试验三：配合现场装置后的异常再现与分析

因为试验一和试验二所使用的提供激光供能的合并单元都是厂家带来的产品，实际性能可能会略好于变电站现场装置，为了进一步还原现场实际情况，对现场激光供能模块与采集器的配合情况进行了验证，由专业技术人员拆下变电站现场有异常表现的 110 kV 933 间隔 B 套合智一体装置（包含 ECT 和合并单元）进行试验。

据现场描述，ECT 异常的时间集中在 1 月 24 日至 1 月 30 日期间，前期温度较低，但后面几天温度有所回升，并不能将异常原因全部归结于低温。为还原现场情况，将从变电站现场拆下的采集器用现场拆下的合并单元激光供能模块进行供能，一次侧不加电流，此时故障录波器的相关电流通道仅有零漂，模拟开关在分位的情况，一次线圈取能不工作，采集器应该全部由激光供能。

将相关设备放入温箱，在 −40 ℃到 70 ℃之间进行温度循环。从试验当日 10:53 开始到 15:55 结束，5 h 左右的时间内一共出现了 90 次采样异常情况，出现频率已经远大于试验二，且试验环境下的光纤接口、通道情况都应该好于变电站现场，因此虽仅是基本复原现场情况，但已经足以说明原先老版本的 ECT 采集器和合并单元激光供能模块存在严重缺陷，无法满足正常运行需求。

分析所有采样异常情况下采集器的稳压芯片输入电压，依旧发现该电压每次均会低于 3 V，波形如图 2-3-12 所示。

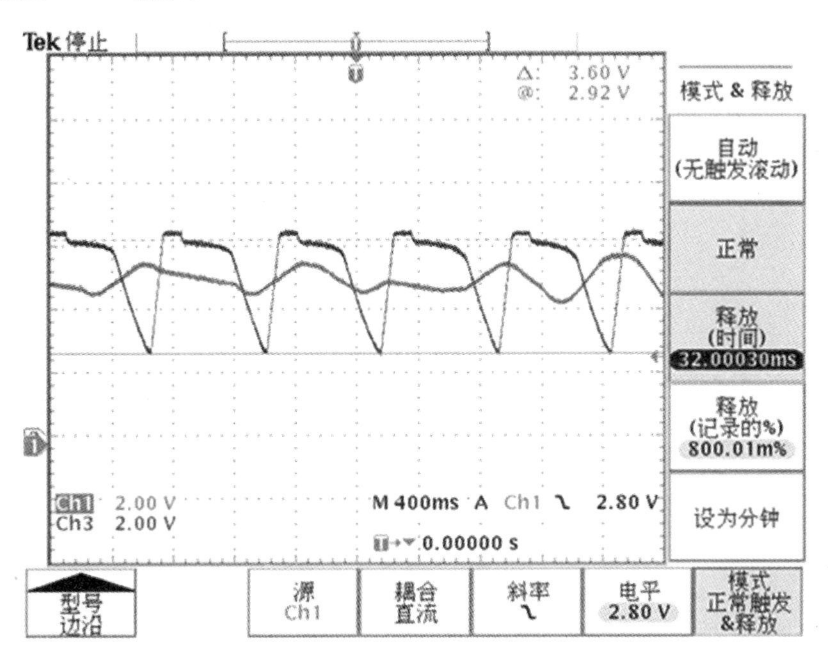

图 2-3-12　无一次电流时老版本采集器配合现场激光供能模块采集器稳压芯片输入电压波形

对新软件版本的合并单元和采集器也进行了对比试验，输出数据结果基本正常，能在－40 ℃至＋70 ℃之间运行。

5 结语

(1) 总结上述所有试验，专业技术人员一致认为导致 ECT 出现异常的根本原因是 ECT 采集器上的稳压芯片 TPS76033 的输入电压无法满足 3.5—16 V 的要求，进而导致采集器上相关芯片无法正常工作。影响稳压芯片输入电压不足的因素众多，目前总结主要有通道衰耗、一次线圈取能与激光供能切换不及时、激光供能调节频率不够、低温或是温度变化迅速。而 ECT 厂家无法将原因集中在某一个特定原因上，仅是对软件版本进行了更迭升级。升级过软件版本的 ECT 采集器和合并单元激光供能模块虽然暂时表现尚可，但无法证明其能够长期运行。整改定型的软硬件应在中国电力科学研究院平台上或是变电站现场试运行一段时间，充分验证产品性能的可靠性和稳定性后，方可进行全面整改升级。

(2) 建设单位要进一步加强竣工验收管理，细化验收程序，明确落实 ECT、合并单元等关键智能二次设备开箱逐一板卡核查比对的验收要求，严格做到供货产品与专业检测合格产品的装置型号一致、板卡元件一致、软件版本一致。切实把好竣工验收关，坚决杜绝不合格产品进入电网运行。

(3) ECT 生产厂家应针对暴露出的问题深入开展专题研究，提出切实可行的解决方案，举一反三地对问题设备进行排查，从元器件、工艺、设计、检测等环节分析是否存在质量问题，切实加强产品质量管控。

参考文献

[1] 邓威.智能变电站电子式互感器故障分析及建议[J].中国电力，2016，49(2)：180-184.
[2] 毛婷.智能变电站电子式电压互感器运行异常分析及处理[J].变压器，2015，52(7)：67-68.
[3] 姜圣菲.泸定智能变电站电子式电流电压互感器的异常处理[J].华东电力，2014，42(6)：1246-1249.
[4] 刘彬.电子式互感器性能检测及问题分析[J].高电压技术，2012，38(11)：2972-2980.
[5] 陈建国.数字化变压器保护电子式互感器的应用与研究[J].南方电网技术，2012，6(5)：105-109.

集成式隔离断路器的安装、调试要点及其简析

Analysis of Installation and Commissioning Points of Integrated Isolated Circuit Breakers

李　杰　斯　辉

安徽送变电工程有限公司，安徽合肥，230601

摘要：国家电网公司的新一代智能化变电站使用了集成式隔离断路器、GIB 母线筒等新设备，其新型的集成式隔离断路器集合了互感器、隔离开关等设备的功能，与以往智能站 SF_6 断路器相比，减少了设备数量和占地面积，但其结构较复杂、安装精度高，目前缺少相关的设备安装经验。本文以河南平高公司的 GLW2-253/T4000-50 型 220 kV 隔离断路器为例，简述集成式隔离断路器安装、调试方法，供其他类似设备安装时参考。

关键词：新一代智能变电站；集成式；隔离断路器；安装；调试

Abstract: state grid company of a new generation of intelligent substation, USES the integrated isolation circuit breaker, GIB busbar tube and other new equipment. Its new collection of integrated isolation circuit breaker, isolating switch, the transformer, such as the function of the equipment, compared with the previous intelligence station SF_6 circuit breaker, reduce the amount of equipment and area, but its complex structure, high installation accuracy, the lack of relevant experience in equipment installation. Taking henan ping company GLW2-253 / T4000-50 220 kV isolation circuit breaker as an example, briefly describes the integrated isolation circuit breaker to install, debug method, reference for other similar equipment installation.

Key words: integrated; isolation circuit breaker; installation; debugging

自 2010 年首座智能化变电站投运，国家电网公司智能化变电站技术得到迅猛发展，相应地推动了设计理念、设备制造、施工方法、运行模式等其他方面的全面发展。新一代智能化变电站在智能站的基础上，优化设计理念，研发新型设备，引入隔离断路器、GIB 母线筒等新设备，具有结构布局紧凑、系统高度集成化、设备先进可靠、占地面积小等优点，是目前我国变电工程发展的趋势。但其集成式隔离断路器与以往智能站 SF_6 断路器相比，具有结构复杂、安装精度要求高、安全风险大的特点。

本文以河南平高公司的 GLW2-253/T4000-50 型 220 kV 隔离断路器为例，简述集成式隔离断路器安装、调试方法，供其他类似设备安装时参考。

作者简介：

李杰（1978—），男，安徽蚌埠人，助理工程师，主要研究方向为输变电工程施工技术。

斯辉（1978—），男，安徽安庆人，高级工程师，主要研究方向为输变电工程施工技术。

1 集成式隔离断路器的安装、调整

1.1 集成式隔离断路器结构

集成式隔离断路器主要由断路器本体、电子式电流互感器、断路器操作机构、接地开关、接地开关操作机构、智能组件柜 6 大部件组成。集常规变电站的电流互感器、接地开关等设备为一体，省略了隔离开关。

设备体积较大，采用了分解运输、现场组装的方式，分为基础预埋螺栓、隔离断路器支架、隔离断路器本体（瓷柱及灭弧室等）、隔离断路器操作机构箱、接地开关动静触头、接地开关机构箱、电子式电力互感器感应线圈、互感器光纤复合套管及光纤等组件。智能变电站与新一代智能化变电站间隔对比及集成式隔离断路器结构图分别如图 2-4-1、图 2-4-2 所示。

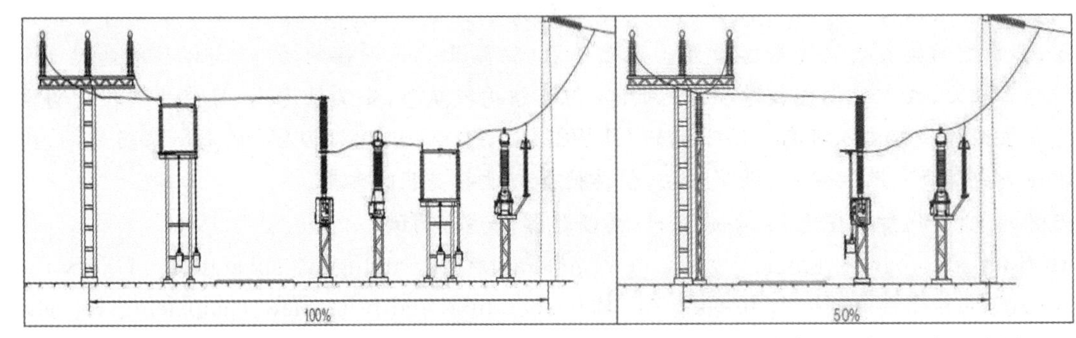

(a) 智能变电站间隔布置　　(b) 新一代智能化变电站间隔布置

图 2-4-1　智能变电站与新一代智能化变电站间隔对比

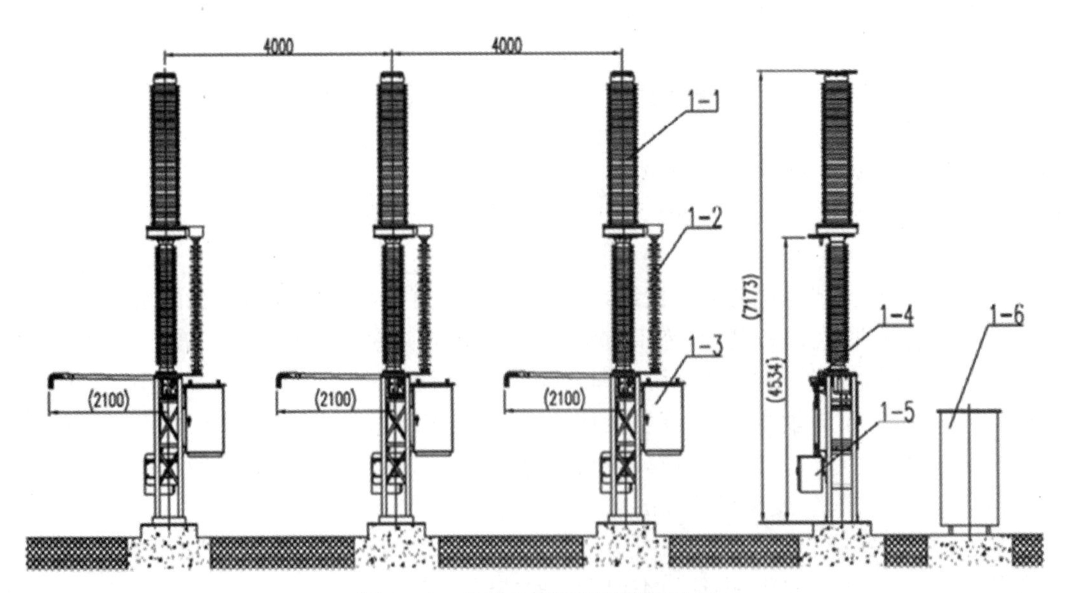

图 2-4-2　集成式隔离断路器结构图

1-1:隔离断路器;1-2:互感器;1-3:断路器操作机构;1-4:接地开关;1-5:接地开关操作机构;1-6:智能组件柜

1.2 集成式隔离断路器安装流程

集成式隔离断路器的安装流程如图 2-4-3 所示。

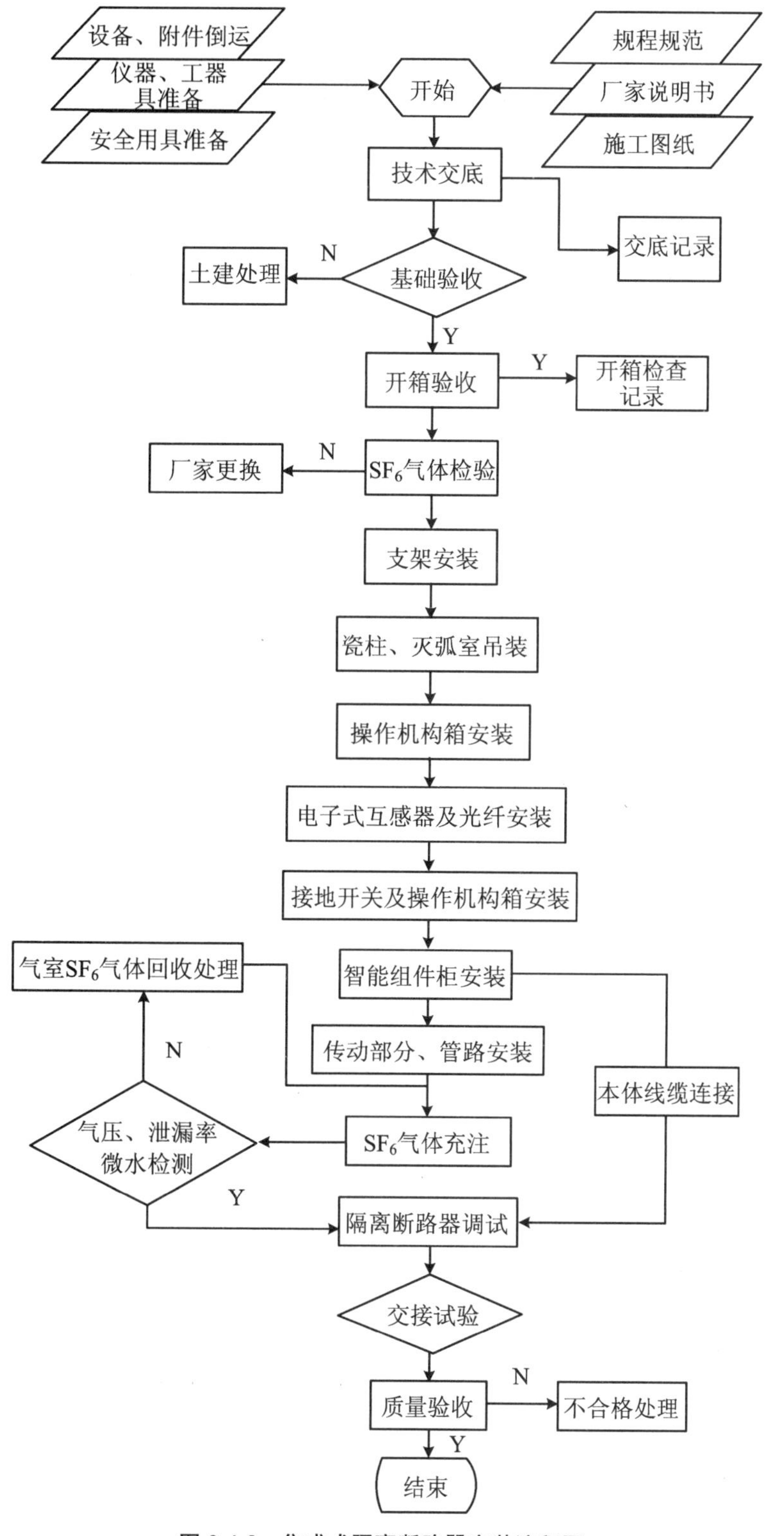

图 2-4-3 集成式隔离断路器安装流程图

第二篇 智能变电站

2　隔离断路器安装顺序

根据隔离断路器的结构特点，采用“自下而上、先主后次、分体吊装”的安装顺序。先安装底部支架，再安装上部瓷柱、灭弧室等部件；安装好断路器主体后，进行电子式互感器、隔离开关等附属设备的安装。安装顺序示意图如图 2-4-4 所示。

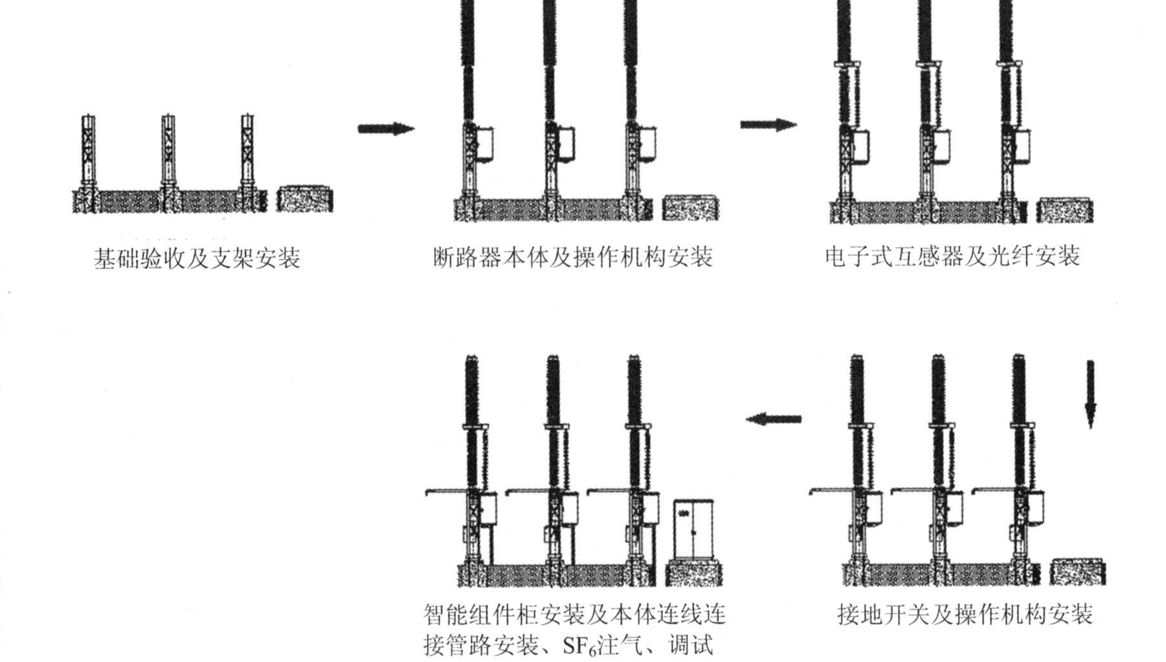

图 2-4-4　220 kV 隔离断路器安装顺序示意图

3　作业区域规划、起吊工器具选择

安装隔离断路器时，需要用吊车和高空作业车配合施工。由于现场作业区域通常比较狭小，因此施工区域的合理规划尤为重要。作业前应准确定位吊车及高空作业车的座位及工作半径。针对隔离断路器组件多的问题，明确附件摆放、组装及吊装区域，保证吊装作业区域作业面充足，减少交叉作业，避免二次重复倒运。

确定吊车及高空作业车的座位及工作半径后，根据设备各部件的重量及外形尺寸，综合考虑现场已安装的构架、软母线位置，确定起重机械的工作幅度、起升高度、吊臂仰角等技术参数，合理选择吊车及高空作业车及各类吊具规格型号。

4　集成式隔离断路器部件吊装

4.1　地脚螺栓复测及支架安装

操作隔离断路器过程中，会对基础产生较大的作用力，其分闸时对基础的下压力约为 24

kN,合闸时的上拔力约为 17 kN,因此需要地脚螺栓的预埋精度符合《电气装置安装工程高压电器施工及验收规范》(GB 50147—2010)[1]及设计图纸要求,避免发生地脚螺栓受力不均的情况。地脚螺栓应满足:基础轴线及高度误差≤10 mm;预埋螺栓中心线偏差≤±1 mm;地脚螺栓承重螺帽及垫片水平标高应确保一致。

断路器支架安装时保持垂直,移至地脚螺栓上部缓慢落于安装位置。三相支架安装后,应将地脚螺栓初紧,测量支架的垂直度及三相支架的中心轴线偏差及本体有无扭转,各支柱的中心线间距偏差和相间中心距离偏差应≤5 mm。调节完毕后,将地脚螺栓对称均匀紧固。支架安装示意图见图 2-4-5。

图 2-4-5 支架安装示意图

4.2 隔离断路器本体及机构箱安装

隔离断路器本体由瓷柱、灭弧室及下部传动机构组成,质量约 1 700 kg。吊装时先将断路器本体从包装箱中水平吊出,检查瓷柱外部复合材料有无破损。断路器本体安装示意图见图 2-4-6。

图 2-4-6 断路器本体安装示意图

为便于电子式互感器感应线圈的安装,应将本体顶部一次接线板拆除;打开底部传动机构分合闸指示面板及侧板，将电子式互感器安装底板、接地开关静触头及一次接线板安装在本体中部。

隔离断路器本体吊装采用顶部单点吊装法，吊点设置在顶部的重心位置。起吊时，吊车采用起臂动作，将本体缓慢扳起。底部传动机构处设置溜绳，并安排人员监护。当本体接近垂直状态时，底部监护人员使用溜绳保护传动机构，防止其向前方摆动，最终使套管竖直。本体套管竖直后，将其移至支架上部，缓慢落至支架安装位置，本体底部固定螺栓均匀对角紧固后，吊车才能松钩。

断路器操作机构箱采用四点吊装法将其吊装至支架安装位置，进行固定安装。要注意的是，操作机构箱与断路器底部传动机构间连接钢板两侧，应事先均匀涂抹密封胶，保证两个部件之间密封可靠。

4.3 电子式互感器安装

电子式互感器感应线圈需从断路器本体上部穿入，吊装时其吊带长度应大于本体上节套管长度。安装时采用 4 根 4 m 长的 1 t 吊带，使用四点吊装法将线圈从顶部平稳套入本体的安装位置。线圈在套管上下落过程中，应有专人监控其下落状态，防止损伤本体瓷柱外部复合材料。感应线圈安装就位后，应恢复断路器顶部的一次接线板。

互感器感应线圈上设置有光缆终端接线盒，其与数据采集单元间使用光纤复合套管连接，光纤复合套管内穿有预制光纤。光纤复合套管固定在光纤接线盒下部，由于光纤接线盒的遮挡，光纤复合套管安装时，使用吊车安装容易造成断路器本体套管损伤。现场采用“空中人工辅助对接法”，安装时利用光纤接线盒作为支点，使用吊绳人工起吊，在半空中完成光纤复合套管与光纤接线盒穿缆对接工作。该方法减少了高空作业工作量，提高了安装效率，有效地保护了套管及光纤在安装过程中不受损伤。见图 2-4-7。

图 2-4-7　电子互感器安装示意图

4.4 接地开关安装

隔离断路器的接地开关采用单臂直抡式结构，由动触头、接地导电杆、静触头、传动系统和操动机构组成。工作时，操动机构输出轴通过垂直连杆带动支座装配上的主动拐臂，经传动系统带动接地开关传动轴在垂直平面旋转 90°，从而带动固定在传动轴上的接地导电杆在垂直平面 90°范围内转动，实现接地开关的分、合闸操作。结构见图 2-4-8。

接地开关的传动机构出厂时已安装于支架上，现场仅需安装动触头及操作机构箱。安装时将动触头、导电杆及操作机构箱均调至分闸状态，连接传动机构与操作机构箱之间的垂直连杆即可。

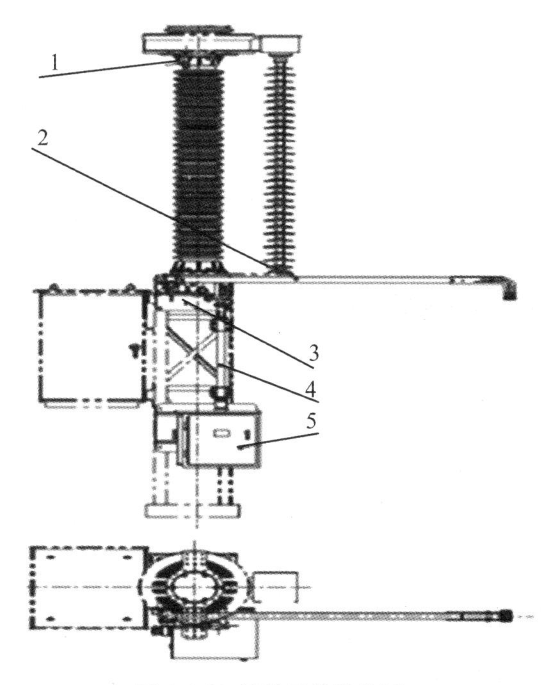

图 2-4-8　接地开关结构图

1:接地静触头;2:接地导电杆;3:支撑座;4:垂直连杆装配;5:操动机构

5　集成式隔离断路器注气

隔离断路器各组件及管路安装完毕后，即可进行断路器的 SF_6 气体充注。断路器本体在出厂时已充入 0.025 MPa 的 SF_6 气体，现场不需对各单极进行抽真空水分处理。直接使用专用充放气工具将 SF_6 气瓶与充气阀（支架上的汇流体）连接，进行 SF_6 充注。注气前，应用 SF_6 气体吹拂气路连通管 5 s，清除管内杂质。注气装置结构及原理图见图 2-4-9。

注气时，气体从气瓶流出，通过专用充放气工具的接口 5 与单极上的充气阀连接，充入 SF_6 气体。充气过程中，应缓慢注气，使液态气体充分气化后进入气隔，这样气隔中的气体压力才是真实压力。如果充气过程中出现气瓶、管路、接头表面结霜现象，应降低注气压力。

隔离断路器注气过程中，应密切监控密度继电器上的压力指示。在注气过程中使用万用表测量密度继电器的低压报警压力值（0.55±0.015 MPa）和闭锁压力值（0.52±

0.015 MPa)电气接点切换状态。当 SF_6 气体值略微超过 0.60±0.015 MPa 的额定工作压力值后，注气工作即完成。

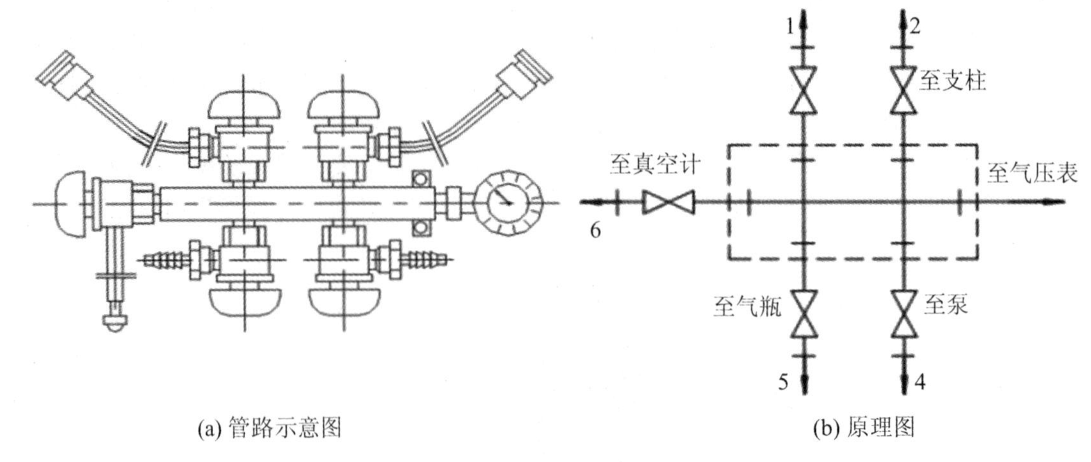

图 2-4-9　注气装置结构及原理图

6　集成式隔离断路器调整

6.1　断路器本体调整

调整断路器本体操作机构时，需先将断路器本体与操作机构间的连杆安装就位。安装前，注意传动拐臂上的标记点与拐臂盒传动轴上的标记点应保持一致。传动连杆长度在厂家已调整合格，现场正常安装时不需要再次调节。

断路器本体与操作机构箱连接完毕后，应进行手动慢分慢合操作，检查操作过程有无卡阻现象，无问题后，才可以进行电动操作。首次进行慢合操作时，应用万用表监视单极隔离断路器是否接通，接通时测量断路器本体拐臂相对应的距离，用于隔离断路器接触行程的计算。

6.2　接地开关调整

接地开关调整主要有以下方面：接地开关与隔离断路器间机械闭锁调整；接地开关分、合闸位置及触头插入深度调整；三相联动接地开关(110 kV 隔离断路器)同期调整。

隔离断路器本体主轴与接地开关传动结构上设置有一套机械闭锁装置，其整体结构如图 2-4-10 所示。断路器处于分闸状态时，隔离断路器本体主轴上安装的闭锁板处于分闸状态位置，接地开关的转动轴可自由地转动，分合接地开关。断路器处于合闸状态时，其主轴上的闭锁板旋转 90°，处于闭锁状态，限制接地开关的转动轴转动，闭锁接地开关传动机构动作。由于断路器本体的操作机构行程已在出厂时调整好，不能改变，因此对于隔离断路器的机械闭锁调整，仅能通过调整接地开关传动轴的闭锁面的角度进行局部调整。地刀闭锁机构如图 2-4-10 所示。

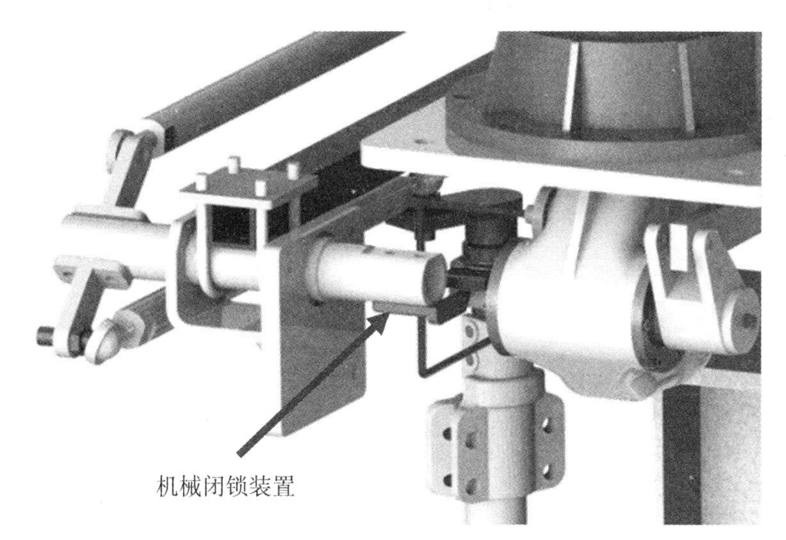

图 2-4-10 地刀闭锁机构示意图

接地开关的分、合闸位置通过接地开关传动机构的拐臂连杆进行调整，触头插入深度可通过导电杆的长度进行调整。三相联动接地开关通过调整三相间水平量进行同期调整。调整后的接地开关、三相动触头的分合闸位置及插入深度应一致，满足厂家要求。三相不同期值应≤20 mm。调整过程中，先手动操作调整各项参数，合格后再进行电动操作，避免损伤设备。

7 隔离断路器安装质量检验与本体试验

7.1 隔离断路器安装质量检验

隔离断路器调整需测量灭弧室工作缸活塞行程、分闸时间、合闸时间、三相不同期时间，并对断路器内充注的 SF_6 气体的注气 24 h 后含水量、工作压力、低压报警压力、报警解除压力、闭锁压力、闭锁解除压力进行测量。

灭弧室工作缸活塞行程测量方法（参见图 2-4-11）如下：已安装完毕并充注了额定 SF_6 气压的隔离断路器，使用额定操作电压对断路器进行 3 次分、合闸操作。测量隔离断路器拐臂盒内位于合闸位置时的尺寸 L_3 及分闸位置时的尺寸 L_2。灭弧室工作缸活塞行程计算公式：

$$S = (L_2 - L_3) \times 1.38 \tag{2-4-1}$$

式中，S 为灭弧室工作缸活塞行程；L_2 为分闸位置时拐臂至拐臂盒边长度；L_3 为合闸位置时拐臂至拐臂盒边长度；1.38 为内拐臂与传动拐臂臂长之比，S 值应满足 150±2 mm 的要求。

使用断路器特性测试仪进行分闸时间、合闸时间、三相不同期时间的测量试验。试验时将断路器特性测试仪的合、分闸控制线分别接入断路器二次控制线中，用试验接线将断路器一次各断口接入测试仪时间通道。在额定操作电压及额定机构压力下对 SF_6 断路器进行分、合操作，即可得出各相合、分闸时间。三相合闸时间中的最大值与最小值之差即为合闸不同期，三相分闸时间中的最大值与最小值之差即为分闸不同期。

隔离断路器的含水量测量，需在设备注气 24 h 后进行，使用微水检测仪测试。测试前打开微水测试仪进行自检，然后连接好试验气管，先进行干燥，调节气体流量，操作试验仪进行

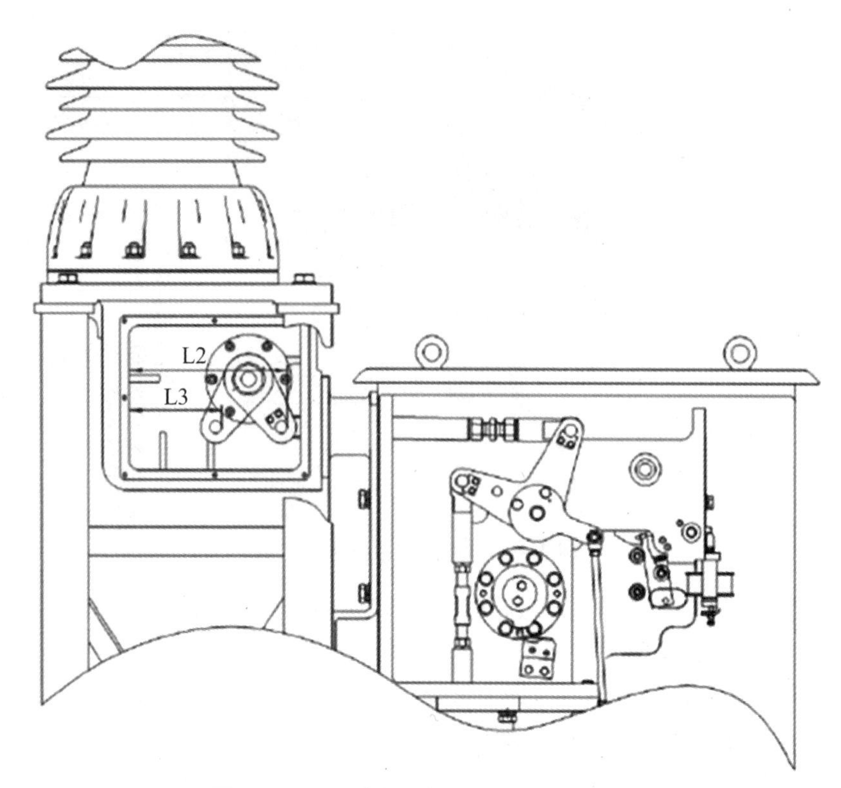

图 2-4-11　灭弧室工作缸行程测量示意图

测量，读取数值即可。微水测试时，应将测试结果换算至 20 ℃体积分数与规程进行比较。

隔离断路器工作压力通过密度继电器直接读取数值，其低压报警压力、报警解除压力、闭锁压力、闭锁解除压力的测量，在断路器本体 SF_6 注气过程中进行。

7.2　隔离断路器本体试验

隔离断路器本体试验包括操作试验、隔离断路器与接地开关闭锁正确性试验。

7.2.1　隔离断路器操作试验

隔离断路器操作试验包括就地操作、远方操作试验。其试验步骤如下：在断路器智能组件柜处将控制状态开关切换到就地状态，传动人员在智能组件柜操作装置上进行断路器及接地开关的分、合闸操作试验。遥控试验时，需将控制状态开关切换到远方状态，传动人员在后台处进行断路器及接地开关的分、合闸操作。

7.2.2　隔离断路器与接地开关闭锁正确性试验

隔离断路器与接地开关闭锁正确性试验，其闭锁逻辑如下：

(1) 隔离断路器合闸时，闭锁装置和接地开关都被锁在分闸位置。

(2) 隔离断路器分闸、闭锁装置未启动时，隔离断路器和闭锁装置均可以操作，但接地开关操作被限制。

(3) 隔离断路器分闸、闭锁装置启动时，接地开关可以操作，隔离断路器被锁在分闸位置。

(4) 接地开关合闸时，闭锁装置和隔离断路器均不能操作。

(5) 接地开关分闸、闭锁装置未启动时，隔离断路器可以操作，接地开关操作被限制。

(6) 接地开关分闸、闭锁装置启动时,隔离断路器被锁在分闸位置,接地开关可以操作。

闭锁验证时对隔离断路器和接地开关进行相应状态试验,应符合闭锁逻辑关系(见图2-4-12)。

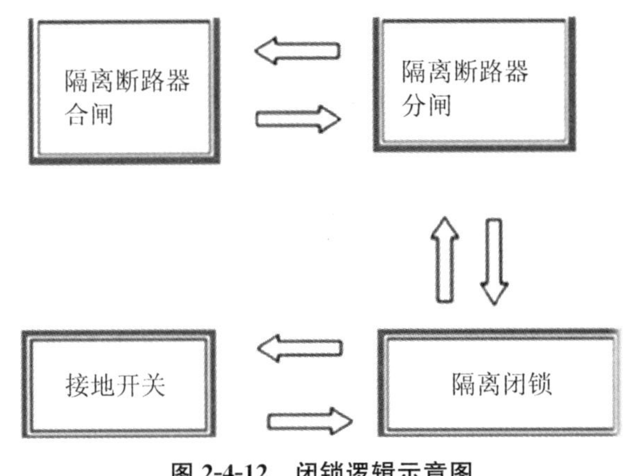

图 2-4-12　闭锁逻辑示意图

8　结语

随着国网公司新一代智能化变电站的逐步增加,集成式隔离断路器以其结构紧凑、高度集成化、占地面积小等优点必定会推广使用。本文简单介绍了集成式隔离断路器的结构、安装及调整方法,希望本文所述的安装方法能够对其他工程同类型设备安装起到一定的参考和借鉴作用。

参考文献

[1] GB 50147—2010. 电气装置安装工程高压电器施工及验收规范[S]. 2010.

[2] 河南平高公司. GLW2-253/T4000-50 型 220 kV 隔离断路器说明书[S].

三维设计在电网和变电站建设中的应用与实践

Application and Practice of Three-Dimensional Design in Power Grid Construction

高运动　王剑波

安徽宏源电力设计咨询有限责任公司，安徽合肥，230022

摘要：三维设计凭借在变电站工程数字化、可视化和移动互联网领域的关键技术以及对工程建设和运行的深刻理解，正在逐渐成为电力设计单位的智能辅助工具。本文结合某 220 kV 新建模块化智能变电站工程，讲述三维设计过程的优缺点，并提出发展建议。

关键词：电网建设；变电站；三维设计；模型；协同设计

Abstract: Three-dimensional design is gradually becoming an intelligent auxiliary tool for power design units by virtue of its key technologies in the digitalization, visualization and mobile internet of substation engineering, as well as its profound understanding of engineering construction and operation. In this paper, the advantages and disadvantages of the three-dimensional design process are described and the development suggestions are put forward.

Key words: power grid construction; substation; three-dimensional design. model. collaborative design

三维设计凭借多视角、全方位的图形展示界面，以及其图纸联动调整及自动净距校验等功能，正在越来越多地被电力行业设计单位采用。同时，根据国家电网公司（以下简称国网公司）基建〔2018〕585 号及安徽省电力公司（以下简称公司）建设工作〔2018〕157 号文要求，自 2018 年下半年开始，公司新建 110 kV 及以上输变电工程全面应用三维设计，同步启动公司三维建模工作。到 2020 年底前，公司所有新建、改建、扩建 35 kV 及以上输变电工程具备数字移交条件，总体上实现三维设计、三维评审、三维移交。

1　三维设计的特点

数字化时代，智能电网建设对变电站工程设计提出了更高的要求，目前国网公司已经建立了工程数据中心和数字化移交系统，并在新建工程中要求实现设计成果的数字化移交。

作者简介：

高运动（1983—），男，安徽淮北人，本科，高级工程师，主要从事 110 kV 及以上变电站工程设计工作。

王剑波（1973—），男，安徽合肥人，本科，高级工程师，主要从事输电工程设计管理工作。

传统CAD工作模式下，采用图纸复制修改为特征的作业模式，其质量与效率已无法进一步提高，设计成果不具备全生命周期数字化移交的能力。三维设计技术条件下，变电站建筑物和设备等能够在计算机提供的三维空间中建造出来，它将变电站涉及的各个专业结合到一起，在协同设计工作平台下，各专业能看到其他设计人员的成果，通过专业间沟通，共同完善工程设计方案。

变电站三维设计集电气、建筑、结构、水暖功能于一身，以工程数据库为核心，通过数据驱动三维模型，最终实现自动出图、联动更新、净距校核及数字化三维协同，从而可大幅提高设计工作效率与设计质量。

2 三维设计在工程设计中的具体措施

2.1 采用标准数据库为核心的数字化设计

变电站三维设计以工程数据库为核心，能自动生成相关联的图纸。数据库设备模型采用国网公司通用模型库(2018年版)，模型文件统一采用GIM格式，这就从源头上对设备型式进行了统一。

在工程设计过程中，各专业在协同平台同步开展设计，本专业图纸的调整修改，其他相关专业设计人员均能看到。通过数据共享实现工程一处设计修改，多张相关图纸自动更新，并及时对相关设计人员进行提醒，避免了专业间多次提资带来的信息传递错误，有效降低了专业间接口出错的概率。

2.2 标准化设计体系

三维设计平台作为设计单位专业知识和设计基础数据的载体和应用工具，通过提供标准化工程库和设备数据库等资源，帮助设计人员实现“海量检索”“精确定位”和“全盘复用”的作业模式。设计人员在工程设计阶段，可根据工程具体需求选用不同的设备型式。数据库设备选型可根据“型号”“厂家”“电压等级”等信息进行快速检索，便于设计人员进行选择。

2.3 变电站三维协同设计

基于同一工程模型的协同设计体系缩短了专业之间的提资接收周期，并减少了专业间提资的工作量。最大限度共享专业间设计成果，避免重复工作。变电一次、变电二次及变电土建专业人员在同一平台开展工作，在线完成专业间提资及校审，图纸的更新、修改一目了然，相关图纸数据自动更改。相比常规CAD制图设计，采用线下提资确认的方式，不仅提高了设计工作的效率，同时降低了专业间多次提资引发出错的风险，有效提升了设计工作质量。

2.4 精细化设计

基于三维模型的精细化设计，具有管线综合碰撞检查、安全净距校核等能力，从根本上避免设计错误，避免返工，有效节约现场解决问题的时间。三维设计软件自带碰撞检查功能，可自动检验变电站设备基础之间、基础与电缆沟、基础与预埋管间的碰撞检查，并通过三维设计展示立体空间，可视化效果好。而在二维设计平台上，空间上的交叉碰撞，只能依靠设计人员的空间想象分析判断，在错综复杂的设备基础及设备间的布置方式下，很难直观地发现问题。

安全净距校核功能可根据设计人员需求，自动校验不同电压设备间、设备与地之间的安全距离是否满足要求。在变电站出线回路较多或接线型式复杂的情况下，带电设备与导线存在空间上的交叉，仅依靠二维图形界面进行设计，安全距离校验费时费力且错误率高。三维设计不仅可以全方位360°旋转观察，还提供了自动净距校验功能，有效降低了设计周期，提升了设计工作效率。

2.5 设计成果共享

变电站工程设计一般分为可行性研究设计、初步设计、施工图设计及竣工图设计四个阶段。三维设计在四个阶段中共用一个设计模型，在设备招标阶段建立变电站模型，通过设计信息的不断细化在各阶段进行流转，最大限度实现了设计成果在整个设计周期的共享，有效缩短了设计周期。

3 三维设计在变电站工程中的应用

以下以某220 kV新建模块化智能变电站工程为例，讲述三维设计在工程应用过程中的具体工作，结合变电一次、变电二次及土建三个专业的协同设计，论述现阶段三维设计的优点及不足之处。

3.1 具体应用

在工程设计阶段，变电一次、变电二次及土建专业可通过在设计平台固定基准点的方式，在变电站总平面基础上协同开展设计工作。根据工程实际情况，土建专业结合国家电网模块化建设要求，分别开展装配式围墙、大门、建筑物及构筑物模块的设计工作；对变电站建筑物墙板、围墙大砌块石、墙体装饰板、门窗型式等尺寸和材质进行赋值；对站内墙体开洞、电缆埋管布置以及站内事故油池等进行三维设计与展示。电气专业依据国网公司通用设备模型，开展电气设计工作，并对采用的各设备参数进行赋值。三维设计平台具备常规短路电流计算、导线拉力校验、蓄电池容量计算等功能，可通过软件计算并自动导出计算书，无需再单独进行计算赋值，这在一定程度上缩短了设计周期。各专业设计人员需严格执行国网公司“三通一标”的要求，后期设备厂家也需按照国网公司通用设备标准进行生产，如此才能保证各专业设计工作无缝对接。同时，三维设计平台提供二维视图界面及CAD图纸导出功能，设计人员可根据不同需要进行选择。如图2-5-1所示为变电站总平面三维图。

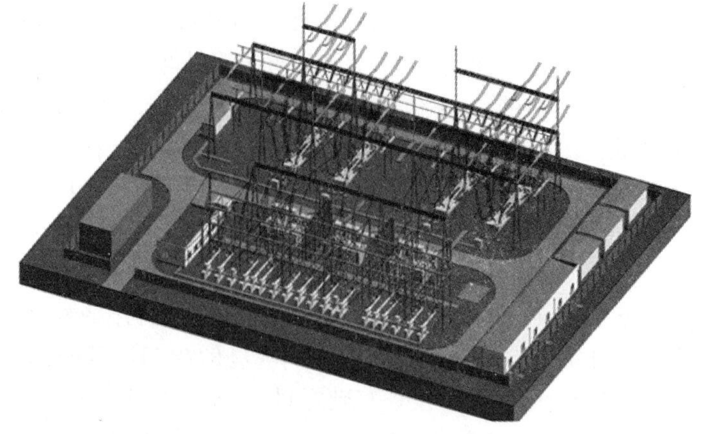

图2-5-1　变电站总平面三维图

变电站总平面图设计完成后，各建筑物的正面图、立面图、俯视图可根据工程需求自动生成(见图 2-5-2、图 2-5-3、图 2-5-4)。电气专业的配电装置图及间隔断面图无需再次进行绘制,在总平面图上进行“切割”操作即可,设备参数自动生成。如总平面图有调整,各配电装置图及断面图自动进行调整修改,无需人工操作,大大降低了设计出错的概率。

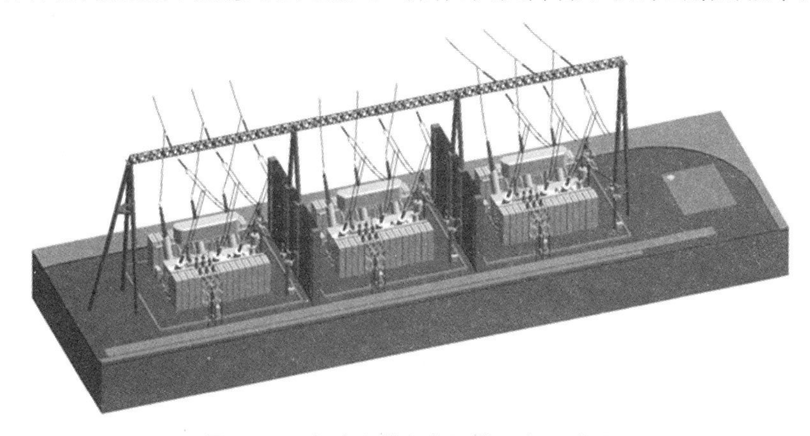

图 2-5-2　自动生成主变压器配电区域图

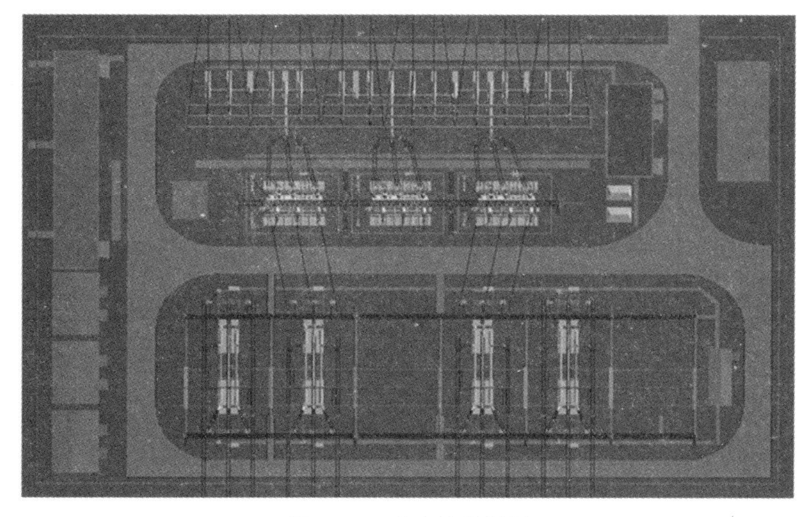

图 2-5-3　变电站俯视图

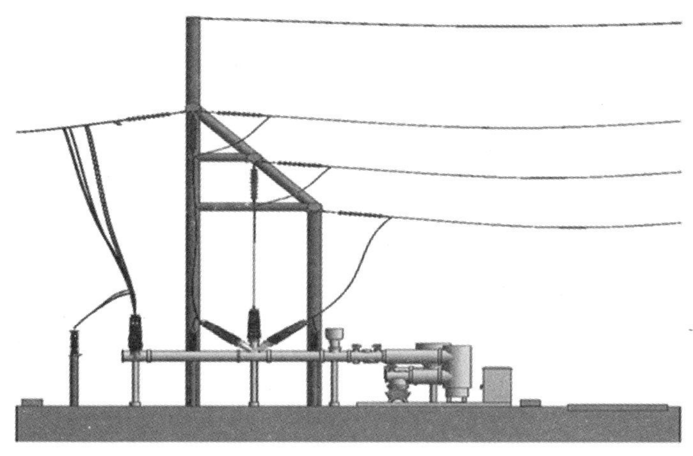

图 2-5-4　自动生成间隔断面图

3.2 三维设计的优点与不足

由上述可见,变电站三维设计平台优势明显,已越来越多地被设计单位所采用。对比常规的二维设计平台,三维设计不仅在提升设计工作效率方面优势明显,还大大降低了设计出错的概率,提升了工程设计质量。

另一方面,三维设计虽然应用前景较好,但目前还处于试点应用阶段,在工程具体应用过程中,还存在以下几点不足:

(1) 国网公司设备模型库不全,目前主要设备模型都已储存,但部分辅助设备,如主变压器中性点设备、消弧线圈及保护测控等二次设备模型依然空缺,该部分模型的不统一必将造成各厂家及各设计人员建模型式的多样化。

(2) 设备建模深度及技术要求仍需进一步明确,对建模的基本图元没有明确的说明。

(3) 各设计单位三维设计成果如何实现信息共享,工程竣工资料、三维设计移交的范围、格式要求和深度还需进一步明确。

4 结语

三维设计工作目前虽然还处在试点阶段,但推广应用已势在必行。下一步国网公司将依托“三通一标”要求,进一步细化通用设备模型库,完善公用设备模型。同时,在模型创建技术要求、设计深度要求、成果移交要求等方面需进一步细化梳理,出台相应文件,真正达到工程三维设计、三维评审及三维移交的目标。

参考文献

[1] 国网基建部.基建技术〔2017〕104号:输变电工程三维设计数字化移交技术导则[S].
[2] 国网基建部.基建技术〔2017〕37号:国网基建部关于印发变电站(换流站)三维设计指导意见(暂行)的通知[S].
[3] 国网基建部.基建技经〔2017〕100号:国网基建部关于印发输变电工程三维设计评审管理指导意见的通知[S].
[4] 建设工作〔2018〕157号:国网安徽省电力有限公司建设部关于印发输变电工程三维设计及建设工程数据中心专题讨论会议纪要的通知[S].

基于间隔 CRC 校验码的智能变电站改扩建配置文件定位研究

Research on Configuration File Location of Smart Substation Reconstruction and ExtensionBased on Bay CRC Code

叶远波

国网安徽省电力有限公司电力调度控制中心，安徽合肥，230022

摘要：智能变电站大规模投入运行，同时智能变电站的扩建工作也在不断推进，但目前智能变电站改扩建技术缺乏完整的技术体系，为了解决改扩建界定影响范围，确保改扩建间隔不影响运行间隔信息，本文提出一种基于二次虚回路自动识别间隔信息，将二次设备归属到间隔，同时提出基于间隔 CRC 的二次回路配置管理，明确定位改扩建对母线保护影响间隔范围，最后提出基于语义识别的方法对 CCD 二次虚回路进行校验，保证虚回路配置的正确性，为智能变电站改扩建提供技术支撑，提高改扩建效率。

关键词：虚回路；间隔 CRC；二次回路配置管理；语义识别

Abstract: With the large-scale operation of the smart substation, and the construction of the smart substation is constantly advancing. Due to the lack of a complete technical system for the smart substation expansion and expansion technology, in order to solve the scope of influence and reconstruction, ensure that the reconstruction and expansion interval does not affect the operation interval information, and propose an automatic identification interval information based on the secondary virtual loop to assign the secondary device to the interval; at the same time, the secondary loop configuration management based on bay CRC is proposed, and the interval of influence on the protection of the busbar protection is clearly defined; finally, a method based on semantic recognition is proposed to verify the secondary virtual circuit of CCD to ensure the correctness of virtual circuit configuration, provide technical support for the reconstruction and expansion of intelligent substation, and improve the efficiency of reconstruction and expansion.

Key words: virtual loop; bay CRC; secondary loop configuration management; semantic recognition

智能化变电站具有“一次设备智能化、全站信息数字化、信息共享标准化、高级应用互动化”等特点，自国家电网公司 2009 年提出建设“坚强智能电网”以来，我国计划在 2020 年以

作者简介：

叶远波（1973—），男，硕士，教授级高工，研究方向为电力系统继电保护。

前建成千座智能化变电站，涵盖已有的各种电压等级，目前在电力网系统内已建成各电压等级智能变电站超过 1 500 座[1]，智能化成为变电站技术发展的必然趋势。

智能变电站以其信息共享的优势，越来越受到电力系统的青睐，故而得到了广泛的应用。与此同时，随着智能变电站大规模的投入运行，特别是前期试点工程中的部分智能化变电站限于当时设计理念、技术水平、装备制造水平、施工安全调试经验等因素影响，运行状况并不理想。同时各企业与居民用电量快速增长，急需对已建成的智能化变电站进行改扩建，以满足电网快速发展的需求。对于已运行的智能变电站的改扩建工程，目前多采用全站停电的改造模式，对所有线路进行重新功能验证和实验调试，这必然给电力系统运行和维护造成难以承受的压力，对电网正常运行影响较大。

近几年，国内外针对智能变电站改扩建相关技术进行了研究。文献[2]通过比较改扩建前后 SCD 文件中一次系统描述部分，实现受影响的间隔区域定位，但是当 SCD 文件中缺少一次描述部分时无法进行分析定位。文献[3]提出在变电站改扩建时，对 SCD 文件进行解耦，研究了物理隔离误改动造成的对其他间隔的影响，但对于母线保护改动不能定位范围，且物理解耦生成多个文件，版本管控也是个问题。文献[4]提出通过关键字匹配实现虚回路的自动设计和完整性校验，能够校验二次虚回路的正确性，但未分析虚回路更改前后对其他 IED 的影响。

当下智能变电站改扩建技术相对不够成熟，缺乏完整的技术体系，有必要开展智能变电站改扩建技术体系和理论支撑技术的研究。目前变电站改扩建基本采用 SCD 文件比对分析的方式，并不能确定装置内部运行的配置文件更改前后影响范围。对于线路线改扩建，会导致母线保护装置配置重新下装，但是无法定位改扩建前后的配置信息是否会对其他已运行间隔造成影响，为了安全性，需要全部线路停电进行传动实验。有必要分析智能变电站二次设备虚回路运行配置文件，实现改扩建前后有效的影响分析，并进行有效的校验，降低改扩建调试时间，对已确定没有更改和影响的间隔不用调试，从而减少停电时间，为智能变电站改扩建提供技术支撑，避免智能变电站改扩建工程对电网供电造成不良影响。

1 总体架构设计

智能变电站配置描述 SCD(substation configuration description)文件描述了完整的变电站配置，涵盖整个变电站的数据模型信息、全部 IED 的实例化配置、通信参数及虚回路连接关系，是智能变电站组态配置的基础，相当于常规变电站中链接一、二次设备的二次线缆回路，是智能变电站所有设备互操作的基础。在变电站改扩建阶段，SCD 文件频繁变动，经常造成调试人员不了解版本间的差异性。在变电站检修及技改阶段，会牵涉到 SCD 文件的修改，对于这些修改，现在大多采用文本比对，以及部分可视化展示工具，来界定虚拟二次回路上的差异性，但是对于影响范围的界定不够直观具体，难以保证配置修改后不影响正在运行二次设备的正确动作，以及误修改影响其他运行设备的配置信息，无法顺利地指导改造工作的顺利进行，往往扩大范围的调试工作，对各个支路进行传动实验。

SCD 文件结构比较复杂，可阅读性差，不利于运维检修人员现场工作。目前针对 SCD 文件已经有很多可视化的工具，可以针对不同的运维人员进行数据解析，可视化展示 SCD 数据逻辑关系[5—8]。在智能变电站改扩建中，SCD 文件各版本之间要做好管控，否则会导致装置配置信息错误，下装之后装置运行异常。对于 SCD 版本管控，可通过解析 SCD 文件，对智能变电站不同版本 SCD 文件进行对比，以直观可视化的方式展示 SCD 文件的差异[9,10]，展示虚回路的链接关系。

在系统集成人员生成 SCD 文件的操作过程中，一旦对运行设备的 CCD 文件操作错误且没有发现时，这些错误将直接影响运行设备，导致不可预知的错误。本文将分析智能变电站二次设备 CCD 文件格式与语法，根据装置之间虚回路连接关系[11—13]，提出基于二次虚回路自动识别间隔信息，将二次设备划分到间隔；提出基于间隔 CRC 二次回路配置管理，根据间隔信息，精确定位 CCD 变更间隔，精确定位改扩建影响到的运行间隔范围；最后提出基于语义识别对 CCD 进行校验，根据间隔信息生成间隔模板信息，通过 SCD 文件自学习，自动增量生成模板信息，校验虚回路关联的正确性。通过以上方案，对智能变电站配置文件进行管控，提高智能变电站改扩建效率，减少停电范围，为电网调度运行和检修决策提供参考。

整体逻辑结构图如图 2-6-1 所示。

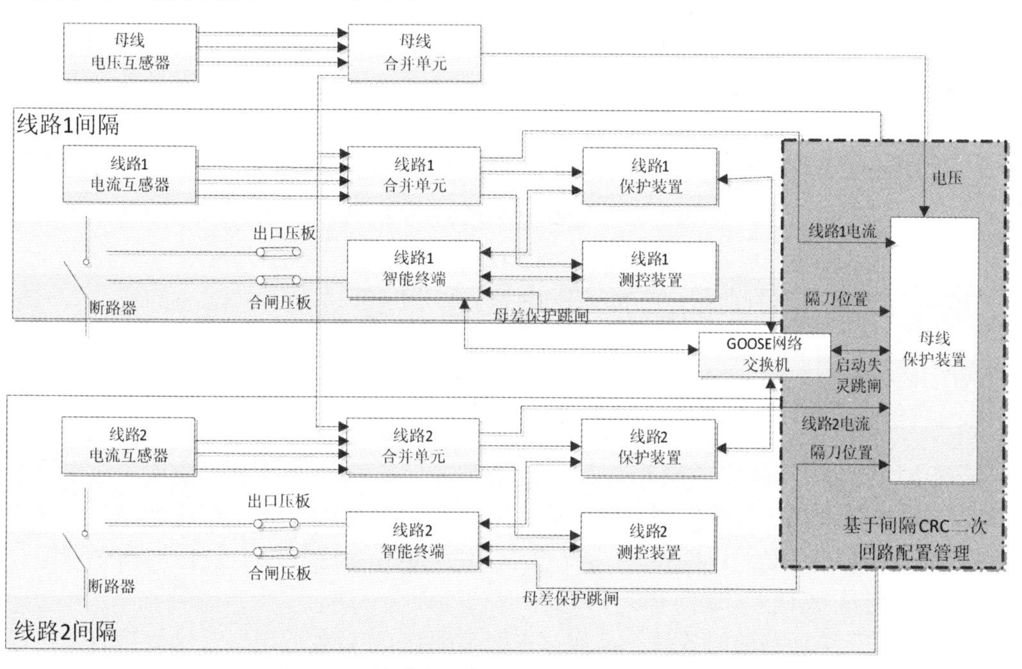

图 2-6-1　线路间隔与母线保护回路逻辑结构图

2　基于二次虚回路自动识别间隔信息

CCD(configured IED circuit description)文件是智能变电站二次设备 IED 虚回路配置文件，此类文件由国家电网公司发布了相应技术标准规范，《智能变电站继电保护工程文件技术规范》规范了 CCD 文件的内容和格式，《智能变电站二次系统配置工具技术规范》规范了利用系统配置工具生成 CCD 文件，并将该文件下装到装置的过程。CCD 文件是用于定义 IED 订阅与发布 GOOSE 和 SV 信息的配置文件，包含虚回路内部地址与接收外部装置的地址映射关系、控制块通信参数信息、虚端子接收端口信息以及虚端子描述信息。该文件通过系统配置工具从 SCD 文件导出，下载到装置内部生效运行。

早期运行的智能变电站 SCD 文件中缺少 SSD 部分，无法获取到一次设备间隔信息，通过二次回路拓扑关系，采用基于二次回路自动识别间隔信息，将二次设备依据一次间隔进行间隔划分。

典型间隔二次回路图如图 2-6-2 所示，分析该图可知，在 SCD 中获取接收支路信息并且接收启动失灵 GOOSE 信号的为母线保护装置；接收母线跳闸信息，发送断路器失灵信号的为线路保护装置；根据线路保护装置接收断路器位置，并且发送 GOOSE 跳闸信号的为本间隔的智能终端装置；根据线路保护装置接收 SV 电流与电压的为本间隔的合并单元；接收本间隔合并单元 GOOSE 信号的为本间隔的测控装置，由此可自动识别出本间隔所有的二次设备，将这些设备分为一个间隔。

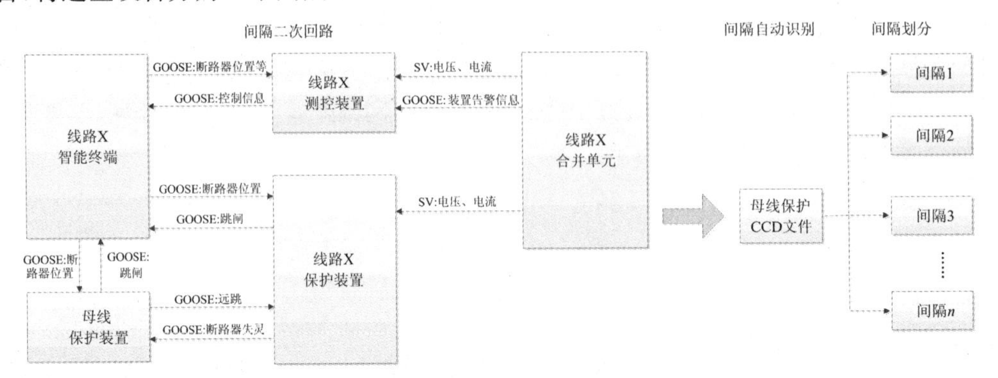

图 2-6-2　间隔回路拓扑与自动识别

3　基于间隔 CRC 的二次回路配置管理

3.1　二次回路 CRC 校验码

国家电网公司发布实施了技术规范 Q/GDW 1396《IEC61850 工程继电保护应用模型》，对 SCD 文件中每个二次装置采用循环冗余校验(CRC)的方法生成计算其虚端子 CRC 码，然后针对所有的 IED 按照 IEDName 升序组合 CRC 为一个字符序列组合，对该序列组合计算 CRC 得到全站 SCD 文件的 CRC 校验。

对 SCD 文件虚回路的配置管控是通过虚回路配置 CRC 校验码以及结合信息比对校验的方法。装置虚回路配置 CRC 校验码校验方法以虚回路配置信息的完整性为基础，提取每个 IED 过程层相关虚回路配置信息以及通信参数信息，形成可扩展标记语言 XML 文件，对该文件的信息交换标准代码序列计算四字节 CRC-32 校验码，提取的虚端子内容包括四个回路配置要求，分别是 GOOSE 发送、GOOSE 接收、SV 发送、SV 接收。CCD 模型文件结构和主要内容如表 2-6-1 所示。

表 2-6-1　CCD 文件数据格式

模型字段	说明
<IED>	装置信息，包括名称、描述、版本、厂家信息
<GOOSEPUB>	GOOSE 发布信息
<GOOSESUB>	GOOSE 订阅信息
<SVPUB>	SV 发布信息
<SVSUB>	SV 订阅信息
<CRC>	CRC 校验码信息

3.2　基于间隔的 CRC 校验码

在 SCD 文件中对任何一个 IED,提取发布与订阅信息数据组合并计算为一个 CRC 值,对于 GOOSE 和 SV 接收部分没有针对每个发送过来的装置数据生成一个独立的 CRC 校验码,在调试或者改扩建阶段,经常发生 CCD 文件的变更,无法确定变更对已调试装置是否产生影响。特别是扩建阶段,扩建的线路间隔,导致母线保护装置的 CCD 文件配置信息变更,使得母线保护在过程层配置 CRC 校验码改变时,不能准确定位 CRC 校验码变化的根本原因,无法确定是接收哪个装置的信息改变导致的 CRC 改变,为了系统安全,需要对所有的线路做传动实验,验证配置信息改变是否影响其他已运行装置。

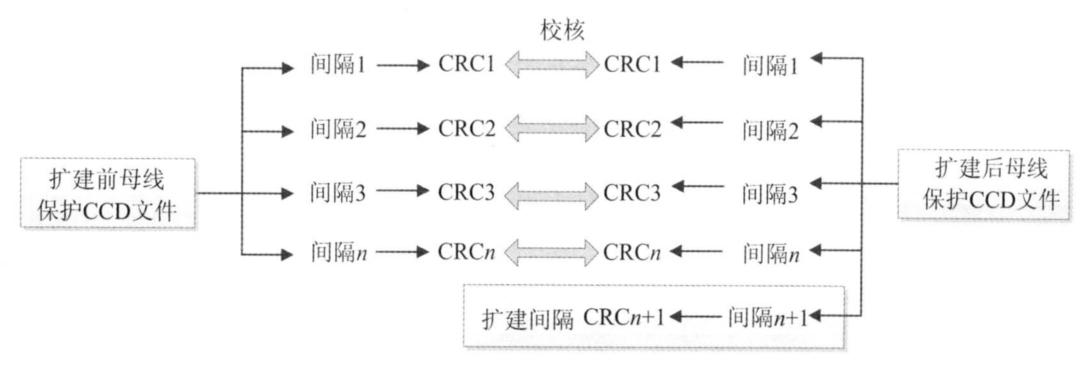

图 2-6-3　间隔 CRC 校核

分析 CCD 文件的数据结构与内容,针对 GOOSE 订阅和 SV 订阅信息,在订阅信息中,接收的每个装置的数据信息为一个独立的控制块信息,控制块中包含接收外部 IED 控制块的通信参数、端口信息和二次虚回路内外部地址映射关系。采用基于间隔 CRC 的二次回路配置管理,根据 CCD 文件,将接收控制块信息通过基于二次虚回路进行间隔自动识别,将控制块信息根据装置名称归属到间隔内,自动识别间隔信息,获取间隔内所有的 GOOSE 和 SV,然后按照控制块 appid 进行排序和整理,组合为一个新的字符序列信息,最后对该字符序列信息进行 CRC 计算,得到该 CCD 文件接收间隔 CRC 校验码。只要母线保护 CCD 文件中的间隔 CRC 值不变化,该支路与母线保护的配置信息就没有变更,通过比对改扩建前后的间隔 CRC 值,就能够确定改扩建是否影响已投运线路,如图 2-6-3 所示。而对于扩建间隔配置,需要采用一定的校验手段,校验回路关联的正确性。

3.3　改扩建二次回路管控研究

对线路进行改扩建时,应避免扩建间隔配置对已运行间隔或者无关间隔造成误修改,定位分析影响范围,缩小智能变电站扩建时调试范围。主要流程如下:

(1) 从改扩建配置完成的 SCD 文件中导出母线保护的 CCD 文件,同时获取改扩建前母线保护的 CCD 文件。

(2) 基于二次虚回路自动识别间隔信息提取,将二次设备归属到间隔。

(3) 分别从两个 CCD 文件中获取接收其他装置的 GOOSE 和 SV 配置信息。

(4) 对获取的 GOOSE 和 SV 采用基于二次虚回路自动间隔识别,将接收信息归属到间隔。

(5) 对间隔 GOOSE 和 SV 进行重新组合与排序，组合为一个间隔接收数据字符序列，然后对间隔接收信息进行 CRC 结算，得到该间隔的 CRC 值。

(6) 针对每个间隔 CRC，对扩建前后的两个值进行比对，如果不一致则可确认为该间隔配置信息发生了变更。

完整定位流程图如图 2-6-4 所示。

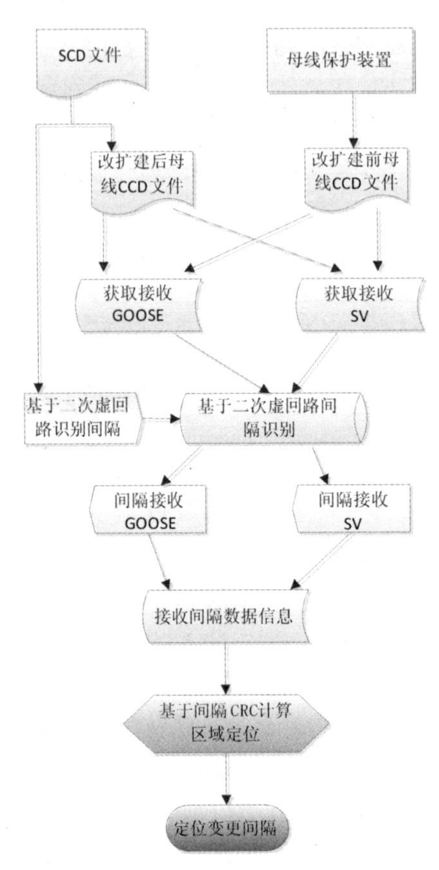

图 2-6-4　二次回路间隔变更定位流程图

4　基于语义识别的 CCD 校验

4.1　间隔之间虚回路信息校验

在实际的智能变电站中，相同的电压等级不同的线路间隔，采用相同的二次设备配置方式，不同的间隔，间隔的内虚回路关联关系应该是相同的。对于扩建间隔，根据已投运间隔信息，校验扩建间隔二次设备配置方式是否一致、逻辑是否正确。如图 2-6-5 所示。

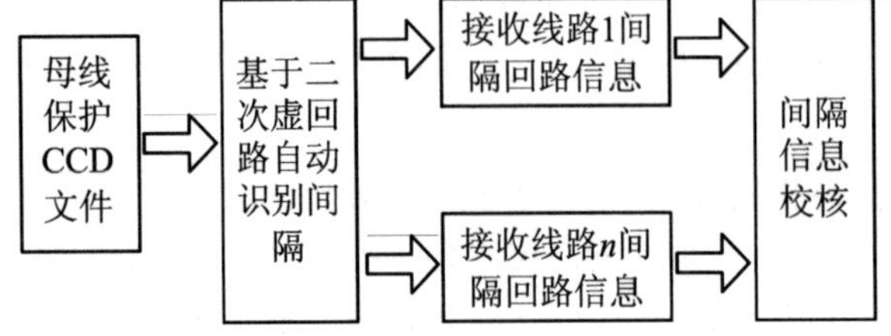

图 2-6-5　二次回路间隔比对校验

4.2 间隔内虚回路数据语义校验

智能变电站二次回路设计基本原理是相同的，提出通过关键字基于语义识别，自动提取关键字，实现虚回路正确性校验。现阶段根据 Q/GDW 1396 技术规范，“六统一”之后的保护装置已实现各个厂家虚端子描述统一。

对于统一描述的生成标准规则库，设计知识模板库。对于描述不统一的，进行自学习增量更新知识库，通过导入经过验证的 SCD 模板库，提取虚回路信息相应的描述信息，通过语义识别，提出语义规则，加入到模板库中。设计规则库模板格式如下所示：

```
<IED name="PL220" desc="线路保护装置" >
    <ExtRef index="1" iedName="IL220"  innerSignal="断路器分相跳闸位置 TWJa" outSignal="A相断路器位置">
        <KeyValue>断路器分相跳闸，断路器位置，TWJa，A 相</KeyValue>.
    <ExtRef>
    <ExtRef index="2" iedName="IL220"  innerSignal="断路器分相跳闸位置 TWJb" outSignal="B相断路器位置">
        <KeyValue>断路器分相跳闸，断路器位置，TWJb，B 相</KeyValue>.
    <ExtRef>
    <ExtRef index="3" iedName="IL220"  innerSignal="断路器分相跳闸位置 TWJc" outSignal="C相断路器位置">
        <KeyValue>断路器分相跳闸，断路器位置，TWJc，C 相</KeyValue>.
    <ExtRef>
    <ExtRef index="4" iedName="IL220"  innerSignal="闭锁重合闸－1" outSignal="闭锁保护重合闸">
        <KeyValue>闭锁重合闸，保护重合闸</KeyValue>.
    <ExtRef >
</IED>
```

模板各关键字说明如下：

(1) IED：表示接收装置，对于属性 name 组成为装置类型＋间隔类型＋电压等级，装置类型分为 P 保护装置，C 测控装置，I 智能终端，M 合并单元，desc 为描述信息。

(2) ExtRef：表示接收外部信号，index 为序号，iedName 为外部 IED 名称，组合与 IED 中的 name 相同，innerSignal 为内部虚端子描述，outSignal 为外部虚端子描述。

(3) KeyValue：表示匹配中模式识别的关键字，在自我学习中增量进行更新。

基于语义识别进行匹配时，根据 IED 类型与电压等级获取模板信息，然后获取校验 CCD 文件中的虚端子信息，提取模板中的关键字进行语义识别匹配。

如果在虚端子出现“断路器分相跳闸位置 TWJa”，而在另对侧中出现“B 相”关键字，或者存在“TWJa”与“B”进行匹配的，判断该虚端子连接是错误的关联方式。通过语义识别检验，可避免出现三相断路器位置 GOOSE 相序关联错误、三相电流或者三相电压 SV 回路错误等，导致动作跳闸事件。

5 结语

本文通过对二次设备 CCD 文件二次虚回路配置的研究，提出一种基于二次虚回路自动识别间隔信息，将二次设备归属到间隔；同时提出基于间隔 CRC 的二次回路配置，对改扩建前后 CCD 文件配置间隔信息进行管控，确保改扩建修改配置不影响已投运设备和无关间隔设备的配置信息，对已投运间隔减少传动实验，提供技术支撑；分析虚回路关联关系，同时通过 SCD 文件自学习，自动生成校验模板知识库，提出基于语义识别校验配置信息，对改扩建间隔进行信息校核，为扩建配置提供校验手段，确保配置正确性。本文提出的技术研究方案，已在安徽电网 500 kV 沙河变智能变电站改扩建工程当中得到了验证，效果较好，适应性强，大大提高了智能变电站扩建效率，满足智能变电站二次设备改扩建的应用需求。

参考文献

[1] 王明宏. 基于 IEC61850 智能变电站改扩建方案研究与实践[D]. 北京：华北电力大学，2016.

[2] 徐鹏，张哲，丁晓兵，等. SCD 升级对二次回路影响范围定位的研究[J]. 电力系统保护与控制，2016，44(18)：140-144.

[3] 张海东，黄树帮，杨青，等. 面向扩建场景的变电站配置描述模型间隔解耦技术探讨[J]. 电力系统自动化，2017，41(10)：129-134.

[4] 高磊，闫培丽，阮思烨，等. 基于相似度计算的学习型模板库在虚回路设计和校验中的应用[J]. 电力系统自动化，2017，37(07)：205-212.

[5] 熊华强，万勇，桂小智，等. 智能变电站 SCD 文件可视化管理和分析决策系统的设计与实现[J]. 电力自动化设备，2015，35(05)：166-171.

[6] 刘宏君，高旭，杜丽艳，等. 智能变电站 SCD 文件管控系统模块化设计[J]. 电力系统保护与控制，2019，47(03)：154-159.

[7] 黄树帮，倪益民，张海东，等. 智能变电站配置描述模型多维度信息断面解耦技术[J]. 电力系统自动化，2016，40(22)：15-21.

[8] 张沛超，姜健宁，杨漪俊，等. 智能变电站配置信息的全生命周期管理[J]. 电力系统自动化，2014，38(10)：85-89+131.

[9] 邓洁清，车勇，单强，等. 基于标准中间过程文件的 SCD 版本比对的优化研究[J]. 电力系统保护与控制，2016，44(14)：95-99.

[10] 徐鹏，张哲，丁晓兵，等. SCD 升级对二次回路影响范围定位的研究[J]. 电力系统保护与控制，2016，44(18)：140-144.

[11] 杨辉，温东旭，高磊，等. 智能变电站二次虚回路连线自动生成实践[J]. 电力系统保护与控制，2017，45(23)：116-121.

[12] 杨高峰，谢兵，曾志安，等. 基于 SCD 与 CCD 校准的智能变电站跨间隔检修技术研究[J]. 电力系统保护与控制，2019，47(02)：175-181.

[13] 黄志高，李妍，李腾，等. 智能变电站 SCD 文件虚回路自动生成技术的设计和实现[J]. 电力系统保护与控制，2017，45(17)：106-111.

第三篇

智能配用电

客户导向的配电网停电监测研究

Research on Monitoring Method of Customer Power Failure in Distribution Network

肖家锴　雷　霆　刘朋熙
国网安徽省电力有限公司，安徽合肥，230022

摘要：按照国网公司统一安排，以提升供电服务为目的，安徽省电力公司先行先试开展客户导向的配电网停电监测研究。在全面实现配电网运行效率监测基础上，进一步以客户停电精准监测为驱动，基于电网运营监测系统平台，拓展电网运营监测数据归集范围，集成客户停电、线路停电、配电网结构等关键数据，建立了“用户→台区→分支线→主干线→线路”的大数据停电监测模型，逐级进行停电信息迭代搜索，实现用户停电信息向台区、支线、主干线及线路的逐层穿透监测，全面提升客户停电监测、停电计划管控、配电网停电诊断、频繁停电预警等各项工作，并以停电事件为驱动提升营配调设备数据一致性，在实践中取得了较好成效。

关键词：客户；配电网；停电；监测

Abstract: Based on the grid operation monitoring platform, this paper integrates the distribution network management data and power outage information of several professional systems, and be driven with the power outage of customers, and establishes a power outage topology model of "customer→distribution transformers→branch line→main line→line" based on the distribution network structure. By iterative searching power outage data step by step, this method achieves the monitoring of user power outage information to the distribution transformers, branch line, main line and line layer-by-layer. In the practice, the strengthened closed-loop management of power outage monitoring has been used to improve the operation and management of the distribution network Information data and achieves better results.

Key words: customer service; distribution network; power failure; monitor

安徽省电力公司县域配电网地域广阔，10 kV线路共11 837条，线路长度179 819 km，10 kV配电变压器共231 853台，配电容量76 608 MVA。受网架结构、供电区域、管理基础和设备投入等因素制约，配电网建设装备水平有待提升。近年来，公司加大农配电网建设与

作者简介：
肖家锴(1981—)，男，安徽怀远人，本科，高级工程师，研究方向为运营监测、企业信息化、数据分析、大数据等。
雷霆(1977—)，男，安徽石台人，博士，高级工程师，研究方向为运营监测、企业信息化、数据分析、大数据等。
刘朋熙(1982—)，男，安徽宿州人，硕士，高级工程师，研究方向为运营监测、企业信息化、数据分析、大数据等。

改造力度,加强规范农配电网运行管理等各项管理措施,但配电网运行数据利用不充分,数据资产价值弱化,未全面掌握客户停电信息及配电网停电部位等关键信息,致使配电网停电管理存在盲区,停电精益化管理水平有待进一步提升[1],频繁停电导致的投诉数量居高不下。

鉴于县域配电网运行管理水平需要持续提升的现状,需要以电网运营监测业务全覆盖为出发点,以提升客户体验为导向,探索基于跨专业数据集成贯通的配电网停电监测分析方法,提升配电网运营监测能力,全面掌握客户及配电网停电信息,最大限度释放数据资产价值。

按照国家电网公司统一安排,安徽公司先行先试深入开展客户导向的配电网停电监测研究,通过深化和拓展电网运营监测平台功能,研究配电台区停电信息的多维度监测和停电精益管理,实现用户停电信息向台区、支线、主干线及线路的逐层穿透监测,并据此开展实践应用。

1　监测体系概述

通过停电数据整合、停电监测建模、停电搜索定位、停电精细分析及精益管理和可视化工具设计等阶段的工作,完成了数学模型的开发设计、取数验证、可视化。

基于电网运营常态监测平台,将运营监测与专业管理深度融合,拓展数据归集范围,开展运检、调控、营销、安质等信息系统的跨专业停电数据整合,以充分挖掘一手数据业务价值为导向,精心设计精准监测的判定逻辑与业务规则,基于“用户→台区→分支线→主干线→线路”大数据停电监测模型,实现对停电状况与位置的精准定位,以及对 10 kV 线路整体停电、首段停电、支线部分停电、台区单独停电等停电信息的精确监测,从而建立基于多源数据融合的配电网停电智能监测体系,切实促进调控中心、运检部、营销部、安质部等专业部门在停电计划安排、工程停电优化、频繁停电管控、设备状况分析、农配电网信息数据管理、停电投诉等方面加强工作管控,补齐管理短板。

客户导向的配电网停电监测体系整体架构图如图 3-1-1 所示。

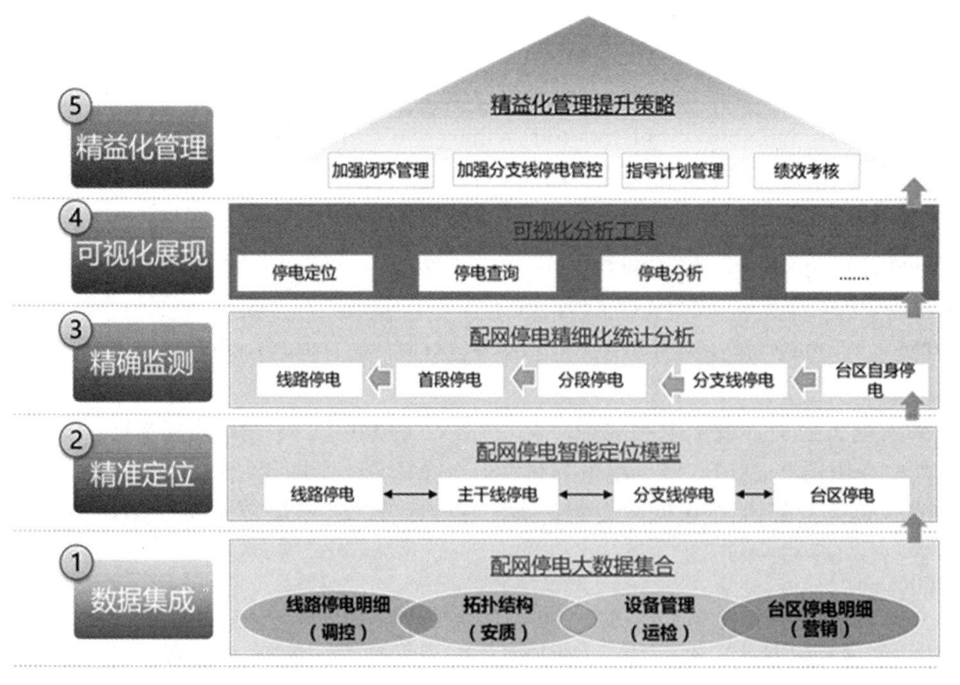

图 3-1-1　客户导向的配电网停电监测体系

2 关键技术

2.1 停电关联关系建立

建立“线路→干线→支线→台区”配网拓扑模型[2]，可以区分 10 kV 线路上的主干线、一级分支线、二级分支线和末端台区等。如图 3-1-2 所示。

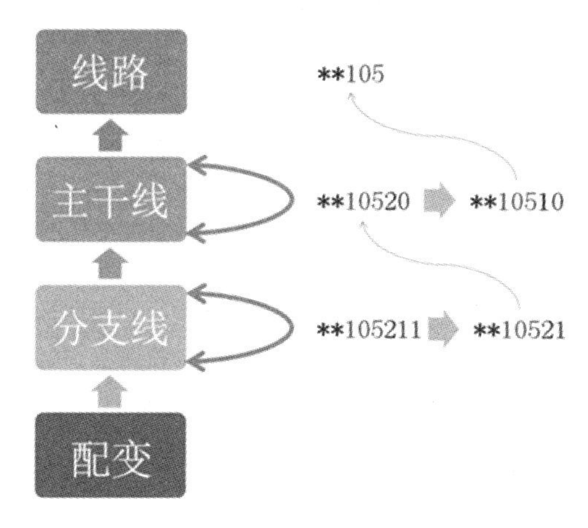

图 3-1-2 配电网停电拓扑模型示意图

进一步厘清运检、营销、安质、调控专业之间的设备映射关系，将生产系统中的配电网拓扑连接关系转换为互相关联的停电关联关系。配电网停电关联关系如图 3-1-3 所示。

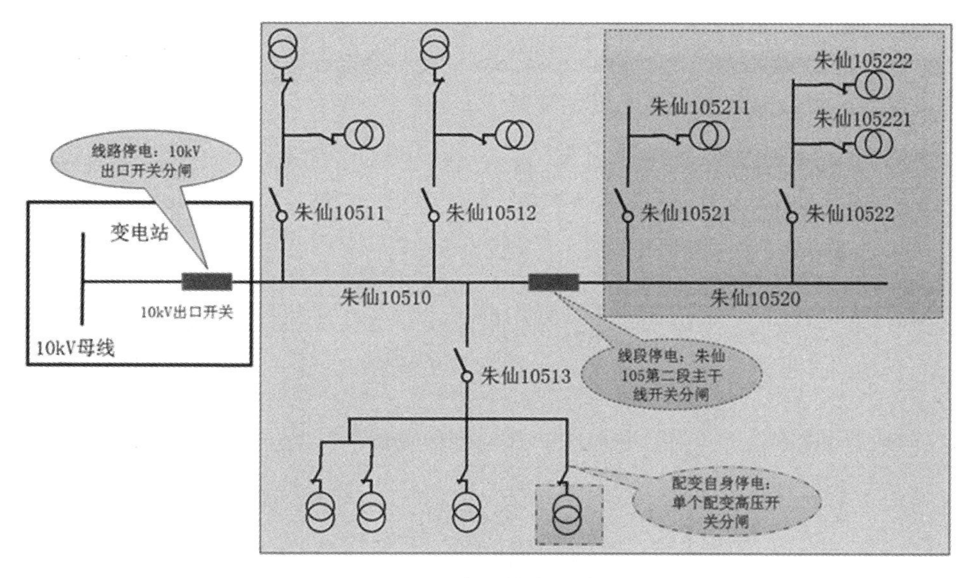

图 3-1-3 配电网停电关联关系

2.2 停电事件溯源聚类

结合电网运营监测数据，基于停电关联关系，开展业务数据关联，建立基于图论方法的故障点判断方法[3]，基于客户停电明细，将停电区域的台区、线段、线路数据进行聚类处理，确定停电区域和非停电区域的交界面，溯源停电位置。停电判定逻辑图如图 3-1-4 所示。

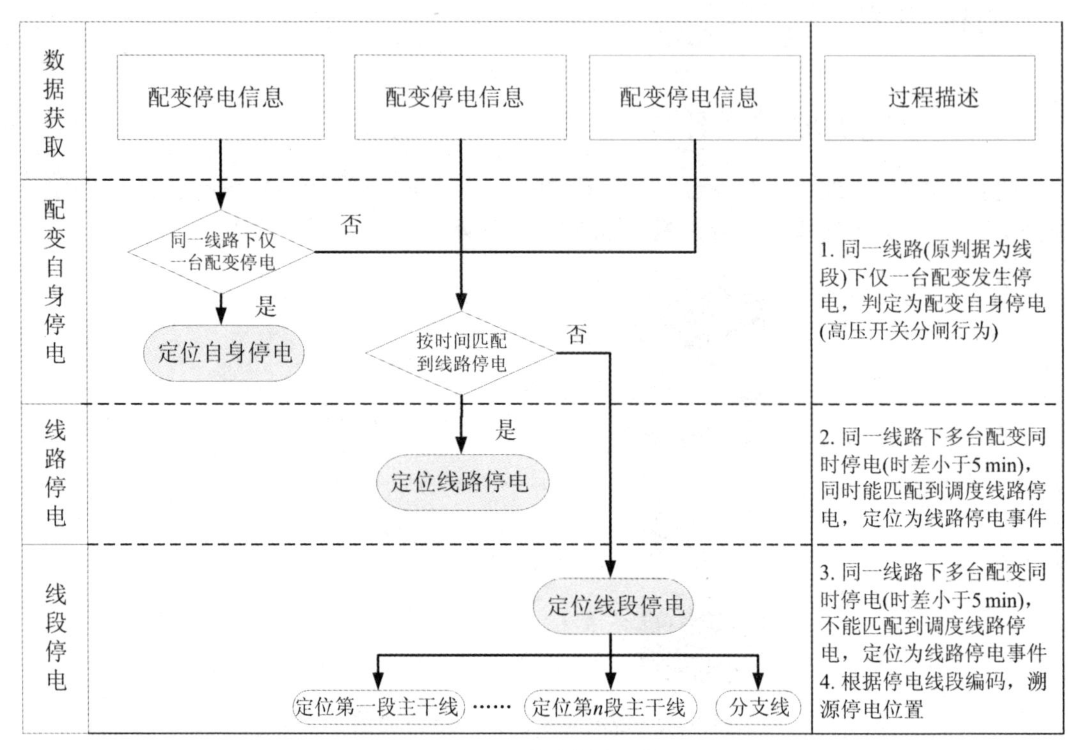

图 3-1-4　停电判定逻辑

2.3　客户停电特征分析

同步关联优化前期停电信息，按次近日滚动，研判频繁停电，避免短期内反复多次停电引发客户投诉。频繁停电滚动监测模型如图 3-1-5 所示。

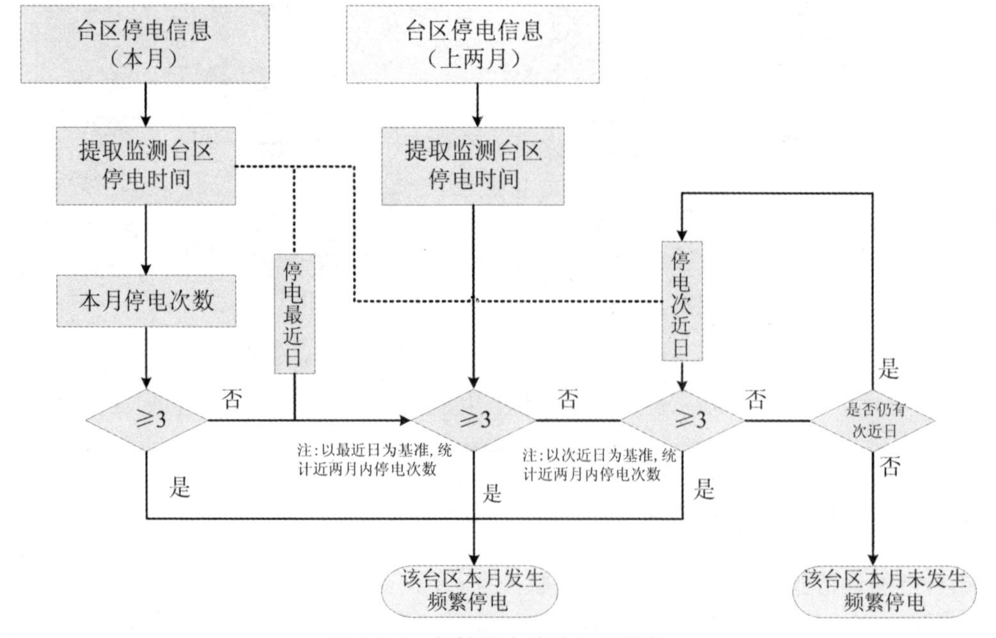

图 3-1-5　频繁停电滚动监测模型

对频繁停电台区开展集中度分析，确定停电日时差，并对时差进行量化：

$$[t_1, t_2, \cdots, t_i] = date_1 - [date_1, date_2, \cdots, date_i] \tag{3-1-1}$$

$$J = 100/Var[0, t_2, \cdots, t_i] \tag{3-1-2}$$

式中，$date_1$ 为基准日，$date_i$ 为频停起始日期，t_i 为停电日时差，J 为集中度评价结果。

将研判结果形成频繁停电、高投诉风险台区预警清单[4]，并按照风险高低划分高、中、低档预警级别，督促业务部门加强管理。根据改进情况以及客户对停电敏感度的反馈情况，对权重系数进行适应性调整，动态纠偏，不断提高台区预警的针对性和准确性。

2.4 台区停电损失电量测算

2.4.1 停电特征挖掘

应用 Tableau 工具，监测配变 96 点电流、电压数据和停复电信息，挖掘出台区停电特征：台区配变三相电流在同一时刻归零且有停电信息。台区配变停电数据特征如图 3-1-6 所示。

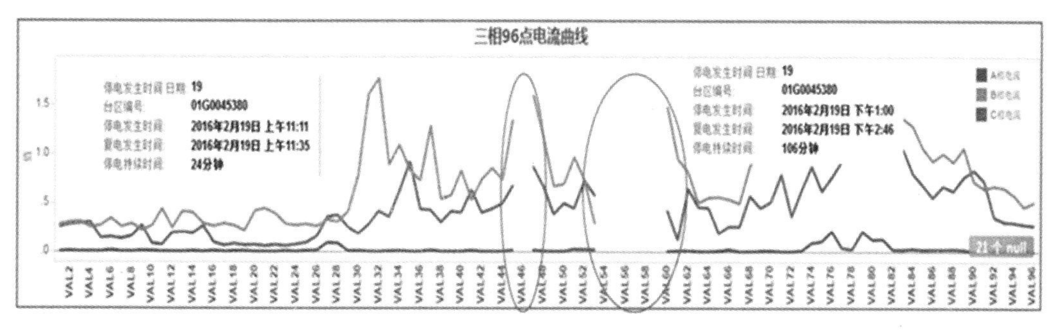

图 3-1-6 台区配变停电数据特征

监测线路及相联的配变电流、电压和停复电信息，挖掘出线路停电特征：线路全停时，线路相联的所有配变三相电流同时归零。线路停电数据特征如图 3-1-7 所示，频繁停电滚动监测模型如图 3-1-8 所示。

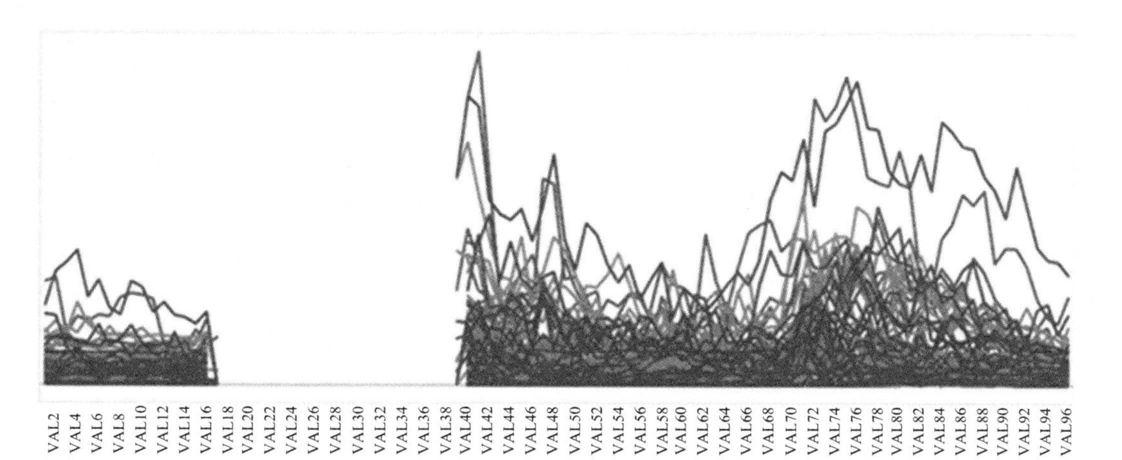

图 3-1-7 线路停电数据特征

2.4.2 损失电量计算逻辑

配电网台区停电会造成停电时段内的电量损失，对供电企业利润产生影响。在电能质量系统中,以装见容量 S、停电持续时间 T、容载比系数 K 三者的乘积对缺供电量进行近似计算。其中,容载比系数根据上一年度的具体情况在年初进行一次修订,确定后在年内不再变更,对于各类用户取值相同。

$$W = KST \tag{3-1-3}$$

考虑到不同类型用户负荷的变化特征差异较大,采用容载比系统参与电量损失会出现明显误差。本管理创新引入停复电时刻负荷实时数据参与计算,提高了电量损失计算的准确性,通过大数据手段精细计算出台区配变停电损失,为配电网停电全口径在线监测提供了坚强支撑。具体计算方法如下:

$$W = \frac{P_{\mathrm{i}} + P_{\mathrm{f}}}{2} \tag{3-1-4}$$

$$\text{平均停电电量损失} = \frac{\sum W_{\mathrm{i}}}{\text{总户数}}(\text{kWh/户}) \tag{3-1-5}$$

式中,W 为单用户停电电量损失,P_{i}为停电开始时刻有功负荷,P_{f}为复电时刻有功负荷。

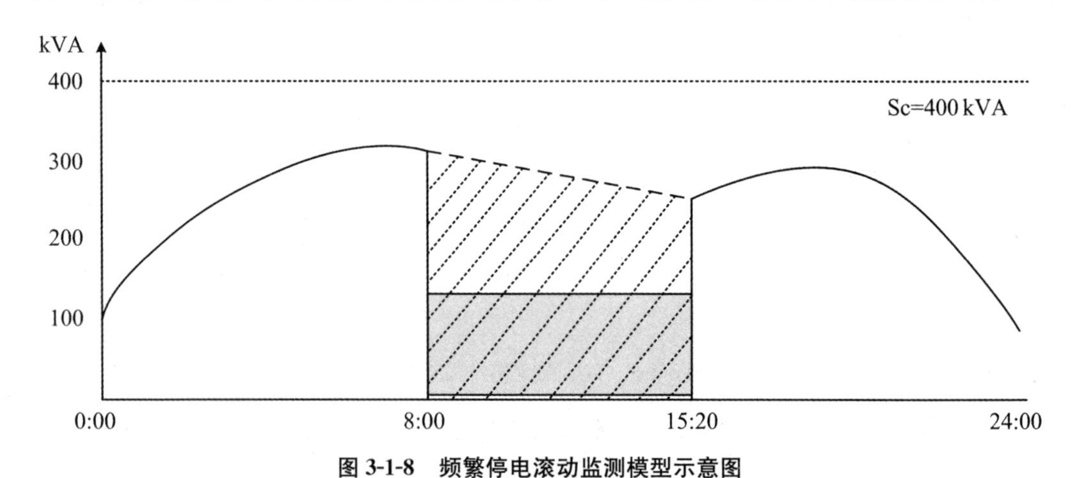

图 3-1-8 频繁停电滚动监测模型示意图

标黄部分为电能质量系统计算的电量损失,红色阴影部分为本文计算的电量损失

2.5 以用户为导向的停电监测方法建立

公司以客户诉求为导向,对停电次数、时长、密集度、客户敏感度开展多维监测,通过分类、综合衡量、分级预警、优化调整,实现对频繁停电的有效监测。地市供电公司利用监测工具开展动态监测、预警;省公司监测共性、趋势性问题,找出管理问题,推动业务部门优化改进标准制度。

在调研基础上,确定影响客户满意度的监测内容:一是停电次数,特别是短期内发生重复停电;二是长时间停电,尤其是在生活用电高峰期(例如晚上 6 点以后、夏天高温期间、重要节假日)长时间停电;三是不同区域居民对停电事件的接受程度不同,投诉敏感度有较大差异。

将研判结果形成频繁停电、高投诉风险台区预警清单,并按照风险高低划分高、中、低档预警级别,督促业务部门加强管理。根据改进情况以及客户对停电敏感度的反馈情况,对权重系数进行适应性调整,动态纠偏,不断提高台区预警的针对性和准确性。

台区频繁停电多维预警反馈闭环过程如图 3-1-9 所示。

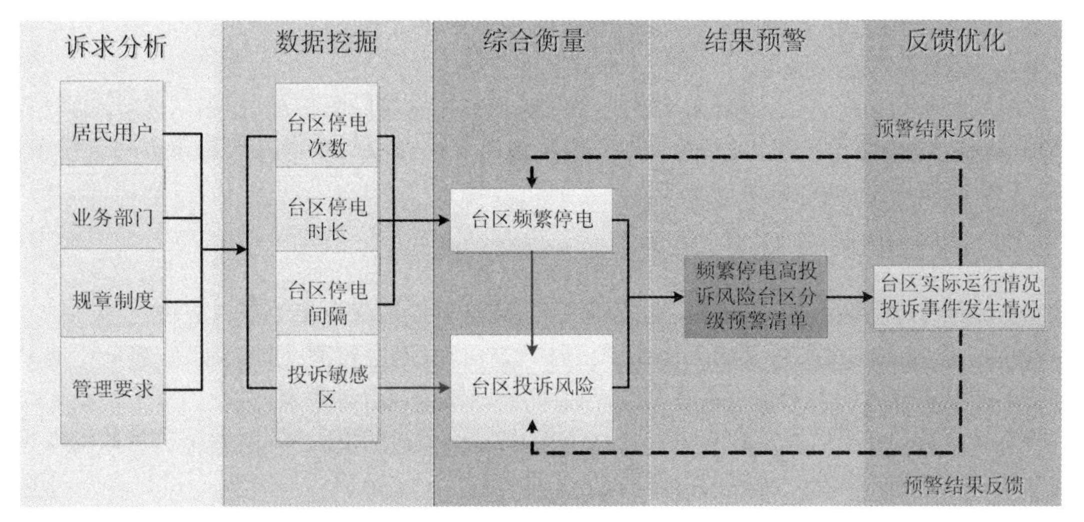

图 3-1-9　台区频繁停电多维预警反馈闭环过程

3　实践应用

3.1　客户停电监测

运监中心会同营销部从客户用电体验出发，编制停电监测报告，核查典型停电原因，分析非计划停电成因，督查督办整改。以频繁停电和高投诉风险建立台区预警级别，根据客户停电敏感度反馈，动态纠偏，不断提高台区停电预警的针对性和准确性。

3.2　停电考核管理

依据停电精准监测结果，运检部将人工粗略统计升级为更加全面、精准的工具自动监测，能够清晰透视线路、分支线和台区的具体停电信息和关联停电信息，从而改变了以往只考核线路停电的做法，从线路、主干、分支和台区停电四个方面，按照不同权重综合计算责任人的停电工作考核绩效，实现了配网停电考核的精益化管理。同时，根据 10 kV 线路、分支线（线段）和台区重复停电的定义，自动筛选出频繁停电明细，加强配网停电考核管理。

3.3　停电计划管理

在实现停电精准定位的基础上，调控中心按照线路、线段、台区分类统计设备停电情况，结合设备故障停电，研判计划停电的合理性，为设备的年、季、月、周停电计划提供参考数据，使停电计划安排更加合理。

3.4　配电网停电诊断

运检部会同调控中心从运维单位、设备名称、线段名称、停电时间、停电性质（计划、故障）、停电原因等角度，结合配电网 10 kV 线路及分支线频繁停电情况，深入分析停电点和原因，通过停电数据分析诊断线路薄弱环节，督促解决处理，提高基层运维管理水平。

3.5 频繁停电管控及预警

运监中心利用线路、主干分支、次级分支、台区全覆盖的停电信息、停电状况、停电位置信息，按月、季、年发布频繁停电预警，对重复停电的线路、线段、台区发送运营协同工作单，减少设备频繁停电，提高供电可靠性。

3.6 数据质量管理

为保障停电监测精确度，运检、安质、营销等专业加强系统中相关基础台账信息维护工作，明确了基础数据维护管理的工作要求。另一方面，以停电监测结果为驱动，运监中心开展基于停电事件的线台关系一致性、准确性监测和线路分段合理性监测，开展基于停电定位的跨系统设备名称一致性监测和用采装置停电事件准确性监测等。针对数据质量监测发现的问题，运监中心督促责任部门对数据进行及时修正，开展常态的数据质量督办及评价考核。

4 结语

安徽公司基于电网运营监测平台，深入开展客户导向的配电网停电监测研究与实践工作，以直观、量化、常态化的监控分析手段，为公司强化营配末端业务协同、供电可靠性提升、客户停电管控等业务提供了有力支撑。

通过强化停电管控和数据管理，安徽公司供电可靠性目前已提升至 99.51%，分支线重复停电次数环比下降 21%，停电事件转换成功率从 2016 年同期 91.2%提升至96.1%，停电事件采集完整率同比由 93.6%提升至 96.5%。据测算，通过优化停电计划、精确诊断频繁停电、降低超长时间停电次数等措施，预计 2017 年增供电量约 3 404 MWh，增加电费收入 3 485万元。

下一步将在深化应用电网运营监测平台停电监测成果基础上，按照用数据提升运营效益的要求，结合电网运营数据全生命周期管理，基于电网运营监测系统的深化应用，动态完善电网运营监测业务体系，不断探索和实践。

参考文献

[1] 袁修广，黄纯. 计及故障停电经济损失的配电网风险评估[J]. 电力系统及其自动化学报，2016，28(8)：7-12.
[2] 周云成，付立思，许童羽，等. 基于 GIS 的 10 kV 配电网络电气连通性分析[J]. 电力系统保护与控制，2010，10(9)：83-88.
[3] 李文沅. 电力系统风险评估：模型、方法和应用[M]. 北京：科学出版社，2006.
[4] 邱生敏，王浩浩，管霖. 考虑复杂转供和预安排停电的配电网可靠性评估[J]. 电网技术，2011，35(5)：121-126.

高标准高质量高效率建设和发展安徽配电网

High-standard, High-quality and High-efficiency Development of Anhui Distribution Network

刘志祥[1]　凌　松[1]　刘文烨[1]　周远科[1]　何　凯[2]

1. 国网安徽省电力有限公司,安徽合肥,230022

2. 国网安徽省电力有限公司合肥供电公司,安徽合肥,230022

摘要:配电网是能源互联网的重要基础,是支持地方经济社会发展、满足人民美好生活的关键环节,是服务客户的最后一公里。通过与先进单位对比,本文分析了安徽配电网在规划计划、电网建设、运检服务、机制保障等方面存在的差距,提出坚持高起点规划设计、高标准建设管理、高效率智能运检、高品质现代服务、高水平协同保障,持续改善,绘好一张蓝图,加快构建"可靠性高、互动友好、经济高效"的一流现代化配电网。

关键字:高质量;配电网;发展;规划;建设;运检

Abstract: Distribution network is an important foundation of energy Internet, the key link to support local economic and social development and satisfy people's good life, it's the last kilometer to serve customers. Through comparison with advanced units, this paper analyzes the gaps in planning, power grid construction, transportation and inspection services, and mechanism guarantee of Anhui distribution network, and proposes to adhere to high-starting point planning and design, high-standard construction management, high-efficiency intelligent transportation and inspection, high-quality modern service, high-level cooperative guarantee, make continuous improvement, draw up a blueprint and work for a long time to speed up the construction of a first-class modern distribution network with high reliability, friendly interaction, and economic efficiency.

Key words: high quality; distribution network; development; planning; construction; operation maintenance

中国特色社会主义进入新时代,经济社会发展由高速增长阶段转向高质量发展阶段,强调质量第一、效益优先。区域协调发展、乡村振兴战略的实施,电气化进程的加快以及家庭

作者简介:

刘志祥(1978—),男,安徽安庆人,高级工程师,研究方向为配网运维及工程管理。

刘文烨(1976—),男,安徽芜湖人,高级工程师,研究方向为配网运维及工程管理。

凌松(1982—),男,安徽合肥人,高级工程师,研究方向为配网运维及工程管理。

周远科(1984—),男,湖北荆门人,高级工程师,研究方向为配网运维及工程管理。

何凯(1987—),男,湖北武汉人,工程师,研究方向为配网运维及工程管理。

电气化水平的提高，对供电可靠性、服务便捷性提出了更高要求。安徽省政府出台了《关于促进经济高质量发展的若干意见》，要求加强包括电网在内的基础设施网络的建设。国家电网公司（以下简称国网公司）确立新时代“一六八”发展战略体系，提出“着力推进电网高质量发展，要求打造可靠性高、互动友好、经济高效的一流现代化配电网”。站在新的历史起点，安徽省电力公司（以下简称安徽公司）解放思想、锐意进取，践行“敢为人先、实干在先、创新争先”的工作理念，快速推进安徽电网配电网（以下简称配网）高质量发展工作。

1 安徽配网发展现状

“十二五”以来，安徽公司全力推进配网建设，配网供电能力大幅增加，网架结构日趋合理，装备水平明显改善，供电质量有效提升，较好地保障了社会经济的发展。

（1）在供电能力方面，各级变配电容量大幅提升。截至 2017 年底，安徽省 110 kV、35 kV变电容量分别是 2010 年的 1.47 倍、1.62 倍，乡镇变电站覆盖率提升至 93%；城、农网户均配变容量分别达到 3.7 kVA、2.3 kVA，较 2010 年分别提高了 1 倍、1.8 倍。110 kV、35 kV主变压器 N-1 通过率分别为 86.59%、82.12%，中心城区到达 100%。

（2）在电网结构方面，全省高压配网以链式、环网和双辐射结构为主，链式结构比例由 2010 年的 25%提高至 55%。城网 10 kV 中压架空网以多分段适度联络为主，电缆网以单、双环网为主，农网 10 kV 中压以辐射式和单联络架空网为主。城网联络率由 2010 年的 40%提高至 78%，农网由 10%提高至 52%。

（3）在装备水平方面，安徽电力公司加大对老旧及高损耗设备的改造力度，设备年轻化程度较高，标准化程度逐步提高。运行年限小于 10 年的配电设备和线路占比分别为 82.2%、70.5%，运行年限超过 20 年的配电设备和线路占比分别为 3%和 10%；城网、农网电缆化率分别为 37%、1.2%；安徽省合肥、黄山、六安三家地市供电公司（以下简称地市公司）建设了配电自动化主站。

（4）在供电质量方面，受益于配网网架结构改善、装备水平和运维水平提升，供电可靠性和电压质量得到改善，合肥滨湖新区更是达到国内先进水平。城、农网供电可靠率分别为 99.96%、99.81%，高出国网公司平均水平 0.012、0.026 个百分点，户均停电时间分别较 2010 年缩短了 3.5 h、15.8 h，城、农网综合电压合格率分别为 99.996%、99.55%；合肥市 A 类供电区可靠率达到 99.995%，综合电压合格率达到 99.997%。

2 安徽配网与高质量发展的差距

为高质量发展安徽配网，学习借鉴浙江电力公司等先进单位在配网高质量发展方面的先进经验，安徽电力公司组织相关人员对高质量发展要求进行了系统深入研究，认为安徽电力公司配电网与先进单位高质量配电网差距主要体现在如下几个方面：

2.1 配电网规划方面

（1）规划前瞻性不够。未着眼于饱和负荷年远景需求，片面追求联络率提升，忽略网架目标应具备简洁规范、可灵活扩展性和过渡方案的经济合理、可操作性。特别是对老城区如何破解“一团网”的问题，专业间未达成共识。

(2) 目标网架项目落地困难。网架诊断分析普遍聚焦解决重过载和提升联络率指标等现实问题,对不同结构供电可靠性、用户需求分析不足,较少开展全停场景负荷转移校验。目标网架规划与市政控规衔接不足。老城区受站址廊道限制,网架项目难以落地。新区受控规深度及频繁变更影响,网架一次成型效果不佳,表现出网架随用户建设的随意性较大。规划方案执行过程调整较多,制约规划落地效果。

(3) 网架类项目安排滞后。地市公司按照变电站出线、开闭所建设、联络补强、结构优化等类别,根据项目评级安排计划。但由于配网基础薄弱,近年来随着用电需求的增大,基层单位优先安排设备类改造项目重点解决重过载低电压问题,网架改造类等长期见效项目安排整体较规划期滞后。

(4) 规划体系支撑不足。规划专业人才储备不足,特别是市经研所规划人员以临退休员工和新进大学生为主,规划理念、业务理解和对电网发展规律的认识不能完全统一。经研所、设计院一体化运作导致"重经营、轻规划",受系统基础数据质量等因素制约,规划全景实时管控和量化分析水平不高。

2.2 配网建设方面

(1) 工程建设管理力量薄弱。省、市、县电力(供电)公司没有管理配网工程实施的专业实体部门,虽然目前省、市、县三级成立了临时性的专项办,负责城农网工程管理,但在工程管理实践中,横向上覆盖项目范围不全,未能包括配网技改大修、市政迁改、用户投资等项目,纵向上对规划没有延伸、与运行衔接不够、工程效果评估不足;人员配置方面,省、市、县电力(供电)公司人员配置均不足浙江电力公司的一半,且作为临时性机构人员不固定,归属感不强,晋升通道受限,制约提升工作质效。

(2) 配网投资有限。2015 年以前,安徽公司每年配电网基建投入在 20 亿—30 亿,历史欠账较多。近年来,虽然加大了投入力度,但在内部配网资金投入、外部资金支持等方面与东部发达省份、中部部分省份(湖北省政府每年投入 20 亿用于配网改造)相比存在差距,同时政府关注的扶贫攻坚、行蓄洪区电网建设等工作还需要安徽公司资金持续投入,制约了配网网架项目投资。

(3) 优质施工队伍缺乏。部分集体企业因瘦身健体工作的需要,对主业支撑不够。配网工程施工主要依靠外部力量,但优质的施工队伍不多,大多数施工单位在资金、技术、管理等方面还较为薄弱,为保证项目高效安全实施,需要项目管理部门投入更多的精力和成本进行管理。

(4) 管控穿透不深。2014 年开发了配网工程管控平台,实现了与 ERP 系统的互联,能随时掌握配网工程项目资金进度,但后续拓展不足,与先进单位工程管控模块全过程监控工程进展信息存在不小差距。

(5) 物资招标方式没有创新。配网物资采购主要通过国网公司统一组织的配网物资协议库存招标进行,招标范围、技术规范、招标时间全部由总部物资部统一确定,资质业绩条件、评审权重、详评细则、授标规则等评审要素均由总部统一编制,安徽电力公司按流程化、标准化操作,在招标方式上创新不够。

(6) 物资检测力量不强。安徽电力公司依托安徽省电力科学研究院建立了质量检测中心,但地市公司未完成检测中心建设,全省物资检测基本依托外委机构进行,与浙江电力公司在装备、场地、人员、项目、资质、管理方面存在明显差距。

2.3 配网运检方面

(1) 营配融合不彻底。2017年在合肥、芜湖试点成立了供电服务指挥中心,其他地市公司成立了配抢指挥中心,但组建模式为虚拟化的矩阵机构,各职能部门和基层机构仍按"三集五大"体系设立,专业管理和业务管控相互交织,难以起到独立监管作用,班组人员归属感不强,专业和业务受到多头指挥。业务末端营配融合、高低压配合工作深度不够,业务流程尚未全线贯通。

(2) 智能配电运检体系尚未建立。配电自动化推进缓慢,当前配电自动化覆盖率不足8%,资金缺口较大。只有3家地市公司建成配电自动化主站系统,其余13个主站系统建设暂无项目予以落实。配电自动化建设投资渠道尚未明确,技改大修项目难以支撑,基建项目投资途径未完全打通。各单位缺乏配电自动化管理技术人员,专业管理不成体系,专业工作多为兼职临时承担。同时,配网带电检测、无人机、巡检机器人等先进技术手段较浙江电力公司应用较少。

(3) 不停电作业差距较大。大部分地市公司及县供电公司仅配置1辆绝缘斗臂车,基本只开展一、二类不停电作业,仅合肥、芜湖等少量地市公司有能力开展三、四类作业。此外,县供电公司未设置带电作业班,人员分散在其他班组,不利于不停电作业开展。

2.4 在政企合作上

(1) 政府规划参与度不高。自改制以后,安徽电力公司行政管理职能移交,参与地方规划、基础设施建设程度严重减弱,尚未建立长效的政企战略合作模式。

(2) 地方政府电网投资有限。与浙江等发达地区政府对电网基础设施的投入相比,安徽省存在较大差距。目前安徽省内仅合肥等经济发展较好地区,政府对电网基础设施建设投入较高。在政府关注的扶贫攻坚、行蓄洪区电网建设等工作上,还需要安徽电力公司额外增加资金投入。

3 安徽配网高质量发展途径

3.1 质量第一和效益优先

坚持"质量第一"和"效益优先",调整发展结构,从增量扩能为主转向做优存量、做强增量并举,加强精准投资管控。转换发展动力,从单一供电平台向综合能源服务平台转变,电力流、信息流与业务流相互融合,持续深化创新驱动。优化体系运作,完善配网发展全要素协同管理体系,深化组织体系和人才队伍建设。强化使命担当,坚持以客户为中心,全力满足从不平衡、不充分向美好生活的需求升级,提升服务满意度。

3.2 坚持高起点规划设计

(1) 全面提升规划质量。借鉴先进配网诊断分析方法,研究安徽配网高质量特征和内涵。多维度差异化诊断分析,提高规划设计标准,实施网格化、精益化规划。做好目标网架设计,分批分类滚动推进目标网架构建。

(2) 强化规划落地执行。坚持规划引领,按照"一张蓝图"目标,统一全省配网目标网架规划项目库，建立约束机制，实行立项销号全过程管控。突出效益导向，构建精准投资管控机制。统筹安徽公司内外部资源，围绕目标网架，持之以恒落地执行。

3.3 坚持高标准建设管理

(1) 优化设备选型和物资采购。创新物资采购模式，深化供应商资格预审，拓展分级分类技术规范应用，试点打样招标，从源头提升入网设备质量。推进物资检测机构建设，加大检测力度和频次，全方位开展供应商履约评价。

(2) 提高工程建设质量。推进配网典型设计和标准物料应用，推行防灾差异化设计。推广工厂化预制、装配化施工、机械化作业，严把中间和竣工验收关，深化创建“精品工程”，提高施工工艺。加强直属单位和集体企业支撑，引进培育优质外部设计、施工、监理队伍。

(3) 开展示范工程建设。城乡统筹，因地制宜，分区分类，建设一批可复制可推广的配网示范工程。以可靠性提升、综合能源服务为重点，多专业融合，在安徽省内重点城市、重点区域打造城网高可靠性示范区。立足安徽省农业大省实情，结合乡村振兴、脱贫攻坚，建设一批农村配网先行区。

3.4 坚持高效率智能运检

(1) 建设新一代配电自动化系统。加快地市配电自动化主站和全省信息管理大区主站建设，2020 年实现线路全覆盖。建设健全应用管理体系，建立监控机制，多角度开展运行分析和故障研判，提升故障处理效率，提高供电可靠性。

(2) 构建配网智能运检体系。建设“一中心两系统一平台”(运检大数据中心、配电自动化系统和 PMS2.0 系统、供电服务指挥平台)指挥中枢，集成配电专业多源信息，支撑配网运营和运检服务。大力推进无人机、机器人巡检等新技术、新装备的研究与应用，逐步实现人机协同、机器代人。

3.5 坚持高品质现代服务

(1) 优化服务组织架构。构建“强前端、大后台”的服务组织架构。深化供电服务指挥中心建设和运作，拓展主动服务功能。推进配电运检和营销服务业务末端融合，强化低压运维专业管理。以城区综合服务班、农村“全能型”供电所为依托，建立网格化服务新模式，有力支撑客户服务与市场竞争。

(2) 转变配网传统作业模式。加强停电计划管理，推行综合检修模式。加快提升不停电作业能力，引导优势资源向不停电作业方式聚集，常态开展不停电作业。加大装备配置，研发应用轻便实用工具。加强不停电作业培训基地建设，加快人才队伍培养，将不停电作业拓展到检修、抢修班组和集体企业。

3.6 坚持高水平协同保障

(1) 做实配网建设管理机构。结合项目管理中心建设，拓展各级专项办工程管理职能，紧盯配网目标网架实施，加强与规划、运行的业务衔接，统筹实施基建、技改、业扩配套、市政等各类配网工程，强化工程建设精益化管理。

(2) 做优配网支撑体系。评估优化市经研所、设计院运作模式，强化配网规划设计、项目评审、技术经济等专业支撑。组建智能配网技术中心，支撑配网科技创新、新技术应用、运维管理等业务。建立适应配网高质量发展的组织体系、人才队伍建设机制。

(3) 做强配网建设资金保障。整合投资资源,统筹使用各类资金。准确把握国网公司投资策略,研究投融资方式,培育战略合作伙伴。争取支持,建立良性互动的政企合作关系,共同研究基础设施投资、建设、运营、税收新政策。

(4) 强化部门协同联动。围绕配电"一张网"目标,充分理解高质量发展内涵,制定建设实施方案,明确任务书、时间表。坚持全局"一盘棋"思路,强化横向协同,各部门互动联动,多专业深度参与,形成工作合力,创新实干,全力推动配网高质量发展。

4 安徽配网高质量发展目标

(1) 结构好:配网互联率与转供转带能力大幅增强。至 2020 年,110 kV 主变压器(以下简称主变)、线路 N-1 通过率均达到 99%;35 kV 主变、线路 N-1 通过率达到 95%以上;10 kV线路 N-1 通过率达到 65%以上;10 kV 线路联络率达到 70%;10 kV 供电半径缩短到 6.5 km。110 kV 主变、线路轻载比例降到 10%、24%以下;35 kV 主变、线路轻载比例降到 7%、15%以下。

(2) 设备好:新建和改造工程标准物料、典设应用率均达到 100%;10 kV 架空线路绝缘化率达到 70%,高损耗配电变压器全部更换,超过 20 年的设备和线路占比降到 7%以下。110 kV 和 35 kV 容载比均在合理范围内。城农网户均容量分别达到 4.2 kVA、2.8 kVA。

(3) 技术好:配网运行灵活性、自愈性和互动性增强,至 2020 年,电网接纳和优化配置多种能源能力明显提升,满足多元化用户供需互动,新能源渗透率达到 31.3%,电能占终端能源消费比例 22%。配电自动化覆盖率达到 95%,A 类及以上区域配电自动化覆盖率 100%,B、C 类区域达到 95%以上,D 类区域达到 90%以上。

(4) 管理好:配网业务营配深度融合,业务信息实现在线化、透明化、移动化、智能化,配电设备状态全管控,业务流程全穿透,移动作业全覆盖。不停电作业化率 90%。营配调数据对应率达到 100%,营配调数据准确率 99.5%以上。配电线路重复停运率 1%以内。110 kV 及以下综合线损率下降至 6.5%。

(5) 服务好:为全省全面完成脱贫任务、全面建成小康社会提供坚强电力服务保障;供电服务满意度达到 99.99%,10 kV、400 V 非居民用电平均接电时间分别压至 80 天和 20 天;综合能源服务模式基本成熟。城、农网供电可靠性达到 99.99%、99.83%,综合电压合格率达到 99.999%和 99.75%。其中,合肥市 A 类供电区可靠性达到 99.997%,户均停电时间 15 min。

5 结语

以国网公司"一六八"新时代发展战略和安徽省"三同步"目标为指引,心系民众畅通供电"最后一公里",围绕配网发展不平衡不充分的突出矛盾,深入贯彻安全、优质、经济、绿色、高效的发展理念,坚持目标引领、问题导向,围绕"可靠性高、互动友好、经济高效"的高质量配网特征,建成"结构好、设备好、技术好、管理好、服务好"的安徽高质量配网。

基于暂态分量的配电网接地故障诊断系统

Distribution Network Grounding Fault Diagnosis System Based on Transient Component

俞 嘉

国网安徽省电力有限公司芜湖供电公司，安徽芜湖，241000

摘要：本文提出基于暂态分量特征频带分析的配电网接地故障诊断系统，该系统以小电流选线装置为基础，通过专用数据网进行数据传输。该系统能根据各线路的接地故障类型及动作值等参数信息，实现智能接地选线、实时报警、统计分析、自动录波等功能，从而帮助运维人员及时分析接地故障信息，监测各线路当前运行状态，为瞬时接地故障的大数据分析提供数据支撑，进而实现配电网线路绝缘预警。

关键词：配电网；暂态分量特征频带分析；小电流接地选线；瞬时接地故障；大数据分析；绝缘预警

Abstract: This paper presents distribution network grounding fault diagnosis system based on analysis of transient component frequency band. Based on small current grounding line selection device, the system transfer data through a private data network. Distribution network grounding fault diagnosis system realizes intelligent grounding line selection, real-time alarm, statistical analysis, automatic recording wave and other functions according to the grounding fault type and action value of each line. The system can help the operation and maintenance personnel to timely analyze the ground fault and monitor running status of each line, it can also provide data for big data ananlysis of transient grounding fault and line insulation warning.

Key words: distribution network; transient component frequency band analysis; small current grounding line selection; transient grounding fault; big data analysis; insulation warning

为解决配电网单相接地故障无法快速准确选线定位的难题，芜湖供电公司（以下简称公司）从 2015 年 12 月起在 11 个变电站试点安装了暂态分量特征频带分析的小电流接地选线装置（以下简称选线装置）。截至目前，安装选线装置的变电站发生永久接地故障时，装置选线准确率达 94.44%，在简化了配电网接地故障处理流程的同时，有效降低了故障处理时间和社会人员触电风险，为提高地区供电可靠性做出了贡献。在长期运行中发现，由于各变电

作者简介：

俞嘉（1978—），男，安徽芜湖人，本科，高级工程师，主要从事配电网调控运行工作。

站内单相接地故障的相关数据量逐渐增大，导致故障数据统计分析困难。另外，运维人员无法对配电网单相接地故障进行自行录波和调阅分析问题，需要厂家协助完成，费时费力。因此，建设基于暂态分量的配电网接地故障诊断系统（以下简称诊断系统）对辅助调度处理配电网单相接地故障有着重要的实际意义。该系统运行于 Linux 系统，它不仅能根据各线路的接地类型及动作值等参数信息实现智能接地选线、实时报警、统计、分类、排序、自动录波等功能，还能够帮助运维人员及时分析接地故障信息，对接地故障线路的暂态零序电压、暂态零序电流进行测量与诊断，为接地故障的大数据分析提供数据支撑，从而实现配电网线路绝缘预警。本文基于暂态分量特征频带分析开发了诊断系统。

1　诊断系统研制

1.1　诊断系统构成

诊断系统拓扑图如图 3-3-1 所示。该系统主要包含选线装置（厂站端）和接地故障诊断后台计算机（主站端），通过专用数据网连接，采用一对多方式，同时监控多个子设备。

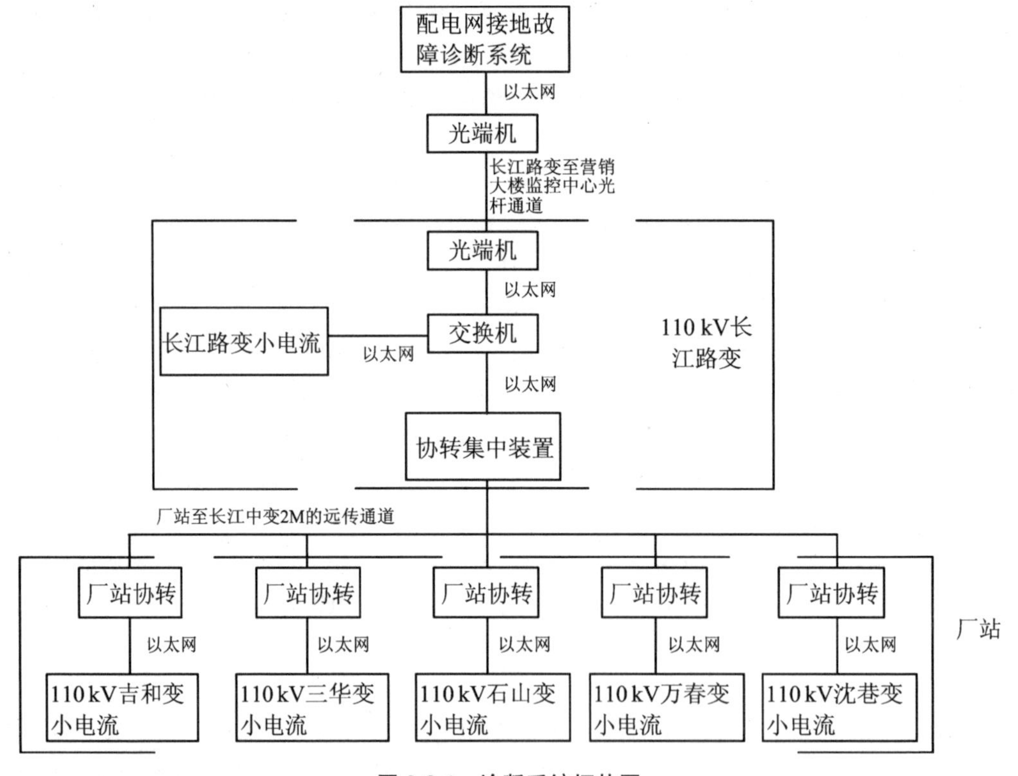

图 3-3-1　诊断系统拓扑图

在厂站端给装置增加规约通信和逻辑模块，进行程序升级。安装 2 M 协转装置以接收选线装置网口的传输信号并转换信号，然后传输给厂站端通信屏原有的 2 M 集合设备。

在调控值班大厅安装配电网接地故障诊断后台主机，并在信通机房安装光端机、主站 2 M协转接收终端设备，用于接收信号后转换信号发至后台主机。

诊断系统是在 Linux Ubuntu16. 04 操作系统上开发的，使用 Gtk3. 0 图形库和

G++5.0、C++编译调试，数据库采用通用的 Excel。用户可方便地通过系统对数据进行查询和导出。

1.2 配电网接地故障诊断选线原理

1.2.1 小电流系统单相接地故障基本特征

当中性点不接地系统发生单相接地(图 3-3-2 中 U 相接地，S 打开表示中性点不接地系统)时，电容电流分布如图 3-3-2 所示。

非故障线路 I 首端所反映的零序电流为

$$3\dot{I}_{0\mathrm{I}} = \dot{I}_{\mathrm{VI}} + \dot{I}_{\mathrm{WI}}$$

其有效值为

$$3I_{0\mathrm{I}} = 3U_{\varphi}\omega C_{0\mathrm{I}} \tag{3-3-1}$$

即非故障线路零序电流为其本身的电容电流，电容性无功功率的方向为母线流向线路。

发电机端的零序电流为

$$3\dot{I}_{0\mathrm{F}} = \dot{I}_{\mathrm{VF}} + \dot{I}_{\mathrm{WF}}$$

其有效值为

$$3I_{0\mathrm{F}} = 3U_{\varphi}\omega C_{0\mathrm{F}} \tag{3-3-2}$$

故障线路 J 始端所反映的零序电流为

$$3\dot{I}'_{0\mathrm{J}} = \dot{I}_{\mathrm{UJ}} + \dot{I}_{\mathrm{VJ}} + \dot{I}_{\mathrm{WJ}} = -(\dot{I}_{\mathrm{VI}} + \dot{I}_{\mathrm{WI}} + \dot{I}_{\mathrm{VF}} + \dot{I}_{\mathrm{WF}})$$

其有效值为

$$3I'_{0\mathrm{J}} = 3U_{\varphi}\omega(C_{0\Sigma} - C_{0\mathrm{J}}) \tag{3-3-3}$$

即故障线路零序电流等于全系统非故障元件对地电容电流之总和(不包括故障线路本身)，电容性无功功率方向为由线路流向母线，方向与非故障线路相反。

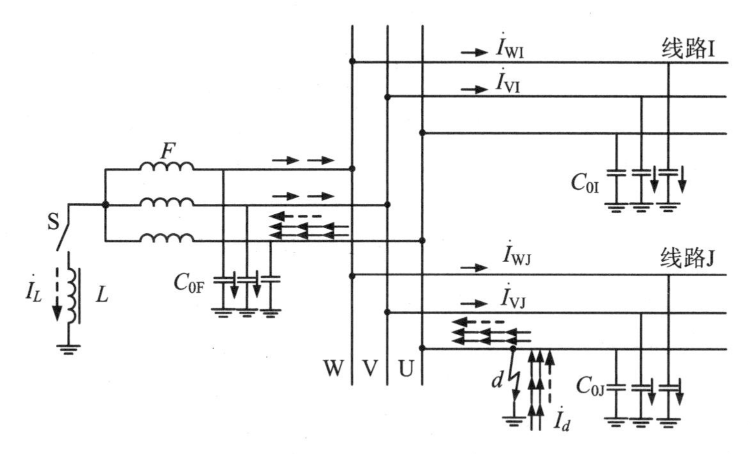

图 3-3-2 中性点不接地系统中单相接地时的电流分布(用三相系统表示)

中性点经消弧线圈接地系统(如图 3-3-2 中所示，S 闭合表示中性点经消弧线圈补偿系统)一般采用 5%～10%的过补偿方式，上述故障线路电流特点对中性点经消弧线圈接地系统不再适用。

此时，从接地点流回的总电流为

$$\dot{I}_d = \dot{I}_{C\Sigma} + \dot{I}_L \tag{3-3-4}$$

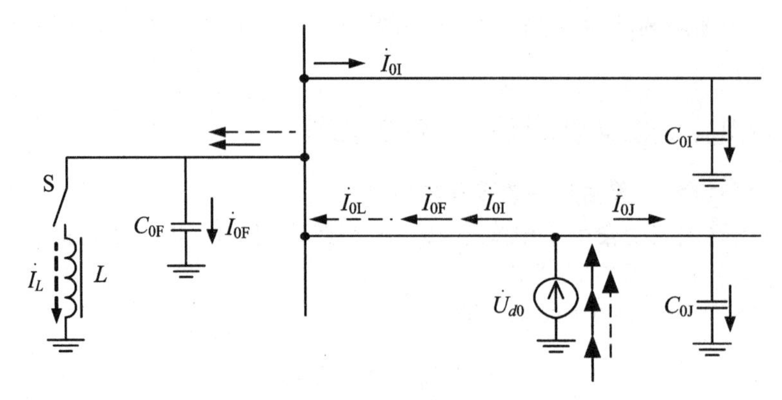

图 3-3-3　中性点不接地系统中单相接地时的电流分布(用零序等效网络表示)

式中,$\dot{I}_{C\Sigma}$为全系统的对地电容电流;$\dot{I}_L$ 为消弧线圈的电流。

1.2.2　中性点不接地系统暂态电流分布特征

配电网中发生馈线单相接地故障,其暂态电流故障分量的分布如图 3-3-4 所示(此处先考虑中性点不接地系统,因而开关 S 为断开状态),图中箭头标示出了暂态电流故障分量的流通回路。

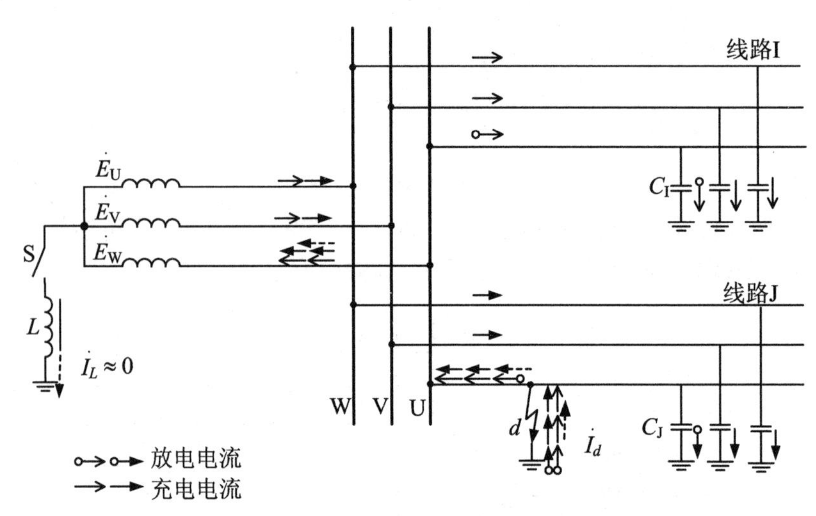

图 3-3-4　配电网单相接地故障暂态电流的分布

在故障瞬间,电网中接地线路的故障相(U 相)电压突然降低,其电容迅速放电,而非故障相电压突然升高,其电容迅速充电。放电电容电流通过母线流向故障点,因为放电电流流通回路中电阻和电感均较小,所以放电电流振荡频率较高达到几千赫兹,衰减较快。因为充电电流流通回路中电感和电阻相对较大,所以充电电流振荡频率较低为几百赫兹,衰减较慢。

从图 3-3-4 中电流流通回路流向可知,故障线路 J 故障相(U 相)的暂态电流故障分量由本线路 V、W 相的暂态电流分量和非故障线路 I 各相暂态电流分量组成。

1.2.3　中性点经消弧线圈接地系统暂态电流分布特征

中性点经消弧线圈接地系统发生单相接地故障(图 3-3-4 中 S 闭合)时,与中性点不接地系统相同的是:在故障线路故障相中,暂态电流分量仍由本线路非故障相的暂态电流分量和其他非故障线路暂态电流分量组成;但由于消弧线圈补偿,在故障线路故障相有感性暂态电流分量流过,而所有非故障相则仍然仅流过自身容性暂态电流分量。

在故障暂态过程中,电感的暂态电流分量由工频电流分量和衰减的直流分量组成。由于消弧线圈是电感性元件,高频暂态电流很少流通,因此对于高频分量相当于消弧线圈不接入电网。由之前分析可知,故障线路故障相流过的是振荡频率较高的放电电容电流。

1.2.4 暂态零序电流相频特性分析

单线路零序阻抗的相频特性是在正负 90°上交变的周期方波函数(如图 3-3-5 所示),随着频率升高线路零序阻抗的容性、感性频带交替出现,且出现的第一个频带为容性。在这个频带里,各非故障线路的零序电流都为容性。而影响暂态零序电流相位的主要因素为线路的零序阻抗角,即随着频率升高,暂态零序电流相位在正负 90°交变出现,且在最低的频带为容性电流。

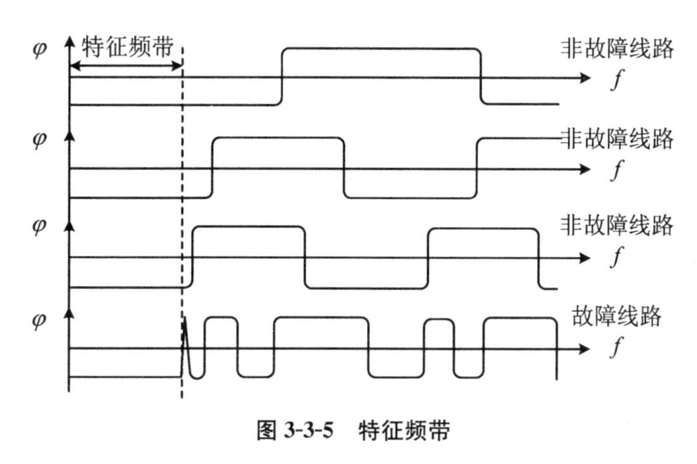

图 3-3-5 特征频带

1.2.5 基于自适应捕捉特征频带内暂态零序电流特点选线诊断原理

在一个非故障线路暂态零序电流相位一致的频带(称为特征频带)内,故障线路暂态零序电流幅值大于非故障线路暂态零序电流幅值,具有最大暂态电容电流。因此,通过选择一个非故障线路电流相位一致的频带,利用此频带内暂态电流分量幅值的比较,来选择故障线路,这是基于暂态零序电流特征频带的选线理论。

2 诊断系统特点

2.1 选线准确

根据线路接地故障信号情况,分为瞬时性接地故障、永久性接地故障两类。选线准确率公式定义参照继电保护动作正确率,分为误动和拒动两类。经统计,发生永久性接地故障时选线装置动作正确率为 $A=\frac{36-2}{36}\times 100=94.44\%$。如表 3-3-1 所示。

表 3-3-1　永久性接地故障选线装置动作统计

永久性接地故障统计	动作次数
拉路(或跳闸)验证	36 次
装置选准	34 次
装置误选	2 次

2.2　实用性强

诊断系统具有监控变电站的接地告警、零序测量、统计分析、历史信息、故障录波等功能,可以实现接地选线数据异地存储及远程调阅,为配电网线路接地大数据分析提供智能化手段。

诊断系统运行后,进入系统主站界面,如图 3-3-6 所示,界面上提供了安装选线装置的变电站名称、IP 地址、装置类型、当前通信状态等信息。诊断系统接入了 6 个变电站的选线装置,连接线为红色时,表示系统已与装置成功通信。下方的小窗口是实时事件窗口,有接地事件发生时,该窗口立即显示接地事件,如图 3-3-7 所示。

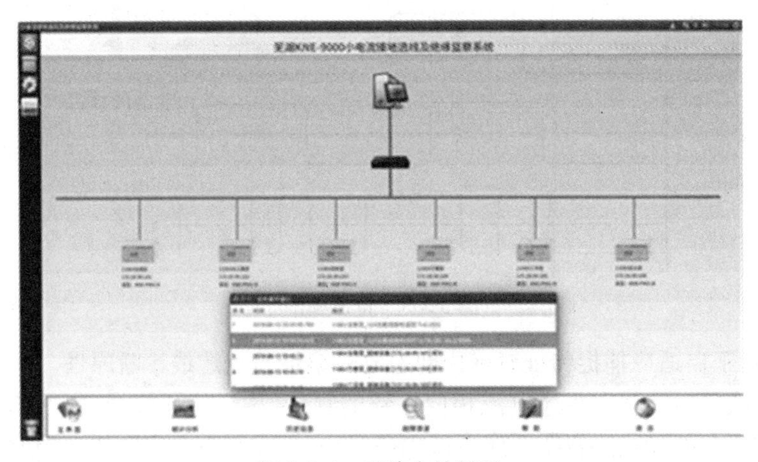

图 3-3-6　系统主站界面

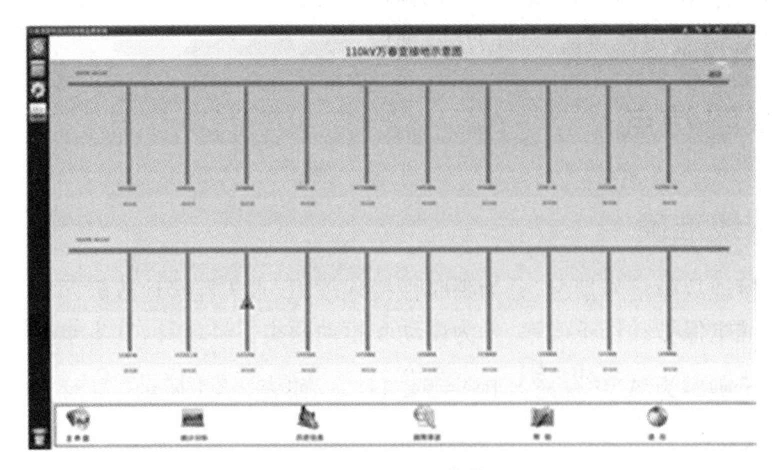

图 3-3-7　接地告警

在诊断系统主站界面中点击任意一个变电站图标,进入其接地信息示意图,显示当前接地状态,如有接地故障发生,则在对应的线路上显示接地标志,如图 3-3-8 所示。

图 3-3-8　接地信息表

在主界面中点击“统计分析”，进入统计分析界面。统计分析包括接地信息表（如图3-3-8所示）、接地排行统计（如图 3-3-9 所示）、接地类型统计（如图 3-3-10 所示）和接地趋势曲线（如图 3-3-11 所示）四个模块。

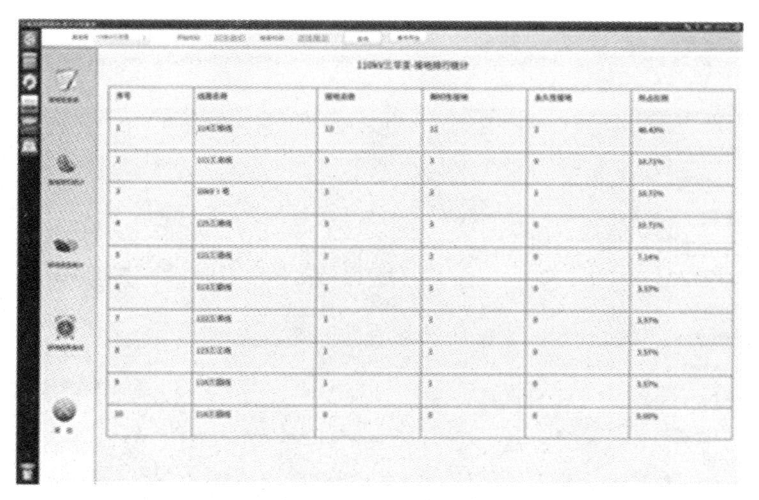

图 3-3-9　接地排行统计

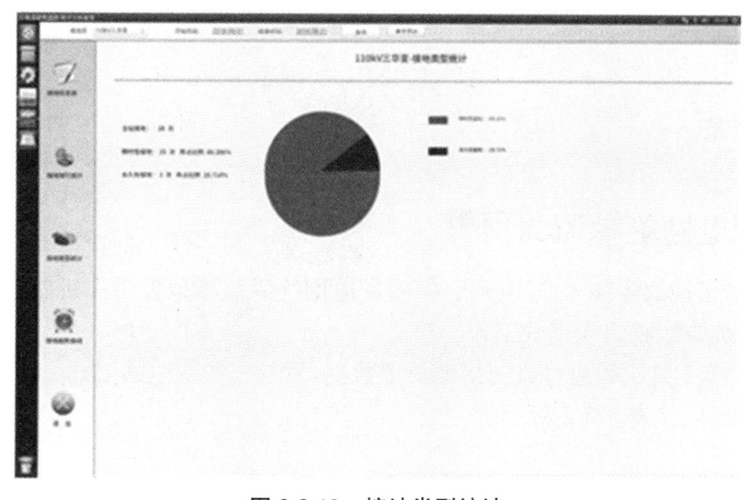

图 3-3-10　接地类型统计

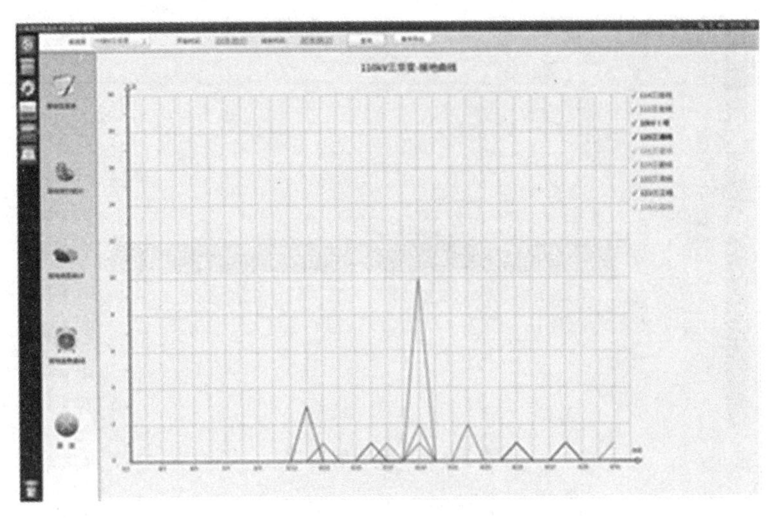

图 3-3-11　接地趋势曲线

诊断系统设置有自动录波功能，当接地故障发生时，会自动上传故障波形文件并存入主站系统后台计算机。在主界面中点击“故障录波”，可选择调阅录波文件，如图 3-3-12 所示。

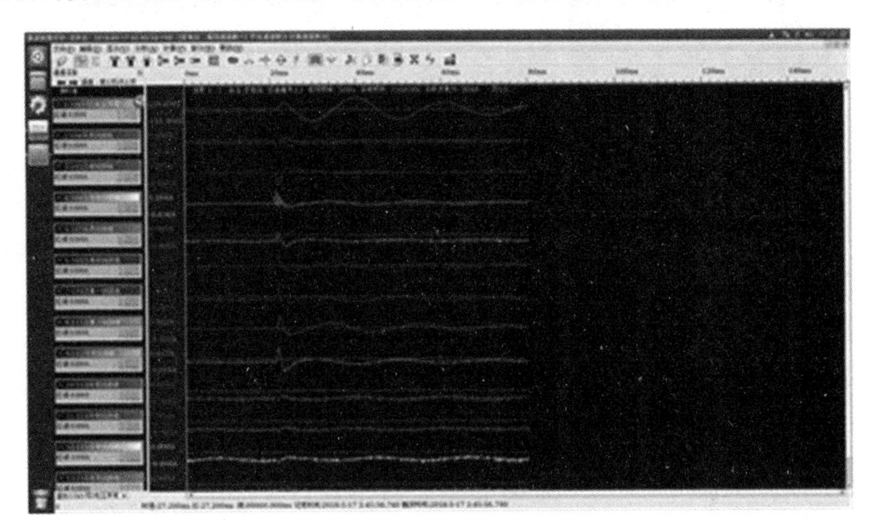

图 3-3-12　故障录波

3　应用特点

3.1　配电网绝缘监测预警

公司将瞬时接地故障纳入监测分析，实施配电网绝缘监测预警工作机制，每日发布绝缘风险预警通知，加强线路巡视消缺工作。

案例：2018 年 1 月 3 号通过查阅接地历史数据，发现三华变电站三湖 124 线发生多次瞬时性接地故障事件，如表 3-3-2 所示。

表 3-3-2 三华变电站三湖 124 线瞬时接地故障统计

序号	变电站	接地线路	动作时间	选线装置动作情况	处理情况
1	三华变	三湖 124 线	2017/5/23	瞬时接地	瞬时返回
2	三华变	三湖 124 线	2017/8/27	瞬时接地	保护抢跳闸
3	三华变	三湖 124 线	2017/10/4	瞬时接地	保护抢跳闸
4	三华变	三湖 124 线	2017/10/4	瞬时接地	保护抢跳闸
5	三华变	三湖 124 线	2017/11/16	瞬时接地	瞬时返回
6	三华变	三湖 124 线	2018/1/2	瞬时接地	瞬时返回

据此发布配电网 10 kV 线路绝缘风险预警通知单(2018 年第 001 号),要求线路运维单位加强巡视。至今为止,已发出 7 份绝缘风险预警通知单。

3.2 配电网线路绝缘的状态检修

调控中心针对接地故障选线的现场运用情况,对《安徽省电力系统县级调度控制规程》中单相接地故障处置提出补充细则,完善接地处理调度规程,优化接地处理流程,形成现场调度处理指导依据,提高处理准确率,市县供电公司统一规范执行。

公司通过开展配电网绝缘监测预警工作,完成配电网接地故障处理从事后被动抢修到事前主动预防的转变,实现配电网线路绝缘的状态检修。

公司将积极探索配电网线路接地故障系统应用,通过选线装置和配电自动化系统终端相结合,实现接地故障点精确定位,为配电网调控班指挥现场运维抢修人员迅速隔离故障、快速恢复供电创造有利条件。

4 结语

本文基于暂态分量特征频带分析的接地故障选线原理,结合芜湖地区配电网特点,开展了芜湖配电网接地故障诊断系统研究和建设。该系统选线具有原理先进、选线准确率高、界面友好、使用方便等优点,为配网调控班处理接地故障提供了有效帮助。公司将积极探索配电网线路接地故障系统应用,通过小电流接地选线装置和配电自动化系统终端相结合,实现接地故障点精确定位,为配电网调控班指挥现场运维抢修人员迅速隔离故障、快速恢复供电创造有利条件。

参考文献

[1] 要焕年,曹月梅. 电力系统谐振接地[M]. 北京:中国电力出版社,2000.

[2] 贺家李,宋成炬. 电力系统继电保护[M]. 北京:中国电力出版社,2004.

[3] 龚静. 小波分析在配电网单相接地故障选线中的应用[M]. 北京:中国电力出版社,2011.

农村智能低压台区互联网＋云“掌控”系统研制

Development of Internet ＋ Cloud "Control" System for Rural Intelligent Low-voltage Transformer Region

周 磊[1] 王婷婷[2] 徐 通[1]
1. 国网安徽省电力有限公司繁昌供电公司，安徽芜湖，241200
2. 国网安徽省电力有限公司芜湖供电公司，安徽芜湖，241000

摘要：本文针对传统低压配电柜显示参数单一、难以满足联网处理需求的缺点，提出一种可实现远程监控的农村智能台区互联网＋云“掌控”的新型智能低压配电变压器管理系统。该系统包括子监控器、主监控器及参数获取单元，用于监控整个变电站的工况，并能在现场监控室完成整个监控操作；同时通过客户经理或授权配电维修人员的一部手机，“掌控”台区远传信息，台区运维人员可以对台区的设备工况，线路漏电、负荷情况有一个直观的了解，尤其是该成果“特波保护功能”（类似于人体或家畜触电信号处理）、“台区漏电开关的远程数据监测和控制”（包括二级和末级漏保）、“远方合闸”、“反窃电比对”等功能的深度开发，使运维人员故障判断精确到户，大大提高了供电可靠性及用户满意度。

关键词：农村；智能台区；互联网＋；手机掌控

Abstract: Aiming at the shortcomings of the traditional low voltage distribution cabinet with single display parameters and difficult to meet the needs of network processing, this paper proposes a new type of intelligent low-voltage distribution management system which can realize remote monitoring of the rural intelligent network ＋ cloud "control". The system includes sub-monitors, master monitors and parameter acquisition units, which are used to monitor the operation of the entire substation and can complete the entire monitoring operation in the on-site monitoring room. At the same time, the system uses a mobile phone of the customer manager or authorized distribution maintenance personnel to "control" the remote transmission of information in the station area. Operation personnel in the transformer region can have an intuitive understanding of the operating conditions of equipment, the line leakage, and the load situation. In particular, the development of this result uses software "special wave protection function (similar to human body or livestock electric shock signal processing)", remote data monitoring and control of the leakage switch in the transf ormer region (including secondary and upper leakage protection),

作者简介：
周磊(1981—)，男，安徽宿州人，高级工程师，配电线路工技师，主要研究方向为农村配网自动化。
王婷婷(1982—)，女，安徽芜湖人，高级工程师，变电运行技师，主要研究方向为电力系统及其自动化。
徐通(1967—)，男，高级工程师，继电保护高级技师，主要研究方向为农村配网自动化。

remote closing, and anti-theft electricity. The in-depth development of equivalent functions, make the fault judgment of the operation personnel accurate to the household, greatly improve the reliability of the power supply and user satisfaction.

Key words: rural; intelligent transformer region; Internet+; cell phone control

由安徽省芜湖供电公司和杭州乾龙电器有限公司合作研发的"新型智能低压配电变压器管理系统"项目,获得1项专利和5项国家检测和认证报告,其中智能漏保、反窃电和特波保护三个功能经科技查新均为国内首创。经过小试、中试及工业化生产,已成功地完成了项目产品的开发,工业化生产的产品质量稳定,已在三个省市以上的电力系统和用户中应用,反映良好。

1 项目研发背景

目前的低压配电柜仅用作接线处理,并通过仪表简单地显示供电状况,参数单一,只能现场查看操作。若配电柜数量多,则需要安排大量的人力进行现场处理操作,难以满足联网处理需求。故障抢修、台区巡视、业扩报装、客户走访、安全用电……这些基础性的供电服务的管理和技术水平直接影响着企业及居民的用电体验感、供电可靠性和电能质量水平。目前现有台区现状如下:

(1) 常规台区运行上传数据单一,无法全天候"掌控"实时状况。目前国内通用配电变压器(以下简称配变)台区除了表计是远程采集获得数据,其他如环境温湿度、出线开关状态、无功补偿数据、配变门锁及视听环境等数据内容都无法远程监控,台区设备存在严重的安全隐患。另外,台区没有电磁锁及开门视频监控,无法有效防止人为破坏,缺乏追查手段,也无法监控到运检人员是否规范作业。

(2) 普通漏电保护器主要是在发生接地故障时起到跳闸功能,无法监控到台区总保护以下的各种信息。现有常规漏电保护器故障排查效率低,不能远控合闸,恢复送电时间较长。虽然已基本普及低压线路三级保护,但是一旦出现漏电跳闸,对于漏电保护跳闸后引起的停电,只能通过用户电话报修后才能知道。由于故障判断不能精确到户,隔离不及时,影响其他居民用电。同时漏电排查工作缺少有效的"掌控"数据的支撑,排查起来比较盲目,效率低,用户满意度低。

(3) 目前常规台区设备技术不具备防窃电能力,提供数据不能满足国家电网公司依法治企的需要。随着市场经济的发展,受经济利益驱使,窃电现象日益严重,低压架空线路能够私拉乱接,窃电手段越来越隐蔽,这不仅严重侵害了供电企业和守法用户的权益,也给国有资产造成巨大损失。台区反窃电,可新增相关数据采集,根据总表及分表电流不一致原理进行科学规范的打击。

(4) 台区管理工作没有实现标准化管理,没有有效的远程监控手段支撑进行管理。随着供电公司对低压配变台区管理要求的不断提高,原有技术手段渐显落后,台区经理无法全天候"掌控"台区运行状态,仅依靠传统管理手段,响应时间慢,工作效率低。台区巡视管理手段不满足实际工作需要,台区巡视工作的记录还是依赖手工账,随意性强,无法满足国家电网公司四星、五星供电所创建的技术要求。

2 系统架构

新型智能低压配变管理系统主要包括子监控器、主监控器及参数获取单元，用于监控整个变电站的工况。系统结构图如图 3-4-1 所示。

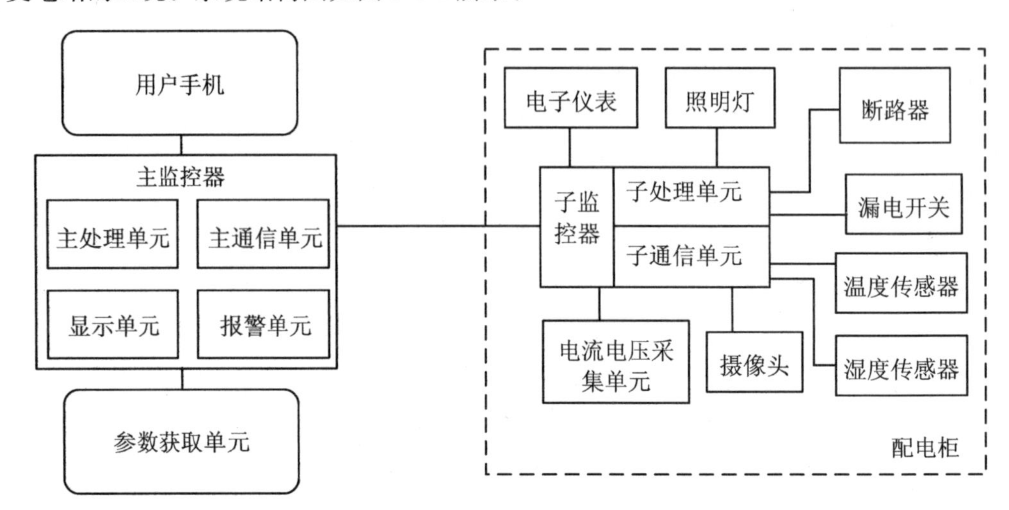

图 3-4-1 智能低压配变管理系统框图

变电站内一般设有多台配电柜（低压配电柜），每台配电柜内设置一个子监控器，变电站内设置一个监控室，监控室内安装主监控器，每个配电柜的子监控器均与主监控器通信，构成监控网络。

每台配电柜内设有漏电开关、断路器、温度传感器、湿度传感器、电子仪表及电流电压采集单元，同时配置照明灯及摄像头，用于辅助照明及获取图像。

主监控器包括主处理单元、主通信单元、显示单元和报警单元四部分，其中主通信单元可与用户手机通信，实现远程控制。

3 系统组成模块

3.1 系统功能

新型智能低压配变管理系统用于监控整个变电站的工况，能在现场监控室完成整个监控操作，也可以通过手机远程完成监控工作，使得监控更加及时、有效、可靠。

3.2 漏电开关

每台配电柜内至少设有一个漏电开关，漏电开关安装在需要监控是否漏电的线路上，如低压母线、高压母线、重要供电输出线缆，每个漏电开关的输出端均设有电流电压采集单元，用于采集漏电开关输出端的电流、电压，在漏电开关断路时，也能通过 0 输出获取断路信号，电流电压采集单元可采用常规的电流采集电路/器件以及常规的电压采集电路/器件。

3.3 电子仪表

每个配电柜内一般都设有多个电子仪表，电子仪表用于采集配电柜内相关的参数，并输送至配电柜上的屏幕显示，为了能够远程监控配电柜，这些电子仪表的数据输出线接至配电柜内的子监控器。

3.4 断路器

每台配电柜的高压母线线缆上设有断路器，子监控器输出断路信号至断路器，可远程控制高压母线的通断，从而能够远程控制配电柜的投切。

3.5 温湿度传感器

每台配电柜内设有温度传感器和湿度传感器，温度传感器和湿度传感器输出感应信号至子监控器，用于监控配电柜内的温度和湿度，当温度和湿度异常时，可以进行远程控制和监控。

3.6 摄像头和照明灯

每台配电柜的柜顶都有拍摄柜门前影像信息的摄像头和照明灯，摄像头用于获取影像，照明灯用于辅助照明，摄像头输出影像信息传送至子监控器，每台配电柜的柜门设有开门感应器，开门感应器输出感应信号至子监控器，子监控器输出驱动信号至照明灯的电源单元，这样可以实时监控配电柜的开门状态，若有异常开门，立刻报警，也可以打开摄像头和照明灯，获取配电柜门前的影像信息。

3.7 子监控器

每个子监控器包括接收信号的子处理单元、将接收信号通过无线方式与主监控器通信的子通信单元。子处理单元为可以编程的单片机或微处理器，子通信单元可以采用常规的无线通信装置。子处理单元所接收的信号包括电子仪表信号、漏电开关开关状态信号、漏电开关输出端电流电压信号、摄像头影像信号、柜内温湿度信号、柜门开关状态信号，子处理单元也可以输出执行信号控制断路器、照明灯、摄像头的开启。

3.8 主监控器

主监控器设有接收所有子通信单元信号的主通信单元、接收主通信单元信号的主处理单元、接收主处理单元参数信号的显示单元、接收主处理单元报警信号的报警单元。主处理单元为可以编程的单片机或微处理器。主通信单元可以采用常规的无线通信装置，还需要与用户手机通信，这样可以通过手机进行远程数据交流，实现远程监控、远程控制。显示单元为显示屏，应用显示主处理单元所获取的参数信号，方便工作人员在监控室内完成监控工作。报警单元可以为扬声器和报警灯，在数据异常或出现异常状况时进行报警。

为了方便在监控室内完成主动控制，主监控器还包括输入单元。输入单元可以采用常规的键盘，只需要能够输入操作命令即可。输入单元输出执行信号至主处理单元，并通过主通信单元发往相应子监控器执行，如执行断路器的断路。

3.9 参数获取单元

为了对变电站数据进行整体监控，系统设有采集配电柜所处变电站相关参数信号的参数获取单元。目前这些信号大都采用电子仪器仪表监控，仅需将这些仪器仪表的信号输出线接到主处理单元的信号输入接口，就能够利用显示单元进行显示监控。相关参数包括无功补偿的无功功率、功率因数、三相电压和三相电流。参数获取单元输出信号至主处理单元。

4 新型系统实现的功能

4.1 手机“掌控”信息查询及控制功能

通过手机可实时查看台区的一些综合信息，包括环境温度、环境湿度、终端运行状态、保护器状态、门禁状态等。可对异常信息进行甄别，根据不同情况发出提示和报警，及时通过短信提醒方式发送到客户经理手机。采集终端可对台区总表及用户电表进行定时采集各类数据，也可以实时采集当前各类数据，台区客户经理足不出户即可对所管理的各个台区运行工况了如指掌，特别是对于管理多个台区的客户经理，可以根据系统数据查询，有针对性地制定巡视、检修方案。

本套系统集智能化、即时化、网络化于一体，可以对台区智能设备进行实时监控。利用GPRS无线网络把漏电保护器参数回传到中心服务器，并通过用户电脑浏览器连接中心服务器，对所记录的信息以图文表的形式输出，方便管理员分析管理。通过传感器将各种参数及信号输出感应信号至子监控器，可以对台区的运行环境有直观的展示。同时系统有自带告警功能，例如发生智能漏电保护器线路跳闸闭锁或线路停电等故障时，系统会及时通过SMS短信方式把故障原因、故障发生地点等信息通知相关工作人员，简化了台区管理工作程序，节约了成本，并能客观真实地反映记录相关过程。

系统设有采集配电柜所处变电站相关参数信号的参数获取单元，相关参数包括无功补偿的无功功率、功率因数、三相电压和三相电流，参数获取单元输出信号至主处理单元。

如果发生故障出现台区总开关调整导致整台区失电时，系统会第一时间将该台区故障信息及各参数情况发送到台区客户经理手机，客户经理可通过手机远程对台区总、分开关及补偿电容器等主要设备经系统智能判断比对后进行操作，减少了耗费路程上的时间，提升了工作效率。

4.2 智能漏保

该管控系统内含智能总保(台区总漏电保护开关)和家保(也称户保)，主通信单元能够与台区经理等相关人员手机通信，实现一部手机“掌控”台区的强大功能，对漏保开关进行远方手机操作。每台配电柜内至少设有一个漏电开关，可以很方便地浏览到台区下终端及各设备的工作状态。

能够实现上述功能是因为每个漏电开关的输出端均设有电流电压采集单元，每个配电柜内又设有子监控器，电流电压采集单元输出所采集的信号至该柜内的子监控器，子监控器中的子处理单元接收电流电压采集单元信号并通过无线方式发送至主监控器的子通信单元，主监控器设有接收子通信单元信号的主通信单元、接收主通信单元信号的主处理单元、接收主处理单元参数信号的显示单元、接收主处理单元报警信号的报警单元。

智能漏保的应用，沟通了客户服务的最后“一公里”，彻底解决了公司在农村区域客户管理上的一个老大难问题。

4.3 分组无功精准补偿

4.3.1 主要功能

（1）实现了控制模块的数字化和智能化，开关执行单元无触点，确保控制精度和运行的可靠性。

（2）全自动分相、分级按需补偿。

（3）可灵活设定过压、欠压、前六延时等参数，具有完善的越限报警和过压、欠压、缺相、缺零、谐波越线保护闭锁等功能，保证了系统的安全运行。

（4）实现了数字式测量，可显示电网中主要参数：功率因数、电压、电流、谐波电压及电流、有功功率及电量、无功功率及电量等。

（5）带有谐波分析功能，可测量总的谐波失真（THD），为谐波治理提供参考依据。

（6）具有数据采集功能和标准的通信接口，可实现远程实时监测和计算机联网管理。

4.3.2 应用功效

从上述主要功能可以看出，本装置的应用能自动检测各相负载的功率因数，自动分相投入各检测相负载的功率因数，自动分相组合投入各相所需的电容补偿量，可使各相无功功率补偿达到最佳状态，最终有效改善系统功率因数，提高电网效率，改善电压质量，节约用电，增大变压器有功容量等，较大程度地满足了“绿色电网”的要求。

4.4 特波保护功能

通过新型智能低压漏保，系统提供了特波保护功能，此项功能的应用在基层供电所大显身手。

众所周知，在目前的大部分配电网络中，漏电保护器是保护人身触电最为有效的办法之一，但现有大量运行实践证明，目前使用的各种普通漏电保护器无论是在投运率还是在动作可靠率上来说，其效果都不尽如人意。漏保功能上的延伸亟需加强，特别要保证无论何时何地，只要发生人身触电事故，漏电保护器必须能及时跳闸、可靠动作，发挥“保命”作用。

含带特波功能的智能漏电保护器应运而生，其通过对人体或家畜触电信号与普通剩余电流信号的区别处理保护。当台区漏电挡位设置在 300 mA 挡，特波功能启用，人体或家畜触电时，开关识别触电信号，能在漏电值 30 mA 左右实现漏电开关的分闸操作。

主要检测原理是人体触电所形成的接触电流的波形，与其他介质和大地形成的泄漏电流波形有所不同。一般人体直接触电所发生的最低电流受人体电阻特性的制约，人体阻抗比较复杂，在一般条件下，阻抗值主要取决于人体的皮肤阻抗，由于生理上的原因，人体触电后，在很短时间内（2—3 min，电流波周期）皮肤阻抗是一个时变网络，其电阻值由大变小，随后转变为非时变阻抗，由于皮肤阻抗的这一特性，决定了流过人体的电流具有起始阶段递增，随后趋于稳定的周期性特征，把这种波形定义为特种波形。通过对这项功能的定值设定，可对普通泄漏电流进行较大范围的调整，以适应绝缘化台区、老旧台区等不同泄漏电流值的环境，当所辖区域出现人体触电时，能以较高的灵敏度迅速断开线路开关，同时又因不存在同时三相人体触电的情况，所以也不存在“死区”或者合成泄漏电流变小的情况，使得特波功能的可靠性大为提高，为用电安全提供了可靠保障。特波功能模拟图如图 3-4-2 所示。

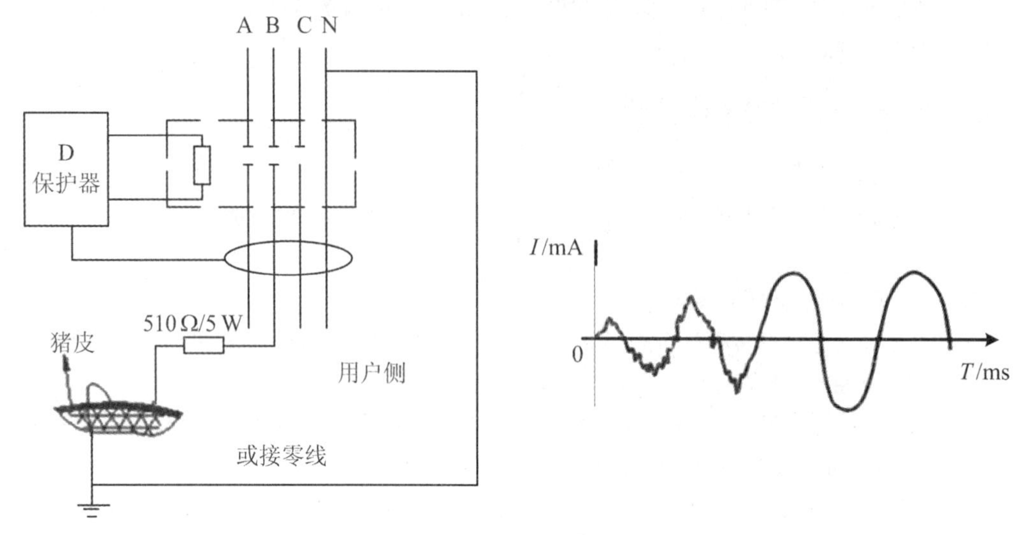

图 3-4-2 特波功能模拟图

4.5 反窃电预警应用

反窃电预警系统采用了台区总表与分表电流对比不一致原理，系统设置每 5 min 上传一次数据对比，中间设定一个阈值，一旦流进流出电流不平衡度达到一定比例，该系统就及时向客户经理发送报警信息，此时组织到现场开展反窃电工作成效很高。再通过内稽外查的方式，针对用电异常的用户进行全方位的分析，为反窃电工作精确定位，增强了针对性，节约了反窃电的时间，提高了工作效率，是反窃电工作不可多得的有力武器。

4.6 辅助功能

辅助功能主要有 JP 柜电磁门禁系统、内置高清影像采录系统、远程巡检系统、银行级防侵入系统等。

4.6.1 JP 柜电磁门禁系统

JP 柜电磁门禁不完善对人身安全构成极大威胁，而台区传统门锁容易被恶意破坏，追查手段不给力；且门锁钥匙不通配，管理存在不便。

本系统对管辖台区范围内 JP 柜进行了统一改造，全部采用电磁锁进行管理，每台 JP 柜前门、后门、电容器室门等舱室进行唯一代码编号，一张门禁卡就可以打开管辖范围内所有 JP 柜门锁，同时还可以实现远程开门以及对每次开门事件进行记录，不但方便了客户经理，而且提升了工作效率。

4.6.2 内置高清影像采录系统

每台配电柜内部除了门禁系统外，还配置了高清摄像单元。摄像单元启动元件与 JP 柜门禁系统联动，一旦门禁系统打开，摄像单元自动启动。摄像单元输出影像信息至子监控器，配电柜的柜门设有开门感应器，开门感应器输出感应信号至子监控器，子监控器输出驱动信号至照明灯的电源单元。此举目的主要有三：其一，可以对台区客户经理的工作行为进行全程监督，使其按照规范要求严格操作，避免安全隐患发生；其二，一旦有人恶意对设备进行破坏，如强行损坏门锁等行为，可将行为人的影像资料记录在案，作为证据；其三，在发生安全责任事故时，可通过调取往日操作视频，对时效性和规范性有客观的展示和全面认识，避免供电企业承担原本不该承担的责任。

4.6.3 远程巡检系统

除了在JP柜内配置高清影像采录系统外，在每个台区最高处还配置了高清可360°旋转的无死角球形摄像头，在特殊天气或特殊情况下，台区巡检人员可以通过手机操作球形摄像头，根据情况拉近拉远、转前转后进行全方位巡视检查，同时结合JP柜内部高清影像采集系统，足不出户即可完成对整个台区的巡视任务。如在远程巡视中发现异常情况，可结合系统各遥测值进行综合分析判断，从而制定出完善的检修或故障处理方案，真正地改变以往没有监控手段时的“以抢代维”尴尬局面。

4.6.4 银行级防侵入系统

随着信息技术日新月异的发展，利用网络信息应用提高工作效率的同时，各种信息系统的安全问题也随之暴露出来。信息安全是我们这套农村智能台区互联网＋云“掌控”系统的重要保障，如果出现如黑客侵入、篡改数据、窃取客户资料或者遥控操作设备等情况，那么前期的努力都将等于零。系统网络安全防御采用了最新的IDS系统（网络入侵检测系统），IDS是继“防火墙”“信息加密系统”等网络安全保护方法之后的新一代安全保障技术。入侵检测技术是为保证计算机系统的安全而设计与配置的一种能够及时发现并报告系统中未授权或异常现象的技术，它的原理是收集系统网络或系统中若干关键点的信息并对其进行分析，从中发现网络或系统中是否有违反安全策略的行为和被攻击的迹象。当检测出入侵行为和内部的非法操作时，可以提供对内部攻击和外部攻击以及误操作的实时保护，在网络系统受到危害之前进行拦截和处理，它可在不影响网络性能的情况下对系统进行监视；不但如此，IDS还能够帮助系统快速发现网络入侵的发生，可扩展系统管理员的安全管理能力，包括安全监视、进攻识别和响应等，从而提高了系统信息安全基础结构的完整性，实现对系统的全方位保护。

5 结语

本文提出的可实现远程监控的农村智能台区互联网＋云“掌控”系统，是一种新型智能低压配变管理系统，克服了传统低压配电柜显示参数单一、难以满足联网处理需求的缺点，能够实现对整个变电站工况的监控，能在现场监控室完成整个监控操作，也可以通过手机远程完成监控工作，台区农电管理人员可以通过一部手机“掌控”台区运行关键数据，根本解决对漏电及触电行为的研判；同时解决了台区反窃电相关问题，随时判断是否有窃电行为；漏保精确到户服务，提高了供电可靠性。监控及时、有效、可靠，能够有效地提高故障排除效率，大大提高了供电可靠性及用户满意度。

构建双向互动的“互联网+”电力售后服务新机制

A New Mechanism Built on Two-way Interactive "Internet +" Electric Power Post-sales Service

卜　云　武菊音

国网安徽省电力有限公司合肥供电公司，安徽合肥，230022

摘要：为适应电力体制改革、“互联网+”时代潮流和需求侧优化管理，供电企业必须加快转型，将售后服务模式从以客户为导向的“单向驱动”优化为供电企业与客户“双向互动”的新机制，激活供用电市场的生命力，最终实现供用电市场的平衡发展与和谐共荣。一是要利用“互联网+”手段，建立售后服务信息平台；二是要健全服务机制，创新服务举措，包括开创“可视化抢修”服务模式，实现信息“点对点”精准推送和提供“一户一策”用电指导等区别于传统售后增值服务的模式。

关键词：电力；售后服务；双向互动；互联网+；可视化抢修

Abstract: In order to adapt to electric power system reform, the "Internet +" trend and the demand side optimization, power supply enterprises must speed up the transformation and optimize the post-sale service mode from customer oriented "one-way drive" to the "two-way interaction", activate the vitality of power supply market, eventually achieve the balance of power supply market development and the harmonious co-prosperity. First, we should use "Internet +" means to establish an information platform for after-sales service. Second, the service mechanism should be improved and the service measures should be innovated, including creating the "visual emergency repair" service mode, realizing the "point-to-point" accurate information push and providing "one-household one-policy" electricity guidance, which are different from the traditional after-sales value-added service mode.

Key words: electric power; after-sales service; two-way interaction; "Internet +"; visual emergency repair

中发9号文要求，在进一步完善政企分开、厂网分开、主辅分开的基础上，加强在发电侧和售电侧开展有效竞争。电力体制改革进程不断加快和深入，电力行业的市场竞争已悄无

作者简介：

卜云（1989—），女，助理工程师，主要从事电力营销工作。

武菊音（1990—），女，助理工程师，主要从事电力营销工作。

声息地开始了，电力市场呈现出市场主体多元化、利益关系复杂化特点，电力企业的垄断地位被逐渐打破。

长期以来，供电企业的“售后服务”(本文探讨的售后服务着重为高压客户的用电管理)都是以客户需求为导向，为客户提供的服务内容相对有限，服务方式以被动为主，根本无法应对新形势下的发展新常态和改革新要求。为此，供电企业必须加快转型，将售后服务模式从以客户为导向的“单向驱动”优化为供电企业与客户“双向互动”的新机制，创新服务工作管理机制，提升企业市场竞争力。

1　优化需求侧管理，提升供电服务水平

“互联网＋”已经是当下企业发展的主流趋势，国家电网公司为主动适应“互联网＋”技术发展新形势，积极推进“互联网＋营销服务”工作，以客户和市场为中心，以标准化、数字化、智能化、互动化为手段，打造前端触角敏锐、后端高度协同的 O2O 线上线下闭环服务链，全面提升供电服务智慧化水平，实现营销服务线上化、数字化、互动化，树立国家电网公司“办电更简捷，用电更智能、服务更贴心”的服务形象。目前，“互联网＋”手段已在营销的售前、售中服务中得到了大力的推广应用，而在售后服务环节则存在明显的欠缺，导致客户体验较差，客户满意度存在较大提升空间。

随着城市建设的高速发展以及开发区、工业园区的不断扩大，合肥市电力市场呈现出客户类型多样化、客户需求差异化、市场竞争激烈化的特点。目前，合肥优质客户市场占比仍处于劣势，未能充分发挥优质客户对电网发展的反馈效应和指导意义，同时供用电信息不对称造成供用电双方唇齿相依的依赖关系仍相对脆弱。对此，供电企业必须进一步优化需求侧管理。一是要加强优质客户的服务与管理，激发优质客户带动客户群体发展的潜能，为供电企业创造更大的利益增长点；二是要加强客户数据的管理，为促进电网发展、服务提升提供指导。基于客户与客户信息的优化管理，使得供电企业与客户之间建立良好的“双向互动”机制，激活供用电市场的生命力，最终实现供用电市场的平衡发展与和谐共荣。

2　利用“互联网＋”手段，建立售后服务信息平台

2.1　建立基础化服务“信息库”

合肥供电公司(以下简称公司)市场及大客户服务室立足高压客户售后服务工作实际，利用“互联网＋”手段，搭建了信息管理平台(市场部业务服务支持系统)——SCB 辅助系统，系统界面如图 3-5-1 所示。

该平台收集了合肥市 9 000 余户高压电力客户的基础信息，包括客户基本信息、用电基本信息、用电服务信息，并可以按照电压等级、用电类别、负荷特性等维度对电力客户进行分类。以用电类别为例，通过对关键字的筛选，可以对大工业用户、一般工商业用户、非工业用户、高危用户、重要用户、居民用户等进行分类显示和导出，如图 3-5-2 所示。

2.2　归纳高压客户差异化需求库

基于信息库开展大数据分析，以关键字发生频次为参考依据，对高压客户的行为偏好进

行跟踪记录，为客户进行属性画像，对客户进行分类，统计归纳客户差异化需求，形成高压客户差异化需求库，包括巡视计划制定、用电技术指导、用电政策咨询、设备操作技能培训、安全用电服务、节能减排规划、应急预案编制、保供电需求响应等。

图 3-5-1　市场部业务服务支持系统

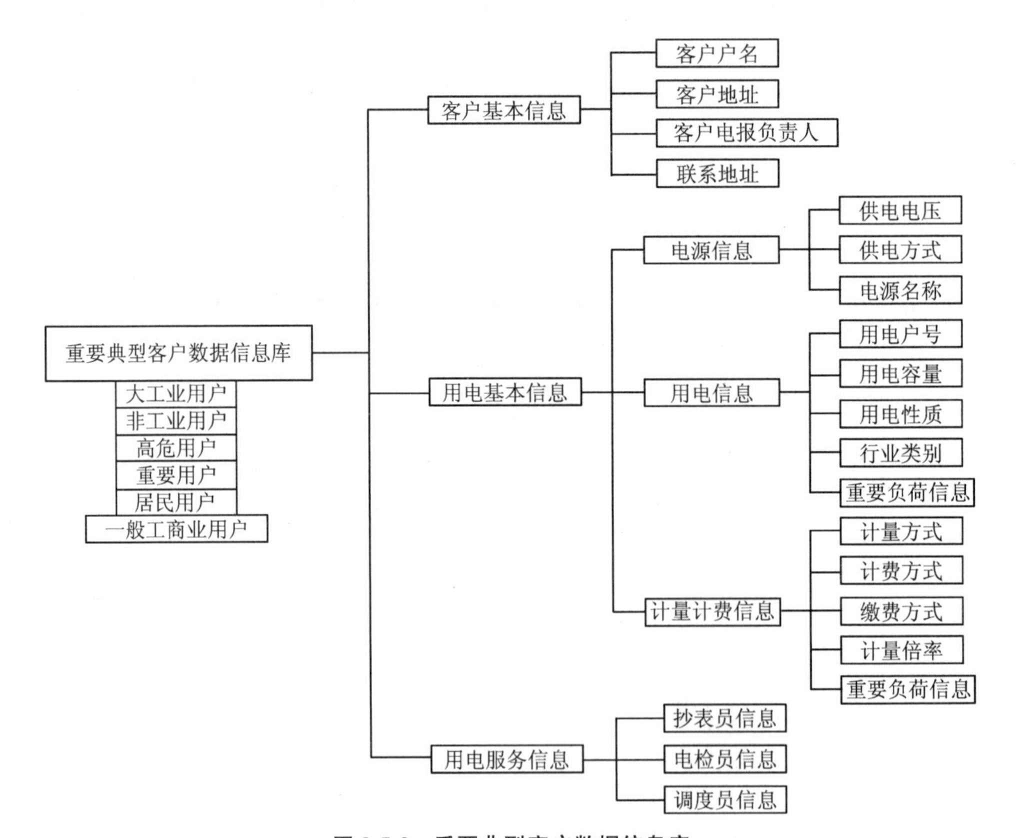

图 3-5-2　重要典型客户数据信息库

2.3 形成高压客户服务策略库

总结历史服务关联数据，收集客户服务反馈，归纳整理不同类别典型客户的普遍服务诉求和个性化服务诉求，并对服务手段升级、完善，形成基于客户差异化需求的对等服务策略库，如表 3-5-1 所示。

表 3-5-1 服务诉求统计及对策

序号	服务诉求内容	客户群体	应对策略
1	政策咨询查询	一般电力客户	1. 整理国家最新电力供应与使用相关政策规定，并汇编成科普手册，通过用电巡视检查、上门服务等方式，发放给电力客户 2. 针对某一类或者某一项政策进行咨询的，组织专项解答
2	基本电费缴纳策略指向	大工业用户	根据客户每月的用电量以及国家相关政策，为客户分析制定最优基本电费缴纳策略
3	增容需求	一般电力客户	提前与客户沟通，掌握客户增容需求，提前勘察供电资源，制定供电方案
4	电工培训	一般电力客户	根据客户侧电工培训需求方向，制定专业讲解内容，定期开展电工培训活动，邀请广大电力客户参加培训
5	停电信息便捷通知	一般电力客户	通过定制短信通知、宣传掌上电力、国家电网网上查询等方式，加大停电信息便捷化查询
6	进站处理故障流程便捷化	专线客户	协同生产相关部门，在确保安全的前提下，为专线客户提供便捷化操作手续，高效处理故障
7	能耗监测	执行分时电价用户	结合电力用户每月电费明细消费清单，分析峰平谷用电量占比和力调电费占比，结合用电负荷曲线，为下月用电提供策略
8	办电流程可视化	新装客户	为电力客户定制业扩流程重要环节短信告知，实现业扩流程可视化、透明化，提前告知客户下一阶段应准备的报装资料
9	代电公司新型业务流程	新型业务用户	规范公司内部流程，并将相关流程编制成册进行公示，主动向咨询客户介绍整体流程及各流程所需资料和对应职责部门

3 建立健全“互联网+”售后服务新机制，创新服务举措

3.1 开创“可视化抢修”服务模式

3.1.1 电力报修服务存在的问题

传统的高压客户电力报修服务主要存在以下三方面问题：

(1) 抢修流程方面。客户通过电话报修，报修工单到达国网 95598 客服中心后，需要根据流程逐级下达抢修工单，流程节点多、耗时长，整个抢修流程主要通过电话沟通，传递速度相对较慢，且信息表达不完整。

(2) 抢修人员安排方面。电话受理的抢修工单,无法了解抢修人员距离客户的位置,难以快速安排距离客户近的抢修人员到场处理;同时,抢修人员接到工单后,无法快速便捷获取故障发生的准确地点,无法在到场前准确了解故障具体情况,无法快速反馈故障处理进度。

(3) 故障处理方面。目前故障处理班组和人员设置专业性较强,抢修人员只能处理单一或同类问题,在故障处理方面容易发生如下两个问题:一是客户报修故障复杂,需要安排几个不同专业的抢修人员同时到场;二是抢修人员到场后,发现客户报修的故障与实际故障不符无法处理,需要更换抢修人员,从而导致故障处理时间较长,客户体验较差。

3.1.2 "可视化抢修"服务模式

为此,公司提出"可视化抢修"服务模式,以解决以上问题。即基于"互联网+"思维,应用移动互联网技术,创新抢修工作管理模式,报修业务从线下办理转为线上服务,改变传统的作业模式,重塑客户体验,同步实现远程指导、现场抢修进度实施跟踪及客户在线服务评价,构建可视化、互动化服务模式。

3.1.3 "抢修订单"的提出

依托"掌上电力"APP,开发"抢修订单"模块,客户可以依据需求选择预约抢修模式或者立即抢修模式。

(1) 预约模式。针对客户需要约定时间进行上门检修的,APP 可以直接定位上门服务位置。将常见问题集成至 APP 中,客户可以根据大致分类选择"检修原因",点击"其他原因"下方空白处,可用文字描述检修具体原因,点击"添加图片",可上传现场图片;在"选择上门检修时间"模块,可选择具体检修时间;完成后点击"提交订单"。订单生成后,系统会根据客户填写的具体信息,优化原因、区域、时间、距离,自动分解派单。

(2) 立即抢修模式。客户在客户端提出立即抢修服务后,根据客户位置定位,直接下发工单至距离客户最近的抢修人员的手机客户端;同时,自动为抢修人员规划最优路径到达客户定位位置,并与客户共享位置,双方可以实时获取对方的位置信息,准确完成对接。

3.1.4 可视化订单式服务

客户服务策略库最终将服务于向客户提供可视化订单式服务,即客户通过供电公司线上渠道提出需求订单,公司服务人员以服务策略库为支撑提供差异化服务,服务过程做到智能化、可视化。

可视化订单式服务模式具有以下特征:一是强调策略与需求的对等性,即针对客户需求,整合服务资源,提供相应服务,以有效的解决办法帮助客户取得根治问题的实效;二是注重服务提供与接收的精准性,即供电方快速响应客户需求,并提供精准到位的可视化服务,目标客户精准定位,客户需求自动研判,服务过程有迹可循,服务结果数据可溯;三是追求供用电双方的互动性,坚持"以客为本"的核心营销策略,以客户和市场为导向,主动服务,适度超前于经济发展,紧跟政策变更步伐调整服务策略,促进客户主动响应电网运行,积极参与电网管理,使客户获得充分的参与感、体验度,实现供用电的良好双向互动;四是意在提高整体对外服务的智慧化水平,以典型案例辅助应对全体,以丰富全面的策略资源支撑前台一致对外,从而节约事件分析成本、人力资源成本和时间成本。

3.1.5 视频远程诊断及指导

视频聊天是现代生活中人们常用的沟通手段,而抢修工作也可以利用这种方式更好地完成故障处理工作。建立抢修服务策略库与专家库,针对客户报修,由相应专家进行远程视频指导，及时判断故障类型，对于有明显故障点的，可以指导其排除故障，及时恢复供电。即使不能远程恢复，可以为抢修人员到达现场争取时间，同时也可以预防事故扩大。

3.1.6 建立抢修工作评价考核机制

对客户需求、抢修过程、抢修人员行为轨迹、客户评价等数据进行分析，开展工单处理质量评价，促使客户报修行为更合理、更有效，保障抢修人员快速响应、规范作业。

3.2 实现信息“点对点”精准推送

通过“掌上电力”手机APP、服务短信、微信公众号等线上渠道，促进供电服务信息公开和资源共享，实现用电信息、量价费信息、电网停限电计划、用能分析报告、供用电政策等信息的点对点精准推送。“双向互动”服务要求将常态信息推送服务向个性化订制信息服务转变。

提供“私人定制”信息推送服务，即根据高压客户的实际情况，捕捉客户信息需求的关键字，或以客户选择订阅为准则，以客户真正需要的信息作为信息点，代替原先的整体打包式的信息面，剔除于用户而言的垃圾信息，主动为客户过滤出与自身有切实关联的有效信息，进一步提高信息精准度和利用率，提升客户享受便捷服务的体验度。

3.3 提供“一户一策”用电指导

深入开展高压客户大数据分析应用，对客户进行在线分析、自动损耗分析、用能分析、行为分析，通过可视化图表形式的呈现，将客户的电量电费账单、负荷曲线、缴费记录、需求服务订单、节能减损分析、用电策略建议等，以用电分析报告的形式按月推送给客户阅知，指导客户下月科学调整生产用能计划，采取必要的技术措施，调整用能习惯，拓展节能空间，享受最新最适合的优惠政策，节约电费支出成本，助力企业经济效益提升。打造综合服务平台，实现政策、技术、市场需求的及时发布与互通交流，将传统营销模式转变为自助开展业务，形成“发现—分析—解决—维护”的全过程服务。

高压客户“一户一策”用电指导报告不仅能够帮助高压客户清晰了解自身用电情况，还可以针对客户用电特点提供个性化增值服务，如为高危及重要客户提供安全用电服务，为高耗能企业提供节能减排服务，为具备电能替代条件的客户提供节能方案设计服务，为对电能质量要求高的特殊行业客户提供技术咨询服务，为民生项目和重点工程提供过程辅助管理服务，为对供电可靠性要求较高的客户提供设计指导服务，为对新能源接入感兴趣的客户提供新能源接入咨询服务，为新技术、新产品的应用提供市场评价统计服务等，实现服务效益的最大化。

高压客户“一户一策”用电指导报告中还包括了客户用电应急处置预案、用电检查计划、设备试验体检方案、运行维护贴士等内容，方便客户规范管理用电资产，减少不必要的故障或运维差错，提升公司供电可靠性的同时，也提高了客户对公司的信赖度和黏性。

4 结语

本文以构建双向互动的“互联网＋”电力售后服务新机制为目标，研究了供电企业转型的必要性，并给出了具体的主要做法与举措，讨论了可视化抢修的策略与可行性。总结如下：电力体制改革、“互联网＋”时代潮流、需求侧优化管理的需求，都催促着供电企业必须加快转型，将售后服务模式从以客户为导向的“单向驱动”优化为供电企业与客户“双向互动”的新机制，从而进一步激活供用电市场的生命力，最终实现供用电市场的平衡发展与和谐共荣。

参考文献

[1] 中共中央，国务院.关于进一步深化电力体制改革的若干意见(中发〔2015〕9号)[Z].2015.

[2] 国务院办公厅关于印发“互联网＋政务服务”技术体系建设指南的通知(国办函〔2016〕108号)[Z].2016.

[3] 国家电网公司关于2017年推进“互联网＋营销服务”工作的意见(国家电网营销〔2017〕153号)[Z].2017.

[4] 王加乐.基于互联网＋可视化互动抢修及移动APP系统应用[J].工业技术创新，2016(4)：812-814.

[5] 江清萍.互联网＋营销与创新[EB/CD].

[6] 林子雨.大数据技术原理与应用[M].北京：人民邮电出版社，2015.

第四篇

输变电技术与工程

机载激光雷达数据在特高压输电工程中的应用

Application of Airborne Lidar Data in UHV Transmission Line Projects

吕严兵

国网安徽省电力有限公司经济技术研究院，安徽合肥，230022

摘要：机载激光雷达数据由于具有高精度、高分辨率、点云密度大以及方便可视化处理等优点，逐渐被应用于基础测绘、三维建模、林木调查以及电力勘测等领域。为了论证机载激光雷达数据在山区输电线路工程中的优势，满足特高压输电线路工程勘测基本要求，本文结合青海—河南±800 kV 特高压直流输电线路工程，从线路路径优化、定位、平断面测量等角度，阐述了机载激光雷达数据在山区特高压输电工程中的具体应用，并将机载激光雷达数据与实测数据对比，结果表明，机载激光雷达数据在山区工程中应用广泛且测量精度较高，能够满足输电线路工程设计要求，可以极大地提高外业勘测效率。

关键词：机载激光雷达数据；特高压；输电线路；勘测

Abstract: Airborne lidar data has been widely used in basic surveying, 3D modeling, forest investigation and electric power survey due to its high precision, high resolution, high point cloud density and easy visualization. In order to demonstrate the advantages of airborne lidar data in mountainous transmission line engineering and meet the basic requirements of UHV transmission line engineering survey, this paper expounds the presence of airborne lidar data in mountainous area from the aspects of route optimization, location and cross-section survey, combining with Qinghai-Henan (±800 kV) UHVDC transmission line engineering. Comparing the airborne lidar data with the measured data, the results show that the airborne lidar data is widely used in mountainous areas with high measurement accuracy, which can meet the requirements of transmission line engineering design and greatly improve the efficiency of field survey.

Key words: airborne lidar data; UHV; transmission line; surveying

在输电线路工程中，机载激光雷达测量技术主要是利用飞行平台搭载激光扫描测量设备获取线路走廊的影像及点云数据[1]，较传统航空摄影测量技术而言，其高程精度更高、自动化程度更强、植被穿透能力更好[2]，在山区或植被覆盖密集区域，其优势更加明显。目前，已有部分工程采用机载激光雷达数据，如厄瓜多尔 500 kV 输电线路工程[3]、敬亭—广德

作者简介：

吕严兵(1991—)，男，安徽安庆人，硕士，主要从事输电线路工程测量及相关工作。

500 kV输电线路工程[4]等。对于新建输电线路工程,机载激光雷达数据可应用于线路路径优化、杆塔排位、平断面测量、塔基地形及塔基断面测量等工作,可极大提高野外工作效率,减少野外勘测人员漏测、误测重要敏感点、地形地物等。本文结合青海—河南±800 kV 特高压直流输电线路工程实例,阐述机载激光雷达数据在输电线路工程中的具体应用。

1 机载激光雷达数据简介

机载激光雷达数据是由机载激光雷达系统按照预先设计航线飞行获取得到的高精度、高分辨率的地表三维坐标数据,主要由点云几何数据、影像数据、激光强度数据、激光回波数据组成,其中点云几何数据是核心部分。利用点云几何数据和影像数据可以生成数字高程模型(DEM)、数字正射影像图(DOM)、数字地表模型(DSM)等测绘成品,对这些测绘成品经过人机交互式操作,可以得到输电线路初步测量成果。

2 机载激光雷达数据在输电线路中的应用

2.1 线路路径优化

线路路径优化是输电线路设计中的一个重要环节,可以更好地规划线路走向,减少后期改线的可能性,降低成本。而线路路径优化需要较高精度的测绘基础数据作为辅助资料,尤其是山区工程,路径的选择受多方面影响,传统航测数据虽然能够识别线下地物,但高程数据精度不够,生成的地形等高线也不够准确,部分关键敏感点也不能在图上直接测量。采用机载激光雷达数据进行输电线路路径优化,可以从高精度的 DEM 数据中自动提取出线路路径断面,进行预排杆;从 DOM 数据中直接测量线路敏感点,可规避大片房屋、重要林木等;此外,还可以依据点云数据与 DOM 数据,选择与已有输电线路、重要等级公路的交叉跨越点,保证路径方案的可行性和科学性,从而提高输电线路路径优化效果和设计质量。

2.2 终勘定位

激光雷达数据的平面、高程精度都比较高,能够满足施工图阶段测量精度要求。对于山区,杆塔位置受地形因素影响较大,很多地势起伏较大、地形较陡的区域不足以立塔,因此在终勘定位时,可以先利用激光雷达数据生成的等高线、塔基地形及塔基断面图进行初步排杆,对塔基范围内的地形、坡度进行图解分析,判断其是否能够满足立塔条件,以提高外业定位效率。

利用激光雷达数据可提取塔位中心任意范围内的高程点,将实测数据与机载激光雷达数据融合,经过人机交互式处理,剔除突变、不正确的高程点数据,重新生成塔基地形图,满足塔基地形图高程注记密度要求。

2.3 平断面测绘

利用机载激光雷达数据可以进行平断面初步绘制,主要包括以下几点内容。

2.3.1 道路与水系测绘

通过激光雷达技术获取得到的 DOM 数据精度很高,可达到 10 cm,因此可以利用高分辨率的 DOM 数据对主要道路、沟、塘的范围进行绘制，生成平面图，现场只需要对照图纸进行调绘，不仅提高了外业工作效率，而且还避免了漏测情况。

2.3.2 房屋测绘

按照设计要求，需要对线路中心线规定范围内的房屋进行测量，这种情况下就可以利用激光雷达数据通过人机交互提取房屋平面图，并依据点云数据的高差情况判断楼层信息，生成房屋分布图，现场只需要对照事先绘制好的房屋分布图进行调绘和检查，但拆迁范围内的房屋还需人工实测。

2.3.3 交叉跨越测绘

可以利用 DOM 数据直接对 10 kV 及以上的电力线路进行绘制，并依据点云数据的高差判断跨越处的高度，生成交叉跨越平面分布图，现场根据实际情况进行调绘，注明电压等级，减少了外业工作量，也避免了漏测情况；对于重要的交叉跨越需实测高度和平面位置。

2.3.4 林木分布测绘

目前林木分布测量的难点在于不能准确地绘制林木范围和植被类型，采用传统的航测数据作为底图，通过人工识别的方式也仅仅只能区分大致范围，而且很容易造成不同种类的植被的错分。采用激光雷达数据，不仅可以通过高分辨率的 DOM 获取植被的范围，还可以通过 DEM、DSM 数据得到树木高度，可以将植被分类，加上当地植被自然生长情况可以分析得到植被类型，外业只需要核实植被类型以及生长密度。

2.3.5 断面点、风偏点采集

利用高精度 DEM 数据对路径优化后的线路方案提取中心断面点、风偏点等高程数据，生成断面图和风偏断面图，外业只需要对接地距离或风偏距离较近的区域进行实地测量，可大大提高外业测量效率。

3 工程实例应用

本文依托青海—河南±800 kV 特高压直流输电线路工程，线路起于青海省海南换流站，途经青海、甘肃、陕西、河南 4 省，止于河南省驻马店换流站，线路可研路径全长约1 583.7 km，曲折系数 1.18，是个典型的山区特高压工程。依据工程三维设计要求，本工程中地形图成品高程点点位注记密度为 1.5—2.0 cm/个，比例尺为 1∶300，绘制范围为以塔位为中心 50 m×50 m 区域，加深了外业勘测要求。利用机载激光雷达数据，对可研路径方案进行路径优化，如图 4-1-1 所示。

图 4-1-1 中红色粗线为可研路径方案，绿色实线为调整后路径方案，可以看出调整后的路径方案有效地避开了房屋、信号塔等，降低了房屋拆迁量，也避开了敏感点，保障了线路方案的可行性。对同一桩号，将激光雷达数据与实测数据对比分析，如表 4-1-1 所示。

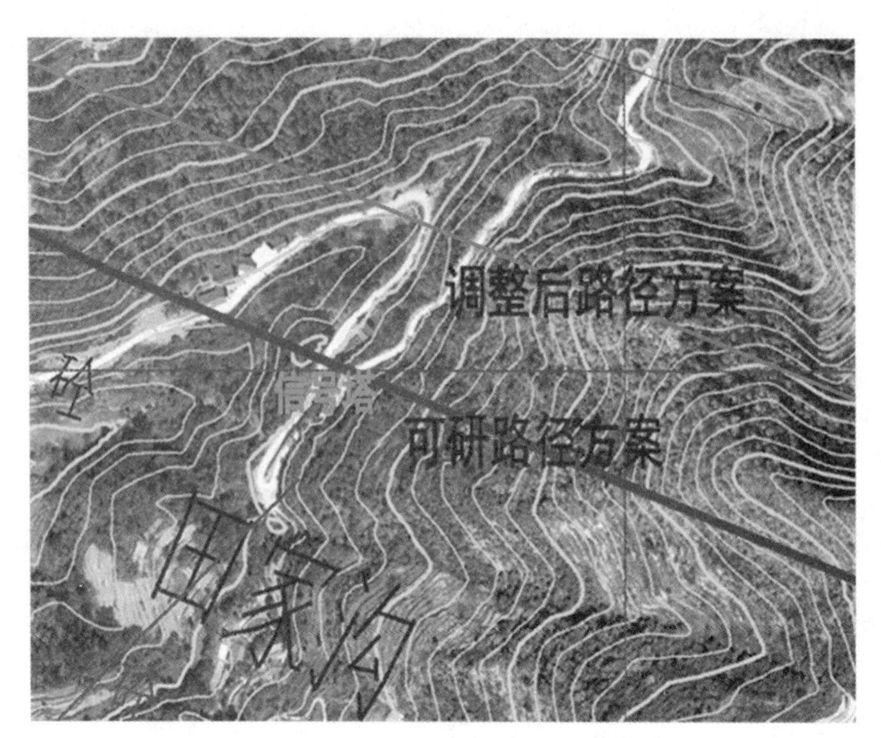

图 4-1-1　部分路径优化效果图

表 4-1-1　激光雷达高程数据与实测数据对比

桩号	实测高程数据/m	激光雷达高程数据/m	较差/m
N4001	1 110.328	1 110.436	0.108
N4002	1 212.742	1 212.683	−0.059
N4003	1 202.857	1 202.951	0.094
N4004	1 152.243	1 152.199	0.044
N4005	1 215.069	1 215.002	−0.067
N4006	1 109.167	1 109.293	0.126
N4007	1 072.405	1 072.431	0.026
N4008	1 090.109	1 090.187	0.078
N4009	1 167.244	1 167.107	−0.137
N4010	1 318.949	1 319.030	0.081

从表 4-1-1 可以看出，高程最大误差为 0.137 m，说明激光雷达数据精度较高，能够满足设计要求。将激光雷达数据与实测数据融合，剔除高程突变的高程点，重新生成的塔基地形图如图 4-1-2 所示。

与只采用实测数据生成的塔基地形图相比较，优势在于等高线走势能够保持一致，塔基范围大，高程点分布均匀且密度适中，满足工程中三维设计的要求。

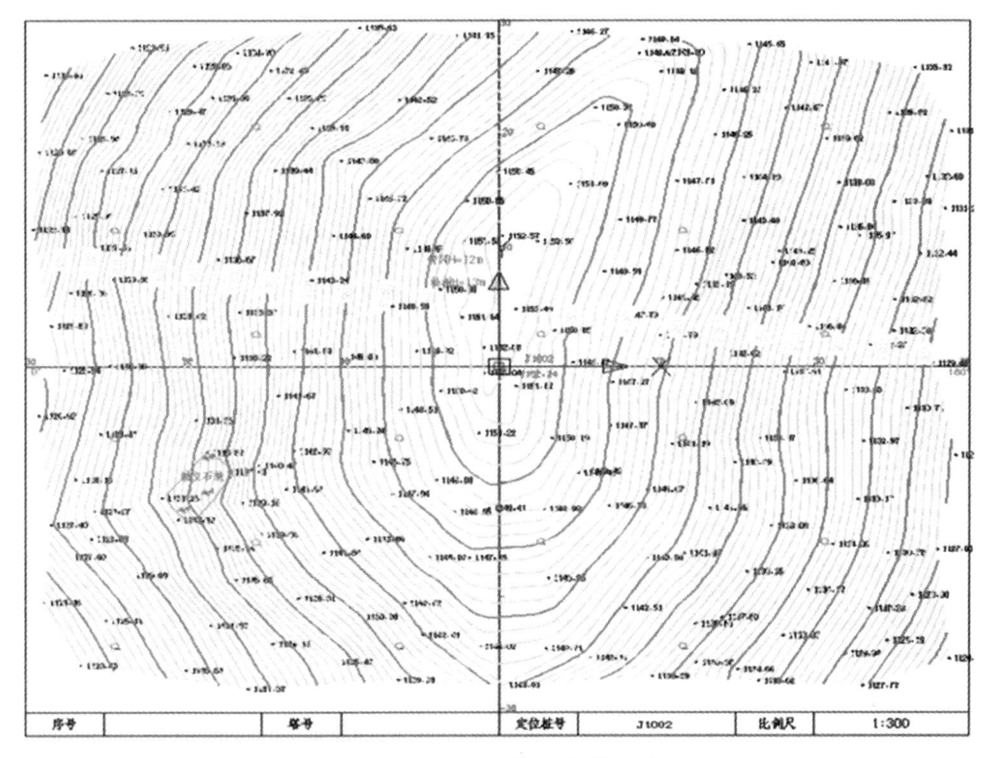

图 4-1-2　融合高程数据后的塔基地形图

4　结语

本文分别从线路路径优化、终勘定位、平断面测绘等角度阐述了机载激光雷达数据在特高压输电线路工程中的具体应用，并结合青海—河南±800 kV 特高压直流输电线路工程将激光雷达数据与实测数据高程做了对比分析，证明激光雷达数据在山区工程中依然有较高的高程精度，将激光雷达数据与实测数据相融合，大大减少了外业工作量，生成的塔基地形图也充分满足三维设计相关要求。可以预见，机载激光雷达数据不仅会在输电线路测量中得到广泛应用，也将会应用于变电站地形测量。此外，由于机载激光雷达数据具有精度高、分辨率高、点云密度大等优势，可应用于输电线路走廊的三维建模，更好地服务于输电线路三维设计。

参考文献

[1] 程正逢. 输电线路工程测量手册[M]. 北京：中国电力出版社，2015.

[2] 秦臻，陈正宇. 激光雷达数据在山区特高压输电线路中的应用[J]. 现代测绘，2017，40(5)：33-35.

[3] 黄志远，黄声亨. 机载激光雷达数据在输电线路工程中的应用[J]. 测绘地理信息，2016，41(1)：51-53.

[4] 郑大鹏，陈曦鸣，许邦鑫. 机载激光雷达数据在输电线路终勘选线中的应用[J]. 中国电力技术，2014(9)：8-11.

自承自托直跨式越障放线系统的研发

Research and Development of Self-supporting Straight Span Obstacle Crossing and Laying System

王振华　李　震

国网安徽省电力有限公司安庆培训基地，安徽安庆，246000

摘要：随着电能需求增长、城市布局变化、交通路径繁杂等现代社会的发展，线路走廊布局、布设及建设障碍越来越多。高压输电线路跨越高铁、高速、河道、既成线路等障碍并需要相关部门配合的施工工作随处可见。跨越施工占地大、民事多，为施工带来了诸多困难。现有的张力放线、跨越架放线对上述问题均不能有效避让，该两项技术也已使用长久，对线路跨越的多重困难亦不能有效应对。"自承自托直跨式放线系统"直接在跨越档悬空建设自承自托过线廊道，作业面被限制在跨越档杆塔之间及线路许可弧垂点以上，避开了所有障碍点，自行建设，无需协调及配合，能够安全、高效、快捷、自主完成敷线跨越工作。

关键词：输电线路；放线系统；自承；自托；直跨

Abstract：With the development of modern society，such as the increase of electric energy demand，the change of urban layout and the complexity of traffic routes，the construction of line corridors are facing many difficulties. High-voltage transmission lines across high-speed rail，high-speed，river，completed lines and other obstacles and requiring the cooperation of relevant departments can be seen everywhere. Crossing construction spans a large land and manay civil problems，which also brings a lot of difficulties for construction. The existing tension wiring and spanning rack wiring，which have been used for a long time，can not effectively avoid the above problems and can not effectively deal with the multiple difficulties of line spanning. The self-supporting straight-span laying-out system directly constructs the self-supporting crossing corridor across the span suspension，and the working surface is limited between the spanning towers and above the permissible sag point of the line，avoiding all obstacles and self-construction without coordination. Safe，efficient，quick and independent completion of the line crossing work.

Key words：transmission line；lay line system；self-bear；self-support；straight span

作者简介：

王振华（1965—），男，安徽潜山人，高级工程师，国网安徽电力安庆培训基地安全员，研究方向为电网运行无害、检修无害、相邻无害。

李震（1966—），男，安徽阜阳人，助理工程师，主要从事输配电专业工作。

飞速发展的中国经济导致对交通、能源的需求急剧扩张，在很多区域尤其在经济发达地区，地形地貌状况变化频繁，导致既有线路走廊和新开辟的线路走廊上不断产生新的交通通道和线路通道，不断扩大了各种通道的平行、交叉等交互现象，导致对输电线路的新设、更换和调整等有关架空跨越作业的协调工作日益频繁。

不管是高铁、高速等交通通道，还是既有的电力、通信通道，均是其自身行业的重要保障点，牵一发而动全身，协调作业难度大、手续繁杂，许可的作业空间和时间均难充分满足实际作业需求。如果发生地质气象障碍、设备工器具障碍、民事障碍等阻碍施工的困难，线路架设工作将肯定被耽误。就是没有发生任何意外状况，顺利施工，这种协调方所做出的天窗许可牺牲，也对其行业造成了经济或者社会影响。

现有的线路跨越架设方法有张力跨越、浮升跨越、跨越架跨越，这些跨越方式存在着施工民事土地侵占、安全性欠缺、跨越协调等诸多辅助工作流程，对跨越施工造成许多不确定的困难。

如若能够在既有的现状条件下，设计研发自主、安全跨越的新方法，无民事土地侵占及作物损失，不干涉、不妨碍其他通道正常运行，将使得线路跨越架设技术迈上新台阶，发生质的变化，也会对线路建设、行业干扰、社会影响、经济效益带来良好的效果。

“自承自托直跨式越障放线系统”直接在跨越档悬空建设自承自托过线廊道，作业面被限制在跨越档杆塔之间及线路许可弧垂点以上，避开了所有障碍点，自行建设，无需协调及配合，能够安全、高效、快捷、自主完成敷线跨越工作。

1　自承自托直跨式越障放线系统工作原理

1.1　设计原理

自承自托直跨式越障放线系统是针对跨越这一特定工作所做的设计，不改变目前放线过程的锚固、展放、牵引、测量、调整、固定等工艺流程，只对放线跨越进行工艺更新，避免使用既往的跨越架、张力、悬浮等跨越方式。

该设计将利用跨越档铁塔和辅助利用其相邻铁塔，悬空架设一条连续均布支撑点的过线廊道，该廊道实现了跨越作业面被限制在跨越档杆塔之间及线路许可弧垂点以上，避开了所有障碍点，自行建设，无需协调及配合。

本项设计由参数调查及设计、无人机展放、顺序布设廊道、过线、廊道拆除等五个步骤构成。

1.2　参数调查及设计

1.2.1　参数的调查和搜集

建设自承自托直跨式越障放线系统需进行如下参数调查和搜集：跨越档距、跨越档塔高及塔的性能、跨越相（或极）导线根数和重量、跨越档许可最大弧垂（与导线设计弧垂无关）、施工期间气象条件等。

1.2.2　参数的设计

建设自承自托直跨式越障放线系统需根据上述搜集的参数进行如下参数设计：锚固点选塔及反背牵引平衡设置；导引线 A（双色扁带）长度及规格设计选用；牵引线 B（双色扁带）

长度及规格设计选用;廊道线组 C(双色扁带)长度及规格设计选用;全周向滑轮规格设计选用,按均布要求确定布置数量;自平衡三爪卡锚设计选用。

1.3 无人机展放

由于无人机飞行技术的飞速发展,本项目采用无人机展放方案。

利用无人机群矩阵飞行技术进行导引线 A 和牵引线 B 的展放。

根据跨越档距、导引线 A 和牵引线 B 的重量,考虑负重安全系数,确定无人机群的无人机数量。

选择合理距离内的作业场地,将导引线 A 和牵引线 B 水平平直展放,根据平衡配重要求将无人机按距离要求摆放。完成上述工作后将 A、B 线分别与无人机吊架的电磁卡扣卡接。注意此时导引线 A、牵引线 B 必须平直,不得翻边和扭曲。如图 4-2-1 所示。

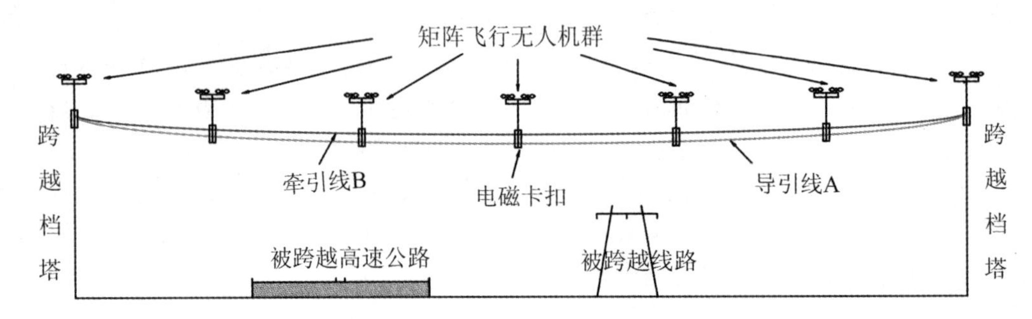

图 4-2-1　导引线 A、牵引线 B 展放

启动无人机矩阵平直飞行,分次抬运导引线 A、牵引线 B 至跨越档两塔横担的导、地线挂点,将 A、B 线固定在横担上。

当一组导引线 A、牵引线 B 在横担上固定完毕后,遥控打开无人机吊架的电磁卡扣,释放导引线 A、牵引线 B。接着进行下一组导引线 A、牵引线 B 的安装,直到三相(或两极)及避雷线等位置的导引线 A、牵引线 B 均敷设完成,即可结束无人机展放作业。如图 4-2-2 所示。

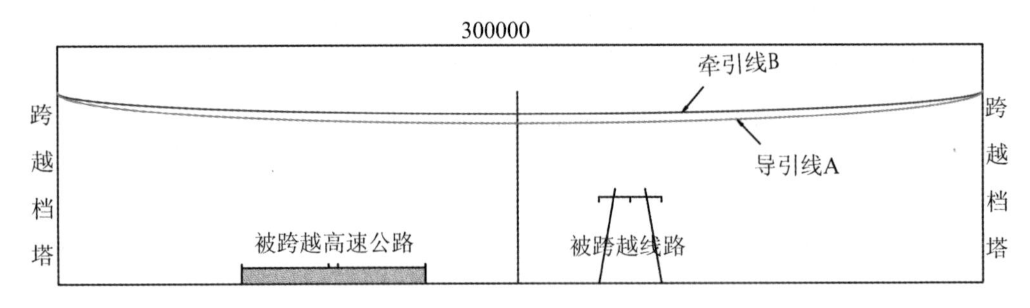

图 4-2-2　导引线 A、牵引线 B 展放完毕

图 4-2-1、图 4-2-2 所示为直接在跨越档塔展放导引线 A、牵引线 B,如果按照"参数调查及设计"要求需从跨越塔外的耐张塔设置锚固点,那就必须将导引线 A、牵引线 B 展放到耐张塔上。

1.4 顺序布设廊道

将按设计要求生产的全周向滑轮摆放到导线出线端跨越档塔横担上。

在导线出线端跨越档塔横担上，将按设计要求编织的廊道线组 C 的三根线与导引线 A 齐头连接，并保证双色同向。

在导线受线端跨越档塔横担上牵引导引线 A，同时被牵动的还有廊道线组 C 的三根线。在导线出线端跨越档塔横担上计量廊道线组 C 的出线长度，当达到安装第一个全周向滑轮位置时，停止牵引。将全周向滑轮套上牵引线 B，同时用穿销将全周向滑轮依次与廊道线组 C 的三根线穿销连接（具体连接方法稍后叙述）。如图 4-2-3 所示。

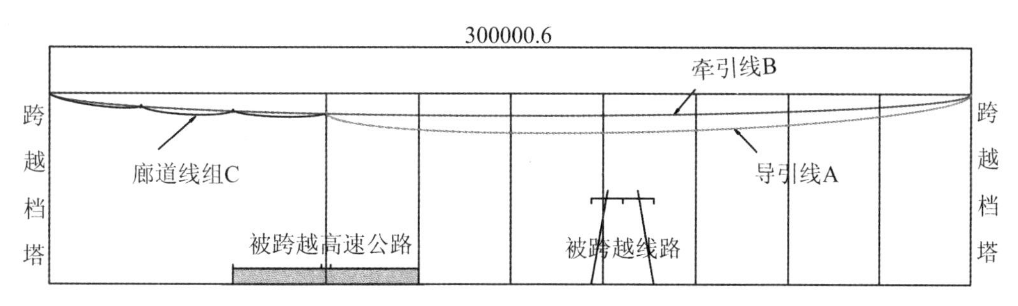

图 4-2-3　廊道线组 C 牵引演示

依次进行上述步骤，直至完成廊道线组 C 的全程牵引。如图 4-2-4 所示。

根据跨越档许可最大弧垂（与导线设计弧垂无关）数值，调整廊道线组 C 的长度满足要求。然后在左、右跨越档塔横担上将廊道线组 C 的三根线依序分别卡入自平衡三爪卡锚，完成过线廊道架设。

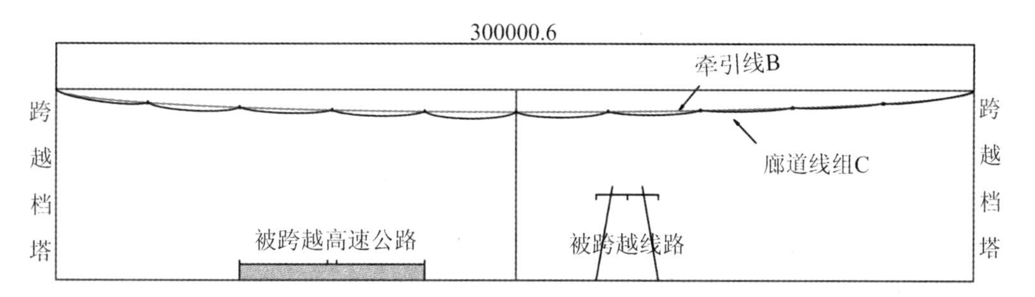

图 4-2-4　廊道线组 C 全程牵引

此时廊道线组 C 的张力产生，使得牵引线 B 张力解除，变成自由绳。如图 4-2-5 所示。

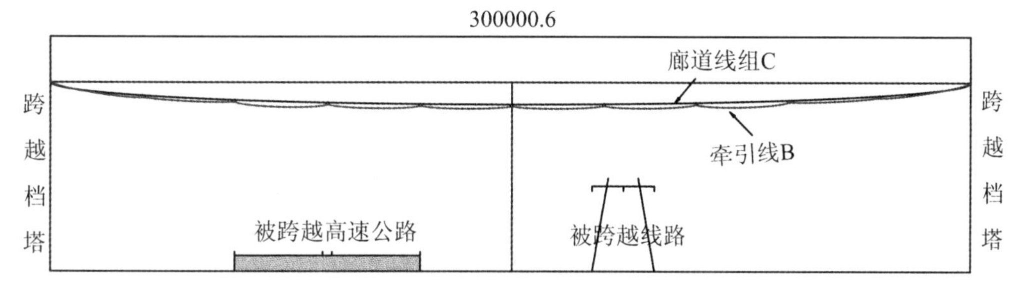

图 4-2-5　过线廊道布设完成

建成的过线廊道由在跨越档间均匀布设的全周向滑轮和与其等边连接的三根廊道线组C构成，其两端通过自平衡三爪卡锚固定在跨越档塔横担上，构成一个支撑点断续分布的穿线管道，牵引线B成为预置在穿线管道中的牵引绳，下一步即可进行穿线作业。

1.5 过线

过线前再次强调：牵引线B为双色扁带，是用来保证穿线过程确认导线排序无误的唯一手段。

连接牵引线B与待穿越导线，记录导线排序及连接点的关系。工艺处理连接点，保证连接过渡圆滑无阻挡。

驱动牵引线B，牵引导线穿越过线廊道。如图4-2-6所示。

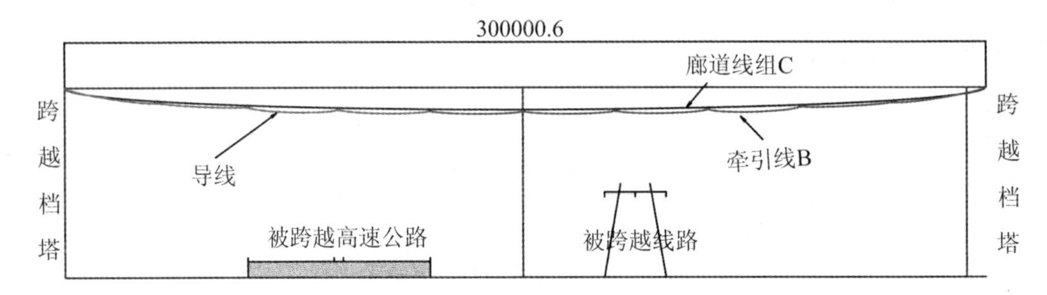

图4-2-6 牵引导线穿越过线廊道

有过线廊道的支撑托举，导线在跨越档被限制在最大弧垂点的上方，不会对被穿越的公路、线路产生干扰，实现了无害架线。

当导线按放线要求全部穿越到位后，固定导线并调整张力，使得由过线廊道承载导线重量转为由导线承载过线廊道的重量，过线廊道受力解除。如图4-2-7、图4-2-8所示。

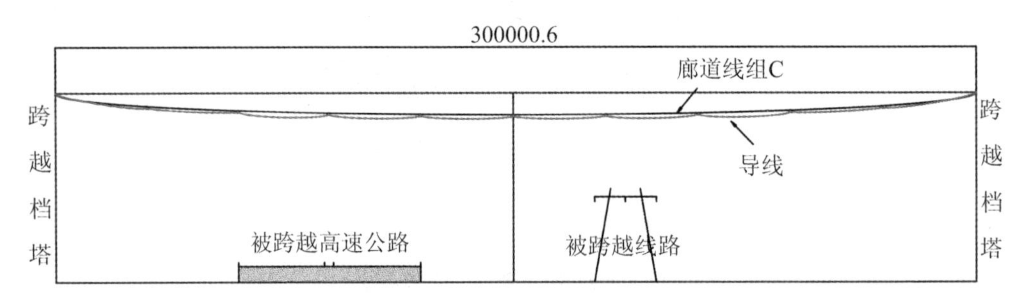

图4-2-7 导线穿越完毕

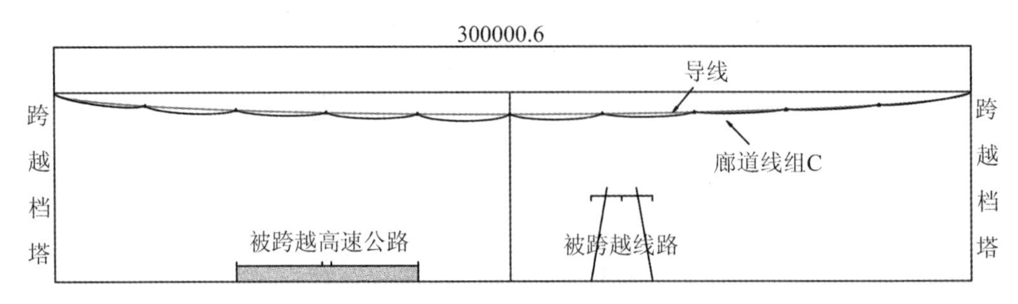

图4-2-8 导线张紧完毕

1.6 廊道拆除

当导线张紧后，廊道张力解除，即可利用导线承载拆除廊道。

从一侧的跨越档塔的自平衡三爪卡锚上解除廊道线组 C 的三根线的约束，将梳线器与导线卡接，廊道线组 C 的三根扁带与梳线器的扁带扣连接，然后让其自行溜放到停止为止。

在另一侧跨越档横担上曳引廊道线组 C 的三根线，当第一个全周向滑轮到达手边时，解除其与廊道线组 C 三根线的穿销连接，拆除全周向滑轮的一个滑轮，将其从导线上拿下来，完成第一个全周向滑轮的拆除。

继续曳引廊道线组 C 的三根线，按上述步骤逐个拆除全部的全周向滑轮，直到梳线器拆除，完成跨越档导线的跨越工作。如图 4-2-9 所示。

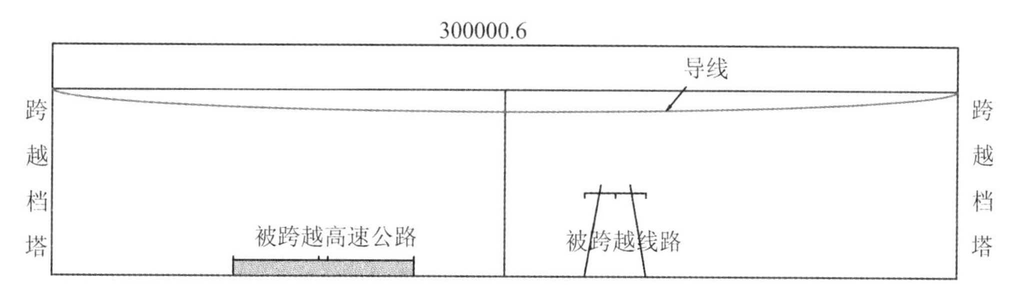

图 4-2-9 导线跨越完毕

2 自承自托直跨式越障放线系统的原理分析和结构设计

2.1 无人机矩阵飞行及遥控电磁卡放线装置设计

2.1.1 无人机矩阵飞行设计

无人机矩阵飞行与控制单个无人机飞行的方法是不同的。单个无人机飞行用遥控器人员操作即可实现各种飞行动作及飞行目的，而想用眼、手操作实现集群无人机有序飞行则是做不到的。无人机矩阵飞行是程序化的操作，具体设计方案如下：

2.1.1.1 无人机型号及数量

根据导引线 A、牵引线 B 的长度和重量，确认矩阵飞行的无人机数量。考虑到该作业属于联合作业，同时载重还包括遥控电磁卡放线系统的重量，实际载重只能是核定载重的一半。

2.1.1.2 建立作业区间空间信息系统

作业区间空间即无人机飞行空间，由地面展放区间和跨越档区间的空间构成，这两者之间的距离越小就越方便空间信息系统的建立。

在地面展放区间、跨越档塔身及横担、飞行连接区按照要求设置一定数量信号源。

将上述设计好的信号源的地理坐标输入矩阵飞行控制平台，并不得再改变其在实际现场或信息系统中的坐标位置。

2.1.1.3 建立飞控模型

根据信号源的地理坐标信息，编制信息系统中每个飞行器的序号及其飞行路线，保证模型信息中的导引线 A、牵引线 B 在抬运过程中保持长、平、直的状态不变。

2.1.1.4 建立飞行控制数据库

按照飞控模型中的飞行器序号对矩阵飞行无人机群进行编号，然后按照对应编号将飞控模型中的对应飞行路线信息输入无人机，完成每个无人机飞行控制数据库的建立。

2.1.1.5 状态试飞

(1) 单只放飞无人机，观察其飞行路线是否与飞控模型设计的一致，同时判断飞控模型设计是否满足现场作业要求。

(2) 逐个放飞全部无人机，重复上述工作要求。

(3) 全部单个放飞均无问题后，进行矩阵飞行无人机群空载放飞，判断是否合理和满足要求。

2.1.2 遥控电磁卡放线装置设计

遥控电磁卡放线装置由上挂点、电池、遥控接收器、电磁卡具构成。上挂点与无人机连接，为球铰或者软线，确保不造成惯性或扭转影响无人机飞行。

电池、遥控接收器、电磁卡具构成卡放线系统。卡具是常闭工作状态，卡线力是由预压缩弹簧力实现的，松放线时将电磁铁通电，反向压缩弹簧即可解除卡线力，实现放线。也可利用拐臂增力机构实现卡放线，那么系统就变成了电池、遥控接收器、电动拐臂卡具了。

2.1.3 无人机展放试验

系统连接无人机、卡放线装置、导引线 A、牵引线 B，进行无人机展放试验：起飞、局部路线飞行、返回、放线。不得将试验范围进行到跨越档区间。

确认试验效果无误后方可进行现场实际工作流程。

2.2 导引线 A、牵引线 B 设计及选用

导引线 A、牵引线 B 均是双面双色扁带，锦纶材料编织。实际作业中承受的张力较小，规格不大，重量也较轻，适合使用无人机展放。

这两种线均为双面双色，要确保多分裂导线穿越完毕后顺序不变。

2.3 廊道线组 C 设计及选用

廊道线组 C 由三根线构成，具体的线的结构如图 4-2-10 所示。

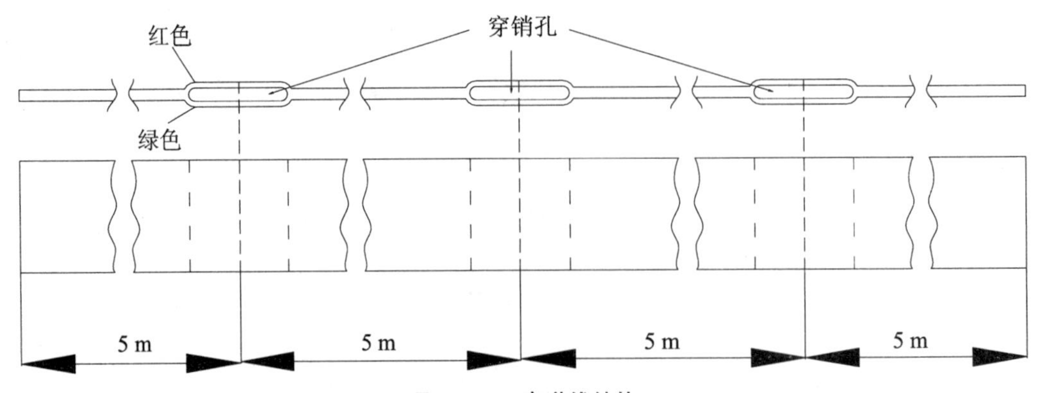

图 4-2-10 廊道线结构

廊道线也是双面双色扁带，用锦纶材料编织。在编织过程中，每隔一定距离(图中设计

为 5 m)编织出一个穿销孔(见图 4-2-11),用于连接全周向滑轮时的双销穿入。

廊道线组 C 的规格必须经过设计计算确定。计算参数依据为:自重、配置的全周向滑轮重量、穿越的导线总重量、许可的工作弧垂值。安全裕度保证不大于 70%的许可工作载荷。

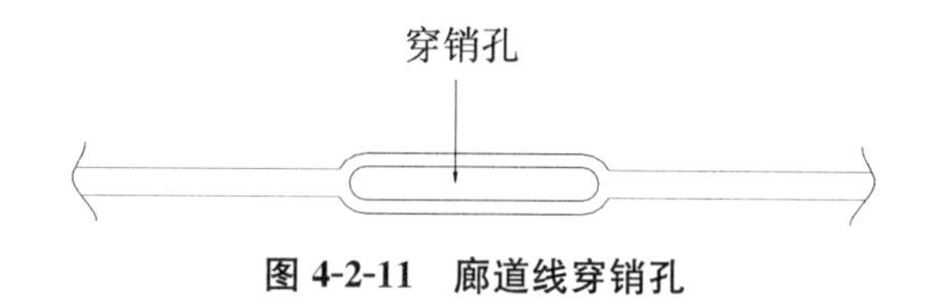

图 4-2-11　廊道线穿销孔

2.4　全周向滑轮

全周向滑轮用于约束作业范围、承载导线,具有过线顺畅、安装拆除方便的特点。其结构如图 4-2-12 所示。

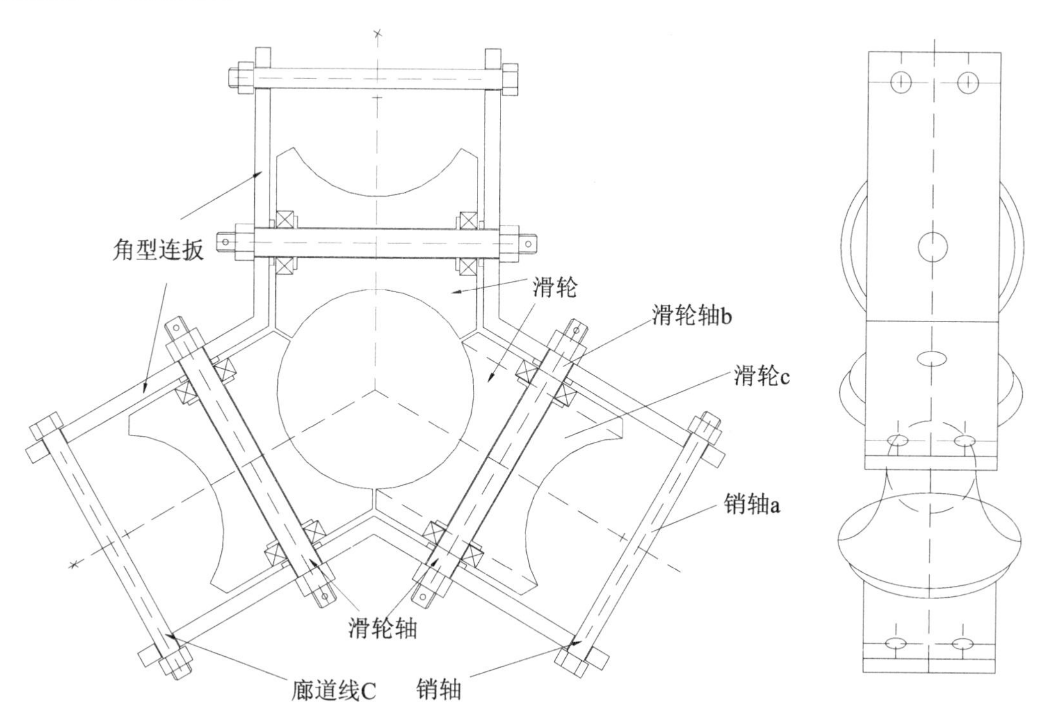

图 4-2-12　全周向滑轮

如图 4-2-12 所示的全周向滑轮由三个滑轮、三根滑轮轴、三块角型连扳和六根穿销轴构成。其三个滑轮组成了一个封闭的圆形过线空间,稳妥实现了上述的作业要求。

拆装方法:解除图中所标示的销轴 a、滑轮轴 b、滑轮 c,等于给全周向滑轮打开一个缺口,从缺口方向将全周向滑轮套入牵引线 B,然后装上滑轮。再将两根销轴 a 通过廊道线 C 的预制孔穿入,连接全周向滑轮和廊道线 C。完成余下两处销轴与廊道线 C 的连接,即可将全周向滑轮套装入牵引线并与廊道线组 C 可靠连接。

完成导线穿越后,全周向滑轮是套装在导线上的,参考上述步骤,可解除全周向滑轮与导线的连接。

2.5 自平衡三爪卡锚

自平衡三爪卡锚安装在跨越档塔横担上，用以固定廊道线组 C 的三根线，需满足安装方便、固定牢靠、卡接稳妥的要求。

2.6 梳线器

图 4-2-13 是梳线器的结构及工作原理图。梳线器由锁扣滑轮、锁扣滑轮轴、锁扣滑轮支架、圆管座、扁带扣、牵引拉环、橡胶护垫、稳定舵等构成。

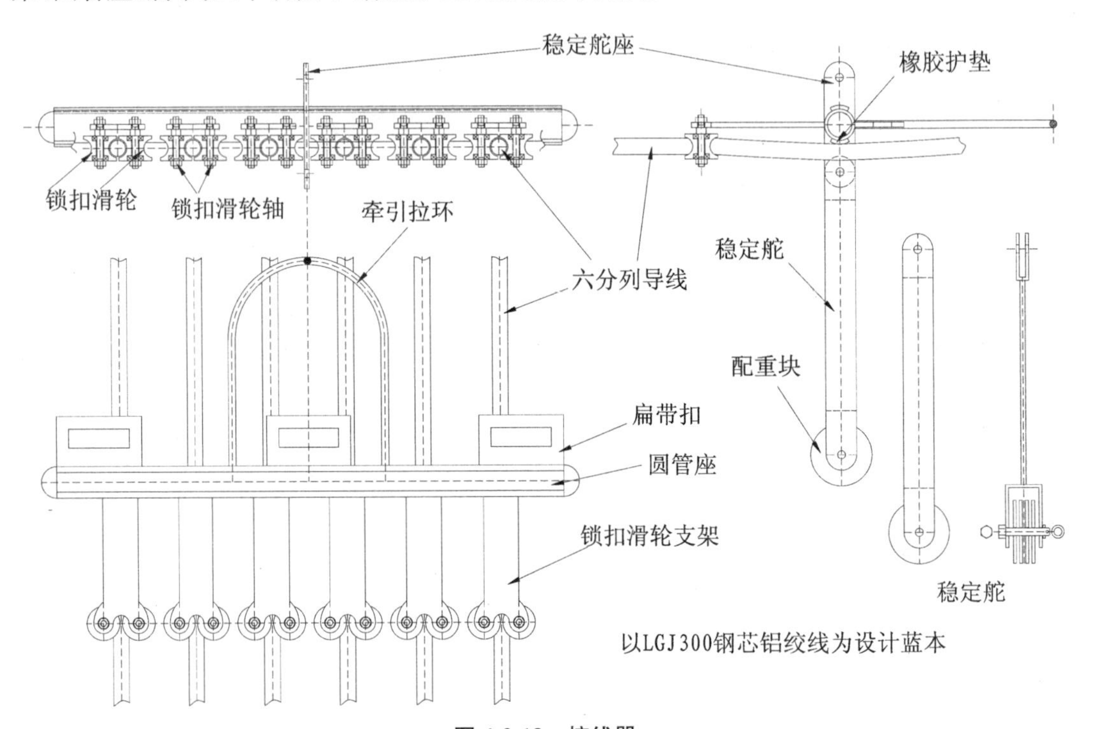

图 4-2-13 梳线器

锁扣滑轮、锁扣滑轮轴为总成件，利用这样一对总成件，现场装配就能将导线按序卡接排列。

扁带扣为廊道线组 C 的三根扁带连接点，通过拆除廊道组的过程可以对所放的越障导线进行顺序梳理，防止分裂导线间的交绕、压线、驼线等放线问题。

牵引拉环是为非越障放线时梳理导线设置。当非越障放线牵引导线时，备放一根牵引绳，则可实现逐档导线梳理，防止整个放线过程出现分裂导线间的交绕、压线、驼线等问题。

橡胶护垫是牵引过程中为防止圆管座与导线表面摩擦而设置。

稳定舵与稳定舵座为铰接连接，在导线放线方向可以摆动，在垂直导线方向起稳定整个梳线器的作用。稳定性由配重多少决定。

3 自承自托直跨式越障放线系统作业特点

自承自托直跨式越障放线系统利用无人机技术优势，通过小线带大线进行收放操作，完成导线越障跨越放线。该方案具备如下特点：

(1) 改变了传统张力放线或跨越架放线模式，消除了其放线的不足之处。

(2) 避免了越障放线的民事协调、越障协调、工期紧凑、天窗时长短等一切影响施工的问题及障碍。

(3) 本方案采用的新技术为成熟技术(无人机群矩阵飞行)，设计的装置新颖独到可靠，能够确保越障跨越放线顺利实施。

4 结语

自承自托直跨式越障放线系统亦可用于拆除线路施工的收线越障跨越，其工艺流程、效果与放线相同。

±1 100 kV 特高压直流接地极极环施工工序优化

Optimization of Construction Process of ±1 100 kV UHV DC Grounding Pole Ring

李 杰 胡 斌 王文斌
安徽送变电工程有限公司，安徽合肥，230601

摘要：昌吉—古泉±1 100 kV 特高压直流输电工程为目前世界上电压等级最高的直流线路，其古泉±1 100 kV 特高压换流站配套接地极也是目前世界第一的接地极项目，项目极环占地面积大、施工工艺要求高、施工环境复杂，对施工组织、工序流程、环境保护等均需进行优化。本文总结了古泉换流站接地极施工的工序流程、环保措施等方法，可供类似工程予以参考。

关键词：±1 100 kV 特高压直流输电工程；接地极；极环施工；工序优化

Abstract: Changji-Guquan +1 100 kV UHV DC transmission project is currently the world's highest voltage DC lines. Its Guquan ±1 100 kV UHV converter station grounding pole is also the world's first one. The polar ring area is large, high requirement of construction technology and complex construction environment. This paper summarizes the process flow and environmental protection measures of grounding pole construction of Guquan converter station, which can be used as reference for similar projects.

Key words: ±1 100 kV UHV DC transmission project; ground pole; polar rings construction; process optimization

±1 100 kV 古泉换流站工程为目前世界上电压等级最高的换流站工程，其接地极配套工程也是目前世界最大的接地极施工项目，无论在设备研发、施工技术、调试方法及环保施工等多方面均无成熟的施工经验参考。

1 接地极极环施工特点分析

1.1 ±1 100 kV 古泉换流站接地极施工概况

作为安徽省首座直流接地极，±1 100 kV 古泉换流站接地极（见图 4-3-1）极址总面积约

作者简介：

李杰（1978—），男，安徽蚌埠人，助理工程师，主要研究方向为输变电工程施工技术。

胡斌（1988—），男，江西九江人，工程师，主要研究方向为输变电工程施工技术。

王文斌（1969—），男，安徽铜陵人，工程师，主要研究方向为输变电工程施工技术。

500 亩(33.33 万 m^2),极环沟槽开挖土方约为 17 万 m^3(其中泥水沙土占 65%,普土占 30%,砂卵石占 5%),铺设石油焦炭 3 850 t,敷设电缆约 20.4 km,保护盖板 10 750 块,其工作量比以往±800 kV 换流站接地极增加很多。接地极站址位于宣城泾县山岭地区,靠近青弋江总干渠,站址区域多为农田,地表水位丰富,基槽开挖时容易出现坍塌及滑坡,同时±1 100 kV 古泉换流站工期的提前及设备供货滞后等原因,给极环施工带来了困难。

图 4-3-1　±1 100 kV 古泉换流站接地极工程鸟瞰图

1.2　±1 100 kV 古泉换流站接地极施工难点

±1 100 kV 古泉换流站接地极施工难点如下:

(1) 极环施工工序方案的优化确定。

(2) 多段同时开挖时极环基槽的精确定位。

(3) 极环基槽施工时挡水、排水方法的选择。

(4) 极环内石油焦炭敷设时的环保施工。

(5) 极环馈电棒与引流电缆间放热焊接方式的优化。

2　极环施工优化措施

2.1　极环施工工序的方案优化

2.1.1　施工流程

以前接地极极环施工时,其施工工序为定位放线后先开挖馈电棒基槽,完成下半部分石油焦炭铺设后,放入馈电棒,焊接好引出的引流电缆,再覆盖上半部分焦炭夯实回填,随后进行配电电缆基槽开挖、电缆敷设及引流电缆焊接,探伤合格后,细砂填实覆盖盖板,进行整体极环的覆盖回填，具体流程如图 4-3-2 所示。

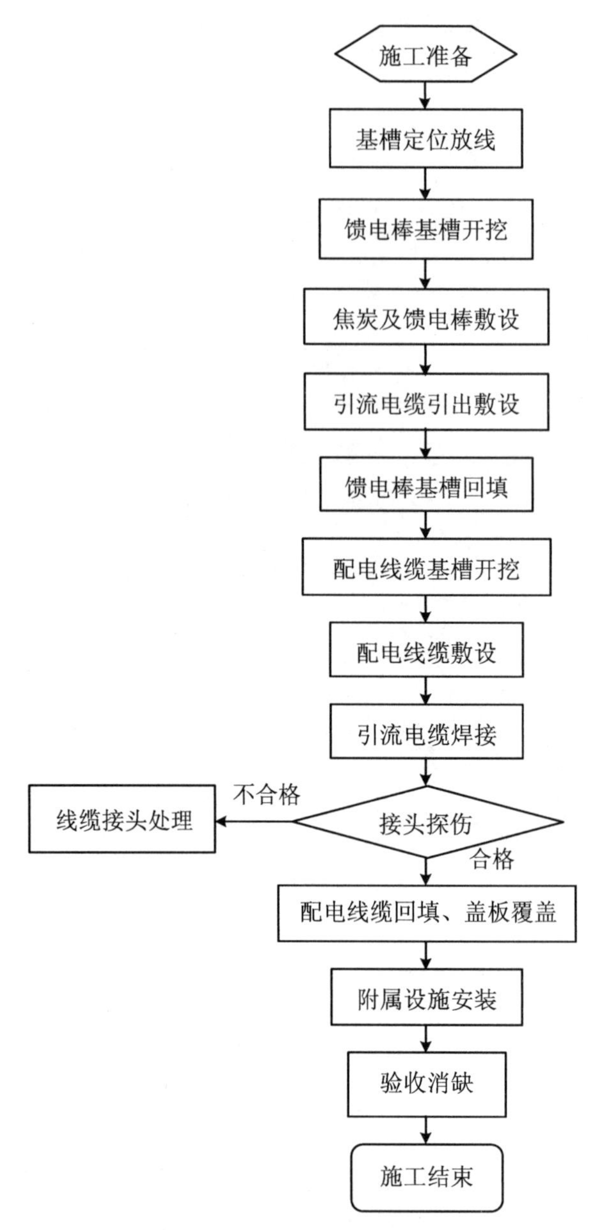

图 4-3-2　常规接地极施工流程图

由于±1 100 kV 古泉换流站工程工期提前，接地极的工期也相应缩短，项目部根据换流站投运工期、接地极设备供货情况以及极环区域地质条件等，科学优化接地极施工工序，采取基槽分段多点开挖、馈电棒与配电电缆敷设优化、引流电缆汇集穿管敷设等多种方法，优化影响工期的关键工作项目，合理安排非关键工作与关键工作并行施工，保证工期按期完成。优化后的施工工序流程如图 4-3-3 所示。

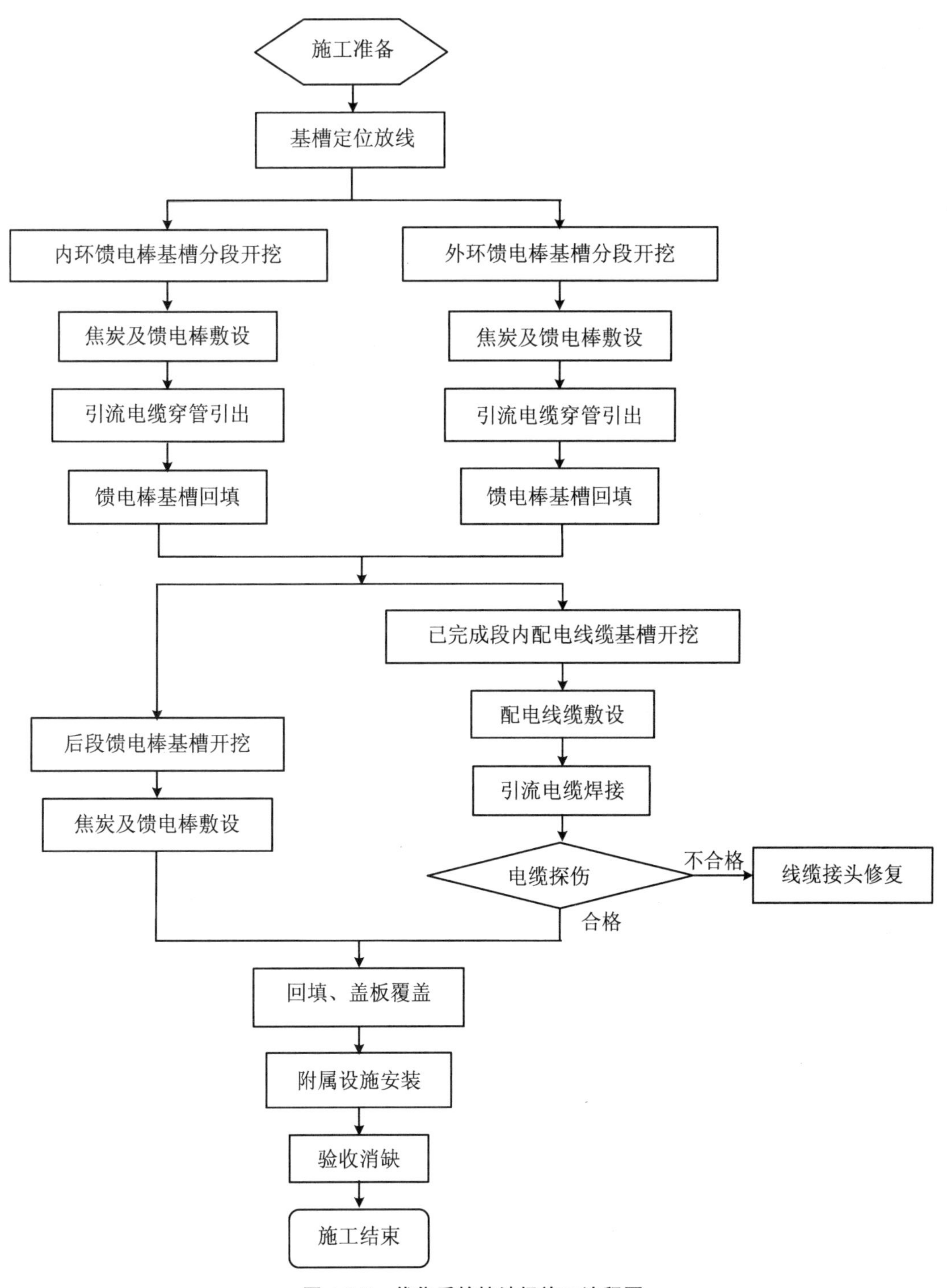

图 4-3-3　优化后的接地极施工流程图

2.1.2　分段多点开挖基槽

在极环精确定位放线的基础上，采用分段多点开挖的方式，将两道极环分为 8 大段若干小段，内环、外环的基槽开挖交叉施工，避免相互影响，极大地缩短了极环施工工期，见图4-3-4。

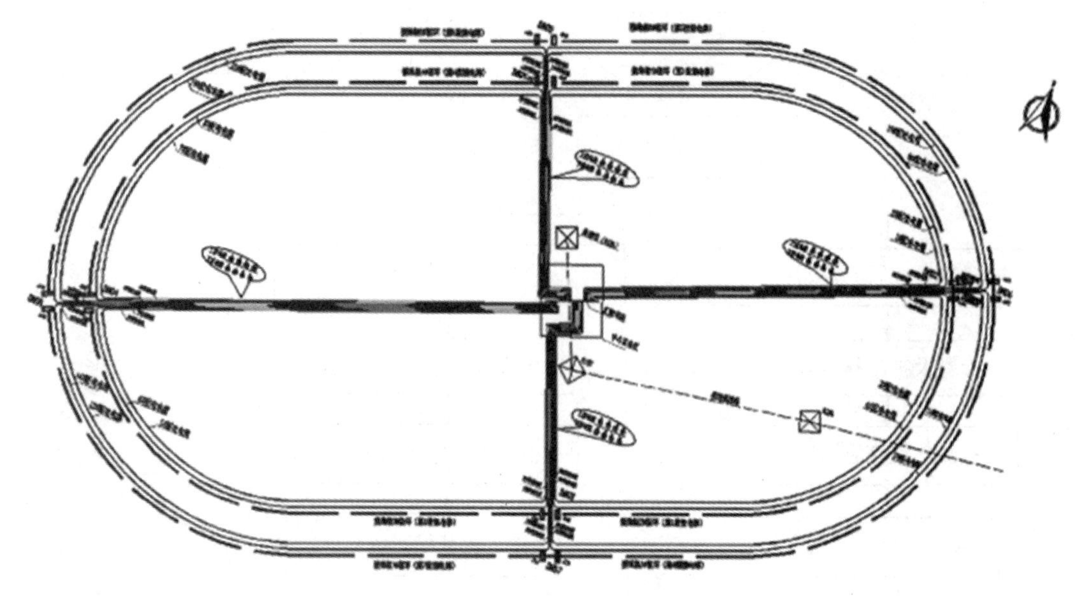

图 4-3-4　内外环分段示意图

2.1.3　馈电棒与配电电缆敷设优化

由于配电电缆及基槽位于馈电棒基槽上方，如何优化配电电缆与馈电棒敷设顺序，成为保证工期的关键点。极环基槽分段交叉开挖，完成首段馈电棒基槽焦炭填充、馈电棒敷设及回填后，继续进行后段的馈电棒基槽开挖，同时进行已完成段内配电电缆的基槽开挖、电缆敷设及引流电缆热熔焊接工作，探伤合格后进行覆盖回填。后续馈电棒与配电电缆同步施工，避免干扰的同时缩短了工期。见图 4-3-5、图 4-3-6。

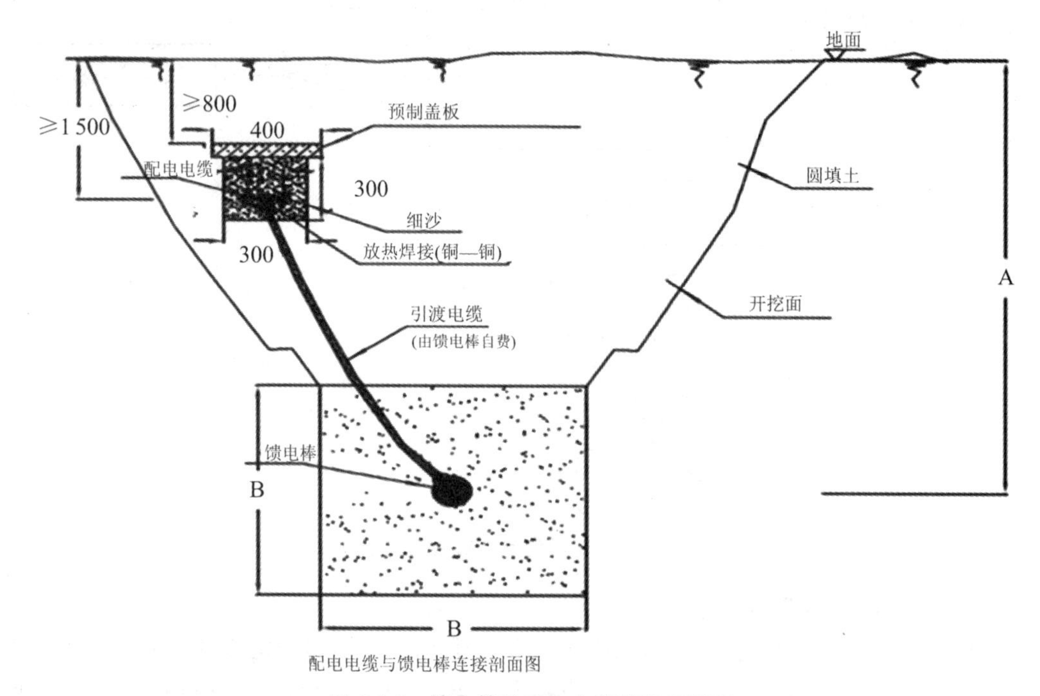

图 4-3-5　馈电棒及配电电缆敷设示意图

图 4-3-6　馈电棒及配电电缆敷设实物图

2.1.4　引流电缆汇集穿管敷设

接地极馈电棒单根长 1.5 m，尾部带电缆，馈电棒之间的间距为 0.5 m，每 8 根一组，引至上层−1.5 m 处汇集和该处已经敷设的配电电缆进行放热焊接连接。接地极馈电棒有 2 200根，施工过程中回填量大，直埋回填无法保证电缆的准确路径和深度，造成返工量和清理量大。通过借鉴变电工程电缆敷设工艺，使用 PVC 管在焦炭层汇集穿管集中连接至放热焊点位置，既避免了路径走向问题，也解决了后期回填土可能下沉对电缆造成影响的隐患。见图 4-3-7、图 4-3-8。

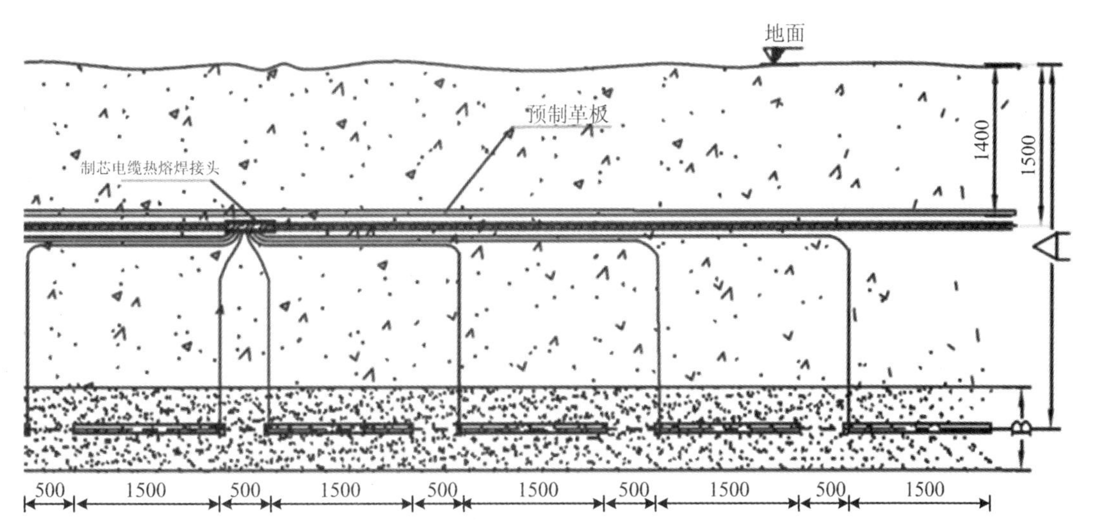

图 4-3-7　馈电棒引流电缆敷设示意图

图 4-3-8　引流电缆穿管敷设实物图

2.2　综合定位法快速准确地定位极环基槽

接地极工程极环占地 33.33 万 m^2(500 亩)，基槽定位放线分段进行，极易产生累计误差，造成基槽偏移无法正常完成合环，增大工作量，并延误施工。

针对极环占地面积广，定位放线精确性要求高等问题，经过科学规划，采用“综合定位法”进行定位，即利用 GPS 初步定位，利用全站仪极坐标法复测，充分发挥两种不同定位方式的优点，快速准确地实现极环基槽的定位放线，保证极环基槽分段开挖时的准确合环。见图 4-3-9。

图 4-3-9　GPS 定位放线

2.3 综合式挡水、降水法排除基槽内积水

极址区域紧邻青弋江总干渠，原为农田，地表及地下水丰富(见图 4-3-10)，极环基槽挖好后，基槽内积水严重，易发生坍塌、滑坡事故，严重影响电缆、焦炭等材料的敷设。

图 4-3-10 极址区域地表及地下水丰富

面对广袤的面积、复杂的环境，不同位置极环基槽积水情况不同，采取的排水方式就各不相同。现场因地制宜地采用了综合式的挡水、降水法，对地下水进行处理，保证了极环施工安全及进度。

当极环所在区域的地下水过于丰富时，采用"轻型井点降水法"排水，依据设计图纸开挖尺寸，在距离基槽边缘 1 m 处，沿极环基槽每隔 6 m 布设井点吸水管，井点管底部设置滤水管插入深 6 m 的透水层，上部接软管与集水总管进行连接，通过真空吸水泵将集水管内水抽出，从而达到降低基坑四周地下水位的效果，保证了基槽底部的干燥无水。

为防止阴雨天气地表水倒灌，作业人员沿极环基槽的边缘开挖了一条 300 mm×300 mm 的排水明沟，每隔 6 m 设置一个深 60 mm 的集水坑，用抽水泵将集水坑的积水汇入临时引水渠排走，以保障基槽内作业任务的正常施工。见图 4-3-11。

针对极环基槽开挖后，容易发生坍塌、滑坡的现象，现场采用模板护坡支护的方式(见图 4-3-12)，施工前先用木模板进行护坡支护，施工完毕回填前拆除支护模板用于下一段基槽的支护工作，循环利用，有效起到了支护边坡的作用。

2.4 石油焦炭敷设的环保施工控制

石油焦炭可有效降低土壤电阻率，是接地极极环施工的一种重要材料。±1 100 kV 古泉换流站接地极工程所需焦炭重达 3 850 t，石油焦炭铺设方法的科学、合理与否，直接影响接地极的施工质量、工期及施工、运行安全。

图 4-3-11　排水明渠排水

图 4-3-12　模板护坡支护

石油焦炭成分里含有较丰富的硫、氮元素和钒、镍等碱金属元素，以往采用人工铲倒法施工，焦炭粉尘随风飘扬，对周边的耕地、农田、水源等造成严重污染。同时极环周边有大型居民区，飘扬的粉尘也严重影响周边居民的生活，环保施工难度大。见图 4-3-13。

图 4-3-13　传统人工铺设焦炭扬尘严重

此次在现场研制了一种“一体式无尘化焦炭铺设专用投料机”进行焦炭敷设作业（见图4-3-14），代替传统的人工铲倒式施工，将“多人多铲”的作业方式改变为“一人一机”的高效方式，合理利用人力物力，大大提升了施工效率，保证了作业人员人身健康及自然环境不受破坏。

图 4-3-14　焦炭铺设专用投料机铺设焦炭

对已完成的基槽及时设置密目网(见图 4-3-15),防止大风将敷设好的焦炭吹扬,危害环境及作业人员身体健康。

图 4-3-15　基槽覆盖密目网

施工人员在作业时会接触到石油焦炭,石油焦炭容易黏附在皮肤上,极难洗净;焦炭碎屑进入呼吸道,易引发各种支气管疾病,影响施工人员身体健康,造成严重的安全隐患。现场在调研以往工程劳动防护方法的基础上,为作业人员配置了尼龙加聚氯乙烯材质的专用工作服,佩戴阻尘面罩,进行全面防护(见图 4-3-16)。作业人员身体不与焦炭直接接触,避免了伤害皮肤及呼吸系统。

图 4-3-16　焦炭铺设专用防护工作服

2.5 电缆热熔焊接方式的改进

极环内的馈电棒与配电电缆之间需采用热熔焊方式连接引流电缆，其 2 200 根引流电缆加配电电缆间熔接，热熔焊接工作量非常大。常规热熔焊接头多为“十字”“T 形”等，正式焊接前需做试件，并进行破坏性试验，检查内部焊接质量。

常规热熔焊接一次焊接 2 根电缆，极环内共有 2 200 根馈电棒，8 根为一组计算的话，共需焊接 275 个接头，每次焊接 2 根，共需进行 1 100 次热熔焊接，按照每次焊接需要 20 min，每天工作 8 h 来计算的话，仅热熔焊接这一项，就需要 46 天时间，严重耽误工期。现场创新研制了一种专用模具，可同时焊接 8 根引流电缆，只用 12 天就完成了热熔焊接任务，节省了大量施工时间。

焊接点焊接完成后均对焊点两侧铜线用回路电阻仪进行电阻值测量，焊点两侧的电阻值不应大于同等母线电阻值，否则要重新焊接。所有焊接点全部焊接完毕后，对每个焊接点进行 X 光无损探伤试验，以检查焊接点内是否有气泡和夹渣等缺陷，不合格的焊点重新焊接，保证了施工质量。

3 结语

本工序优化方法通过±1 100 kV 古泉换流站接地极工程中 8 段极环施工成功试用。能够保证极环施工的作业质量，提高工作效率，加快施工进度，保证作业人员健康与周围环境不受污染，杜绝了因极环施工而发生的民事纠纷，并对接地极投运后的安全、稳定运行提供了有力支撑。对其他类似工程施工有着一定的借鉴作用。

参考文献

[1] Q/GDW 227—2008. ±800kV 直流输电系统接地极施工及验收规范[S]. 2008.

[2] Q/GDW 228—2008. ±800kV 直流输电系统接地极施工质量检验及评定规程[S]. 2008.

第五篇

电网安全运行技术

安徽电网发电机励磁系统运行现状及分析

Analysis of Current Operation Situations of Generator Excitation System in Anhui Power Grids

何晓伟
国网安徽省电力有限公司电力科学研究院，安徽合肥，230601

摘要：随着安徽电网的快速发展，电网特性持续发生变化，对发电机励磁系统涉网管理提出了新的要求。本文在简要阐述了安徽统调发电机组励磁系统的设备及其运行特性后，结合实际工作，概括了励磁系统的管理现状，分析了励磁系统网源协调特性的发展，从当前设备安全、全过程管理欠缺、电网动态稳定性及机组调相调压能力等方面，阐明了加强发电机励磁系统网源协调管理工作的必要性，并对提升励磁系统设备可靠性、健全涉网参数管理、增加安徽电网阻尼等工作开展提出了建议。

关键词：安徽电网；发电机；励磁系统；网源协调；动态稳定

Abstract: Coincident with high-speed development of power grids in Anhui province, characteristics of power grids keep changing, and new requirements are put forward on the grid-related management of excitation system. This paper offers an overview of the characteristics of excitation system equipments and their operation in power grids of Anhui province. Based on field experiences, current management status are summarized, developments of the features of power grid and power source coordination related to excitation system are analysed. Considering equipment security, lacking of the whole process management, dynamic stability of the grids, phase and voltage adjustment ability of generators, there is a need for enhancing the grids related management of generator excitation system, and recommendations for improving devices reliability, ameliorating grid-related parameters management, damping strengthening of grids are presented.

Keyword: Anhui power grids; generator; excitation system; power grid and power source coordination; dynamic stability

特高压交直流混联、电力大规模远距离输送已成为安徽电网的结构特征，发电机励磁系统在保护发电机、优化电压无功调节、增强电网各项稳定性等方面都发挥着重要的作用。励磁系统模型参数对大电网稳定性的影响、电力系统稳定器（power system stabilizer，PSS）参数优化提升跨区电力输送能力、励磁辅环控制对机组和电网稳定运行的影响等研究正逐步

作者简介：
何晓伟（1985—），男，安徽合肥人，硕士，工程师，长期从事网源协调、励磁系统涉网试验及技术监督等工作。

深化，励磁系统涉网试验各项标准不断更新。近年来，安徽电网发电机励磁系统也经历了较快发展，软硬件性能和可靠性都有了较大提升，涉网安全管理亦全面开展。为了充分发挥励磁系统对安徽电网电气特性的调节控制，完善安徽电网发电机励磁系统专业技术管理，本文介绍了省内统调大中型发电机励磁系统设备及其运行和管理现状，分析了当前励磁系统设备运行安全、涉网性能管理、电网小干扰及动态稳定等方面存在的新问题；开展了励磁系统全过程技术管理，深入研究电网阻尼特性及其优化措施，进一步研究励磁辅环特性，以保障电力安全输送、特高压直流投运后安徽电网稳定运行等[1—8]。

1　励磁系统设备现状

安徽电网常规能源发电呈现火电占比大、600 MW 等级机组为主力机组、1 000 MW 等级机组不断增多的特征。截至 2018 年底，安徽省统调大中型发电机组（单机容量 100 MW 及以上火电、燃气机组，50 MW 及以上水电机组以及其他接入 220 kV 及以上电压等级电网的发电机组）中，火电机组容量占比 99.27%，水电机组容量仅占比 0.73%。在火电机组中，1 000 MW等级机组容量占比 19.44%，600 MW 等级机组容量占比 49.76%，300 MW 等级机组容量占比 27.88%，100—300 MW 等级机组容量占比 2.92%。

省调机组励磁方式主要有自并励励磁方式及他励方式，包括有刷励磁和无刷励磁。其中，自并励励磁方式占比 77.22%，他励方式占比 22.78%。他励方式的励磁系统在安徽电网 2008 年及早期投运的机组中有较多应用，近年来新建机组均采用自并励励磁方式。自并励励磁系统具有接线简单、维护方便、轴系较短、响应速度快等特点，也是现代同步发电机的典型励磁系统。

目前，省调机组励磁调节器均为数字式自动励磁调节器，型号主要有瑞士 ABB 的 Unitrol5000 系列及 Unitrol6000 系列、南瑞电控 NES5100 型及 NES6100 型、南瑞继保 RCS9410 型及 PCS9410 型及少数其他厂家的调节器，其中瑞士 ABB 励磁调节器占比 59.49%，南瑞电控励磁调节器占比 17.72%，南瑞继保励磁调节器占比 12.66%，其他励磁调节器占比 10.13%。

相对于模拟式或集成电路式，数字式自动励磁调节器控制功能更丰富，运行更稳定，操作更方便，可靠性更高，各机组励磁调节器（AVR）自动投入率均达到 100%，维护工作的劳动强度得到较大减轻。

2　励磁专业管理现状

2.1　发电企业

目前，省内各发电企业均已建立技术监督网络，设置了励磁技术监督专职。较好地建立了励磁专业的设备及技术台账，基本能够贯彻执行有关标准、规程和反措。

励磁系统设备的日常巡检一般由运行人员执行，巡检项目包括励磁小室温湿度、均流系数、装置运行状态及告警信息等检查。励磁系统设备的定期巡查和检修维护工作由电气专业人员开展，包括滑环、碳刷的维护工作和功率整流装置的灰尘清理等。设备的定检和维护通常结合机组大小修和临检开展，并根据需要对自动励磁调节器的软件进行更新、升级。

2.2 电网公司

电网调度是归口管理部门，负责落实公电网司网源协调管理规定及各项技术规范、反措要求；组织开展电网网源协调管理工作，制定网源协调工作规划和工作计划；组织开展省级电网网源协调反措工作和专项核查工作。

省电力科学研究院负责开展新建及改造设备的涉网试验工作，建立励磁系统模型(包括PSS)参数，测试发电机进相性能，整定相应涉网参数。每年定期开展现场技术监督检查，每月总结分析各发电厂报送的技术监督报表，及时与发电厂沟通了解设备运行中的问题，协助发电厂完善机组励磁系统检修工作；及时宣贯上级管理部门的要求，更新国家标准、行业标准及相关规程；协助调度部门落实涉网设备技术要求，参与设备的设计选型、重大技术改造方案及涉网设备事故的调查分析；掌握电网内各发电厂励磁系统的运行状况，了解国内外发电机励磁系统动态，对励磁专业的技术工作进行监督和服务。

3 励磁系统网源协调特性现状及建议

3.1 提升设备安全管理

现代大型同步发电机励磁系统可靠性较高，但近年发生的几起励磁系统故障也暴露出设备安全管理中的一些新问题。2015 年安徽省内某机组短期内因相同励磁系统故障多次发生跳机，经调查发现，该机组自动励磁调节器运行时长已达 15 年，跳机是由于主控板故障引起装置自检，未成功切换通道，继而触发了跳闸指令。2017 年一机组运行通道 CPU 板硬件故障，因闭锁无法发出触发脉冲和切换信号，通道切换不成功，整流桥无输出，导致机组失磁跳机，暴露出重要板件故障时软件处理逻辑缺陷。2018 年，某机组自动励磁调节器 BU 紧急备用通道误发跳闸指令导致机组跳闸，暴露出励磁调节器对跳闸指令处理方案不完善。另外，有的机组在运行中出现因风机故障造成功率整流柜退出运行、励磁小室空调故障造成功率整流柜过热报警等情况。一些励磁调节器设计方面存在缺陷，如外部跳闸回路中间继电器功率偏小、TV 慢融、增减磁操作粘连等。

励磁系统故障通常是小概率事件，上述案例反映了励磁系统双通道热备用运行是在设计中应特别考虑的问题，需要设备厂家完善软件容错、硬件冗余等技术措施，同时需要发电企业掌握设备特性，健全交接试验项目，维护好设备运行环境，及时更新使用寿命到限的元器件，做好备品备件管理，提升设备安全管理水平。

3.2 健全涉网特性管理[9—12]

目前，安徽电网对励磁设备涉网特性的管理正逐步健全。省调机组励磁系统(包括PSS)都已经获得相应的模型及参数，并经过试验与验证，发电机进相试验已全面开展。

机组励磁系统电压控制主环均采用 PID+PSS 控制方式。其中 PID 环节有串联型和并联型两种；除田家庵电厂 6 号机组外，平圩发电厂 1 号 2 号机组、田家庵电厂 5 号机组、钱甸发电厂 1 号 2 号机组先后完成励磁设备的改造，省内 PSS 均采用了反调效果更好的加速功率型 PSS。机组励磁系统附加电压调差率均按照补偿发变组变压器电抗压降的要求设置为负调差，主变压器高压侧并列点的电压调差率一般已整定到 5%—10%，其极性都已经通过现场试验测试。

在励磁辅环控制方面存在的问题是:部分国外厂商的励磁设备过励限制计算公式与我国国标不一致,导致其过励限制整定参数与发电机转子过负荷保护整定参数之间的配合不能满足要求。近年来,得益于网源协调监管的加强和中国市场的广泛要求,国外厂商逐步修正其过励限制计算公式,省内相关机组的软件升级改造工作也持续推进。

发电企业对涉网试验工作、涉网设备改造和参数管理方面的认识还需要提高。各发电企业一般根据各自设备状况自行决定是否进行改造,对涉网参数如PID、调差系数、励磁限制器定值及其模型等缺乏统一、规范的管理,对自动励磁调节器软件程序版本也一直被忽视。

加强励磁设备全过程、全方位的管理,实施从设计、选型、基建、调试、运行、检修等各个过程的监督,健全励磁系统涉网特性管理工作十分必要。

3.3 增加电网阻尼,释放机组出力[13—18]

安徽省是我国中东部能源基地,两淮地区分布着丰富的煤炭资源,省内机组主要分布在这一区域,在大潮流“北电南送”和“皖电东送”方式下,电网的小干扰稳定和动态稳定性是约束电力送出的重要因素。

随着1 000 kV淮南—盱眙—泰州特高压工程投产以及皖电东送二期机组的陆续投运,包括安徽利辛电厂、安庆电厂、赵集电厂等,安徽电网外送需求增加,并出现皖—苏模式的弱阻尼小干扰稳定问题,参与该模式的机组主要为安徽皖北机组与江苏苏北机组。2016年,为提高皖—苏模式下的小干扰稳定阻尼比,安徽电网集中开展了PSS参数优化试验,提高了省内20多台参与机组的PSS增益,有效提升了电网小干扰稳定性。

目前,安徽电网长条链状电网结构和长距离输电走廊的架构带来的动态稳定问题仍是皖北电力输送受限的重要因素。安徽北部电网的高电压、远距离、大容量输电使得电网动态稳定性发生明显变化,主要表现为区域间振荡模式增多,易出现较低频率的弱阻尼和负阻尼,由电网运行方式“N-1”或“N-2”导致低频振荡的风险增大,在一定程度上约束了重要通道的送出能力。

现阶段安徽电网的网架结构、电力系统中各种自动调节和自动控制系统的配置与参数选择,尚不能完全满足皖北电网电力外送的要求。因此,一方面需要结合网架结构对动态稳定进行研究,掌握振荡模式的变化,指导中长期电网的规划与建设,及时、有针对性的采取措施,避免电网弱阻尼和负阻尼的出现。另一方面,当前广泛使用的加速功率型PSS受到高频段临界增益限制,有时难以满足低频段增益要求,如何优化多机系统中的PSS参数整定,满足电源集中外送系统阻尼、系统低频振荡的需求,需要更深入的研究。加速功率型电力系统稳定器模型见图5-1-1。

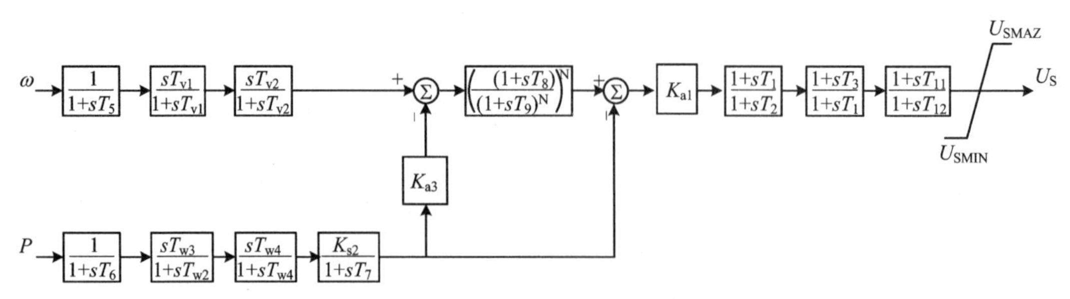

图5-1-1　加速功率型电力系统稳定器模型

3.4 加强发电机调相调压管理[19—21]

当前安徽主网无功电压普遍处于较高水平,对机组的调相调压提出了新的要求,进相运行更常见,进相深度要求更高。

安徽省调机组进相深度限额由省电网调度部门统一下达要求,省内 330 MW、660 MW、1 000 MW 容量等级机组不同有功负荷对应的典型进相深度要求如图 5-1-2 所示,机组容量越大,相同有功负荷条件下的进相深度要求越高。

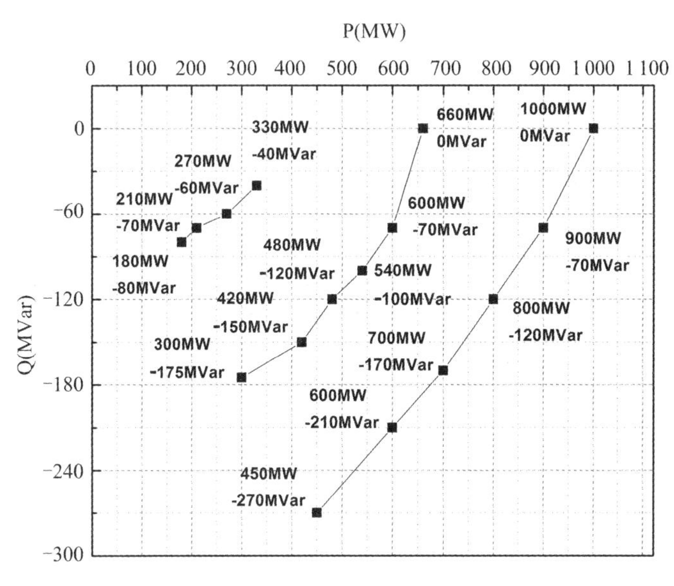

图 5-1-2 机组进相深度要求

省内除了少数投运近 30 年的机组,端部铁芯和金属结构件温度已不再是现代大中型汽轮发电机进相深度的制约因素,进相时厂用电电压低是限制大多数机组进相能力进一步发挥的关键因素,需要适当调整主变压器和厂用变压器分接头。一些机组,尤其是 1 000 MW 等级机组,个别段厂用母线所带负荷较重,在进相时容易出现该段厂用母线电压显著降低的情况,影响了整个机组的进相能力,也不利于机组安全可靠运行。

发电机励磁辅助控制功能,如低励限制、过励限制等,对特高压直流近区电网的电压稳定的影响,在现有研究中的考虑仍然欠缺,因此,建议详细研究励磁系统的辅环控制,评估直流近区发电机电压控制特性对特高压直流的无功支撑能力的影响。

4 结语

安徽省已建成现代化交直流混联大电网,同时大量电力电子器件在电网中得到应用,电网的动态特性正逐渐改变,发电机的无功电压支撑、励磁动态控制对电网安全越来越重要,励磁系统模型和整定的控制参数也是电网设计、规划、运行和分析决策的基础。安徽电网励磁系统网源协调管理和技术发展正在逐步加强,但仍有待提升。

根据励磁系统的运行特性,充分考虑设备的软件、硬件容错能力,是进一步提高设备运行可靠性的措施。

加强涉网安全管理,需要实施从设计、选型、基建、调试、运行、检修等各阶段技术监督,健全电厂、电网的励磁系统涉网特性管理。

优化网架结构和多机 PSS 参数，是进一步释放大潮流方式下安徽电网机组出力的有效手段。

充分发挥机组调相调压能力，研究励磁系统辅环对特高压直流近区电网电压调节特性，为安徽电网电压稳定提供支撑。

只有电网和发电企业共同加强对发电机励磁系统的技术管理和监督工作，才能充分发挥发电机励磁系统的性能，更好地为安徽电网的安全、稳定运行做出贡献。

参考文献

[1] 刘取. 电力系统稳定性及发电机励磁控制[M]. 北京：中国电力出版社，2007.

[2] KUNDUR P. Power system stability and control[M]. New York: McGraw-Hill Companies, Inc, 1994: 315-373.

[3] 舒辉. 发电机励磁系统参数辨识方法研究[D]. 武汉：华中科技大学，2005.

[4] 李明节. 大规模特高压交直流混联电网特性分析与运行控制[J]. 电网技术，2016，40(4)：985-991.

[5] 仲悟之，宋新立，汤涌，等. 特高压交直流电网的小干扰稳定性分析[J]. 电网技术，2010，34(3)：1-4.

[6] DL/T 1167—2012. 同步发电机建模导则[S]. 2012.

[7] DL/T 1231—2013. 电力系统稳定器整定试验导则[S]. 2013.

[8] DL/T 1523—2016. 同步发电机进相试验导则[S]. 2016.

[9] 李基成. 现代同步发电机励磁系统设计及应用[M]. 北京：中国电力出版社，2002.

[10] 张静. 电力系统暂态稳定控制策略研究[D]. 北京：中国电力科学研究院，2014.

[11] 黄龙，方昌勇，胡凯波. 励磁调节器过励限制与发电机转子绕组过负荷保护的整定配合分析[J]. 浙江电力，2012，31(7)：21-23.

[12] 余振，邵宜祥，黄志，等. 大中型发电机转子过励限制与过负荷保护控制策略及配合研究[J]. 大电机技术，2018(01)：48-52.

[13] 张旭昶，戴申华，罗亚桥，等. 基于特高压输电系统的安徽电网小干扰稳定研究[J]. 大电机技术，2018(01)：48-52.

[14] 高磊，朱方，刘增煌，等. 东北—华北直流互联后东北电网发电机组 PSS 参数适应性研究[J]. 中国电机工程学报，2009，29(25)：19-25.

[15] 李杨楠，刘文颖，潘炜，等. 西北 750 kV 电网动态稳定特性分析和控制策略[J]. 电网技术，2007，31(12)：63-68.

[16] 霍承祥，刘取，刘增煌. 励磁系统附加调差对发电机阻尼特性影响的机制分析及试验[J]. 电网技术，2011，35(10)：59-63.

[17] 邱磊，王克文，李奎奎，等. 多频段 PSS 结构设计和参数协调[J]. 电力系统保护与控制，2011，39(5)：102-107.

[18] 刘红超，雷宪章. 互联电力系统中 PSS 的全局协调优化[J]. 电网技术，2006，30(8)：1-6.

[19] 张婕. 大型同步发电机进相运行研究及稳定性分析[D]. 哈尔滨：哈尔滨理工大学，2018.

[20] 刘翔宇，何玉灵，周文，等. 考虑电网稳定限制的机组进相能力分析[J]. 华北电力大学学报(自然科学版)，2017，44(01)，52-57.

[21] 赵峰，吴涛，谢欢，等. 发电机励磁辅助控制功能对特高压直流送端动态无功支撑能力的影响研究[J]. 电网技术，2018，42(07)：2262-2269.

220 kV 常规变电站断路器失灵保护改造分析研究

Transformation Analysis for Breaker Failure Protection of 220 kV Conventional Substation

于晓蕾[1]　申定辉[2]

1. 国网安徽省电力有限公司经济技术研究院，安徽合肥，230000

2. 国网安徽省电力有限公司六安供电公司，安徽六安，237000

摘要：变电站是电能传输过程的重要环节，在电力系统中有着非常重要的作用。站内断路器拒绝动作会给电网安全稳定运行带来不良影响，而断路器失灵保护很大程度上决定着断路器工作的有效性。提高失灵保护的可靠性可以有效解决断路器拒动的问题，从而为供电安全提供保障。本文针对常规变电站进行母线保护改造或线路保护改造的各种情况，对断路器失灵启动回路的重新设计进行详细分析，从设计源头加强断路器失灵保护功能的作用，消除因失灵保护功能设计错误原因造成的线路故障和损失。

关键词：常规变电站；断路器；失灵保护；保护改造

Abstract: Substation is an important part of power transmission and plays a very important role in power system. Breaker failures in the substation bring adverse effects to the safe operation of power grid, and the breaker failure protection largely determines the effectiveness of the work of the breaker. The improvement of the failure protection can effectively solve the breaker failures and provide the security of power supply. This paper makes a detailed analysis of the redesign of the breaker failure protection circuit during the transformation of bus protection or line protection in conventional substation. The redesign can strengthen the positive role of breaker failure protection function from the design source, and eliminate the line failure and loss caused by the failure design of protection function.

Key words: conventional substation; breaker; failure protection; protection transformation

我国电网目前正处于转型升级阶段，旨在建设以坚强智能电网为核心的新一代电力系统，在积极推广 220 kV 模块化智能变电站建设的同时，常规变电站保护改造工程也日益增多；220 kV 常规变电站线路保护改造工程、母线保护改造工程都会存在相应的断路器失灵保护改造[1,2]。随着电网的日趋复杂，电网的安全性变得越来越重要，继电保护的拒动、断路

作者简介：

于晓蕾(1989—)，女，山东烟台人，工程师，主要从事电网规划设计工作。

申定辉(1989—)，男，安徽六安人，工程师，主要从事电网运行维护工作。

器的拒动给电网带来的危害越来越大,失灵保护作为断路器的近后备保护,其重要性尤为突出,因此,常规变电站失灵保护启动回路的设计改造是变电站改造工程中的重中之重。

1 失灵保护基本原理

失灵保护是重要的后备保护,对于220 kV及其以上电压的电网,均需按照《继电保护和安全自动装置技术规程》(GB 14285—2006)要求,配置失灵保护装置。在当前运行的变电站中,对于其出口的回路设置,主要存在两种基本形式:具备单独的跳闸出口回路;与母线的差动保护结合,共用一套跳闸出口回路。根据一次接线方式的不同,把失灵保护的类别分为三类:母线接线方式失灵保护;3/2接线方式失灵保护;变压器类接线方式失灵保护[3,4]。本文主要讨论第一种接线形式即母线接线方式失灵保护。

失灵保护启动的两个条件是线路或设备保护出口继电器动作未返回及断路器未断开的判别元件动作后不返回。失灵保护的判别元件一般应为相电流元件,即保护动作但仍存在故障电流说明断路器拒动,应启动断路器失灵保护[5]。

对于单、双母线失灵保护,需根据系统保护配置具体情况设计,可以在较短时限内动作于与断开与拒动断路器相关的母联及分段断路器,再经一时限动作于与断开与拒动断路器连接在同一母线上的所有有源支路断路器;也可仅经一时限动作于与断开与拒动断路器连接在同一母线上的所有有源支路断路器[6]。

2 220 kV常规变电站改造前断路器失灵回路介绍

2.1 220 kV常规变电站断路器失灵保护

在220 kV常规变电站中,失灵保护由单独的断路器失灵保护装置或母线保护装置的断路器失灵保护功能实现,根据安徽电力调度控制中心调(2013)20号文规定:220 kV线路保护配置操作箱的定义为第一套线路保护,含有失灵启动装置的线路保护定义为第二套线路保护。改造母线保护时新增220 kV母线保护定义为第一套(新)母线保护,原220 kV母线保护定义为第二套(原)母线保护。第一套线路保护启动第一套母线失灵保护(采用母线保护中的失灵启动功能),第二套线路保护采用线路保护的失灵启动装置。

2.2 配置单套220 kV母线保护情况

以南瑞继保产品为例,分析典型的改造前失灵启动回路原理图。图5-2-1为变电站只配置一套220 kV母线保护时的失灵启动回路原理图,采用"或—与—或"接线方式,即线路第一、二套保护的保护动作接点(分相)并接后与断路器失灵保护动作接点(分相)串接,同时操作箱的三跳动作接点(仅接一组接点)与断路器三相失灵保护动作接点串接,再并接或分别接入母线保护对应开入(图5-2-1体现并联接入,接入方式需根据母线保护开入接点形式确定),母线保护在收到失灵启动开入后经延时出口跳相关断路器,隔离故障。

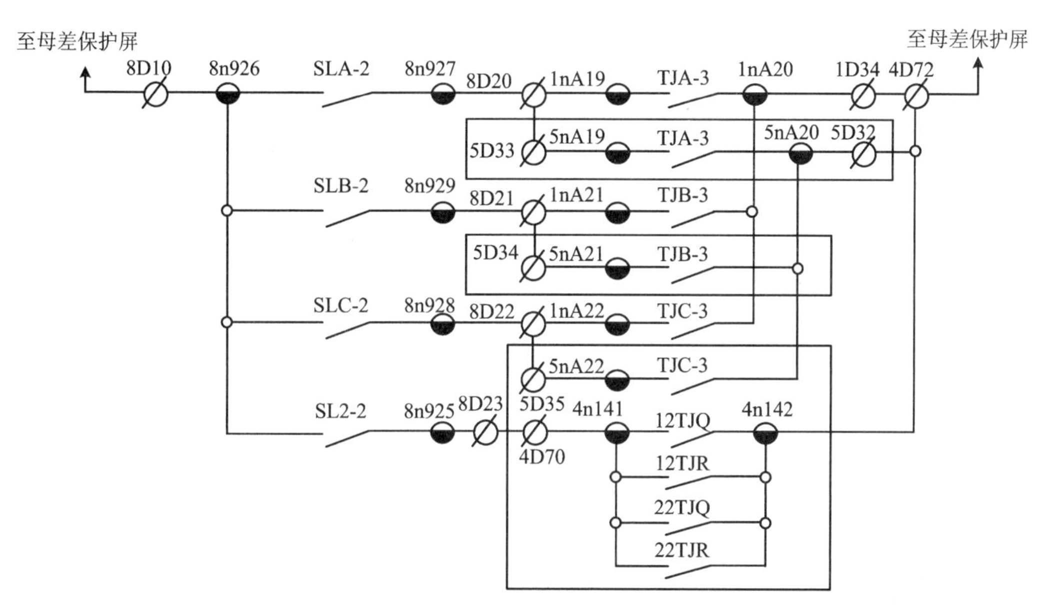

图 5-2-1　配置单套 220 kV 母线保护时失灵启动回路原理图

2.3　配置双套 220 kV 母线保护情况

图 5-2-2 为变电站配置双套 220 kV 母线保护时的失灵启动回路原理图,采用“与—或”

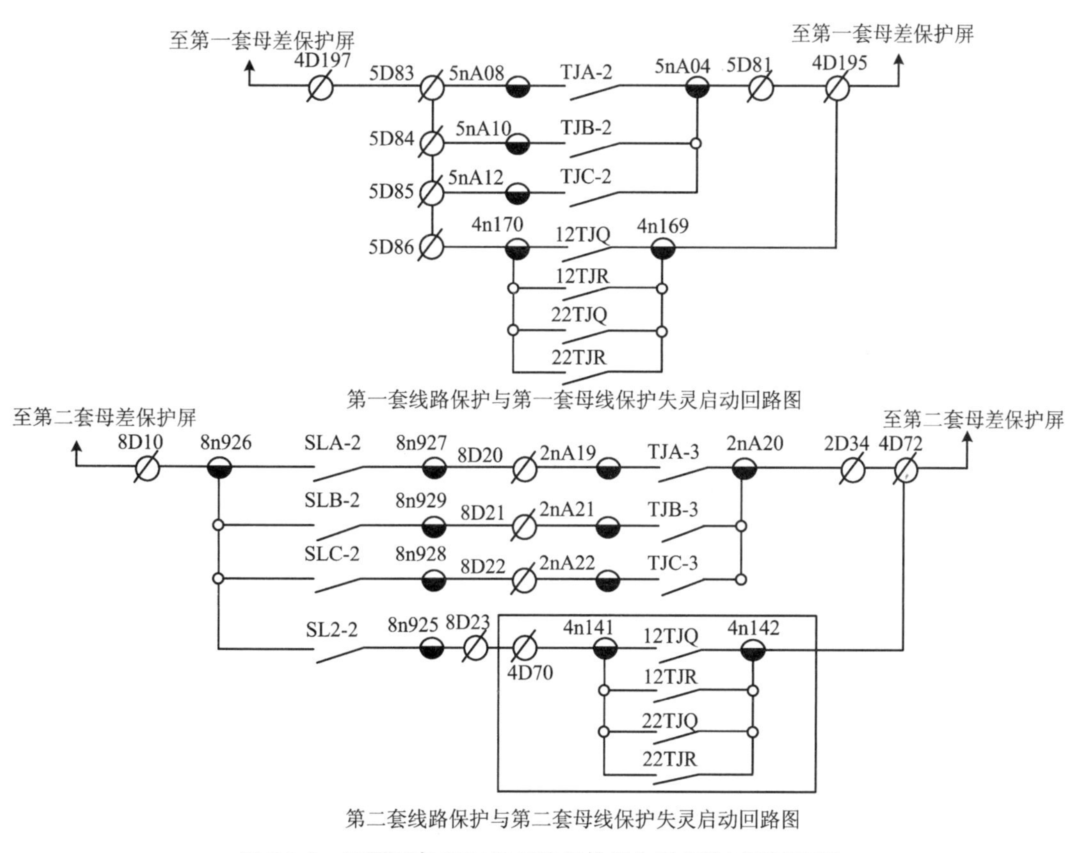

图 5-2-2　配置双套 220 kV 母线保护时失灵启动回路原理图

接线逻辑,线路第一、二套保护分别与A、B套母线一一对应,第一套线路保护使用A套母线保护的断路器失灵保护功能,U、V、W相及三跳动作接点并联或分别接入母线保护对应开入,母线保护感受到开入且对应相失灵启动电流动作时,母线保护中的失灵保护才会经延时出口跳开相关间隔断路器,隔离故障;第二套线路保护使用独立断路器失灵保护功能,U、V、W三相及三跳动作接点与断路器失灵保护动作接点分别串联后并联或分别接入母线保护对应开入,母线保护在收到失灵启动开入后经延时出口跳相关断路器,隔离故障。其中,操作箱中含两组三跳动作接点,分别接至两套失灵启动回路中。

3　220 kV 常规变电站断路器失灵改造分析

3.1　单一改造线路保护

3.1.1　仅进行线路保护情况

变电站仅进行线路保护改造时,按照两套保护均进行更换考虑。为保障保护装置动作可靠性,两套保护选用不同生产厂家,本文研究的第一套线路保护采用南瑞继保产品,第二套线路保护采用国电南自产品,每套保护均配置独立操作箱,断路器失灵保护装置与第二套线路保护装置组一面屏。

3.1.2　配置单套 220 kV 母线保护情况

改造前后均配置单套220 kV母线保护时,线路保护改造后断路器失灵保护启动原理图如图5-1-3所示。每套线路保护均配置独立操作箱,与图5-1-1的不同之处主要在于具备两组三跳接点,两套保护的三跳及单跳接点并接后分别接入独立失灵启动装置,然后接入母线保护启动失灵,母线保护在收到失灵启动开入后经延时出口跳相关断路器,隔离故障。

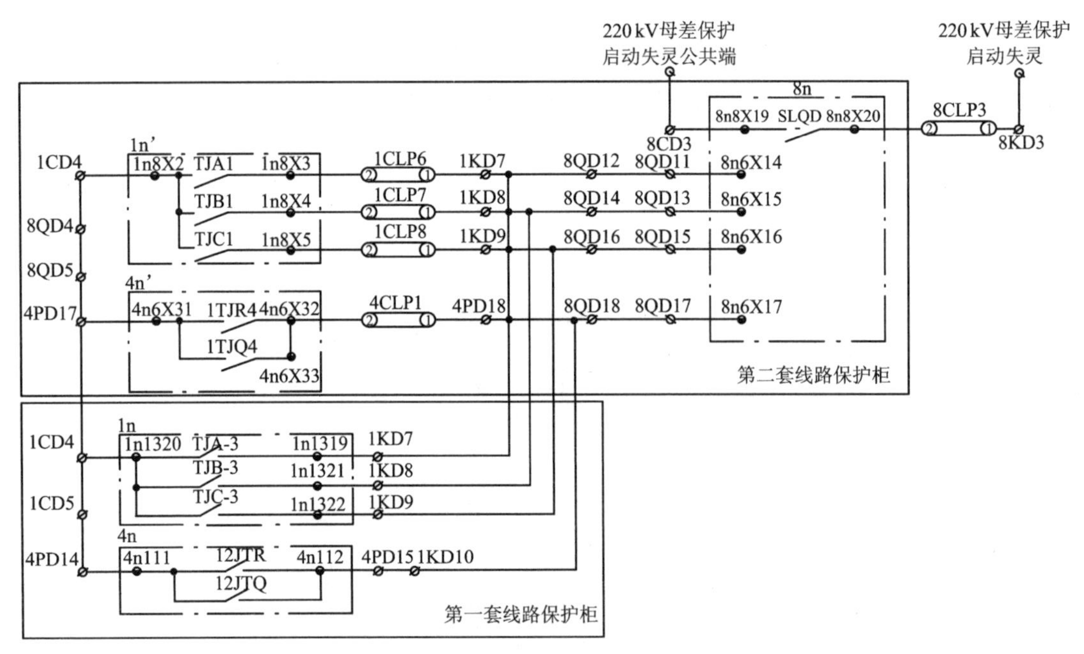

图 5-2-3　单套母线保护时线路保护改造失灵启动回路原理图

3.1.3 配置双套 220 kV 母线保护情况

改造前后均配置双套 220 kV 母线保护，线路保护改造后断路器失灵保护启动原理图如图 5-2-4 所示。与图 5-2-2 的不同之处在于每套保护配置的操作箱均含一组三跳接点，另第一套线路保护单跳及三跳接点直接接入母线保护对应开入，以不同方式启动母线失灵功能。

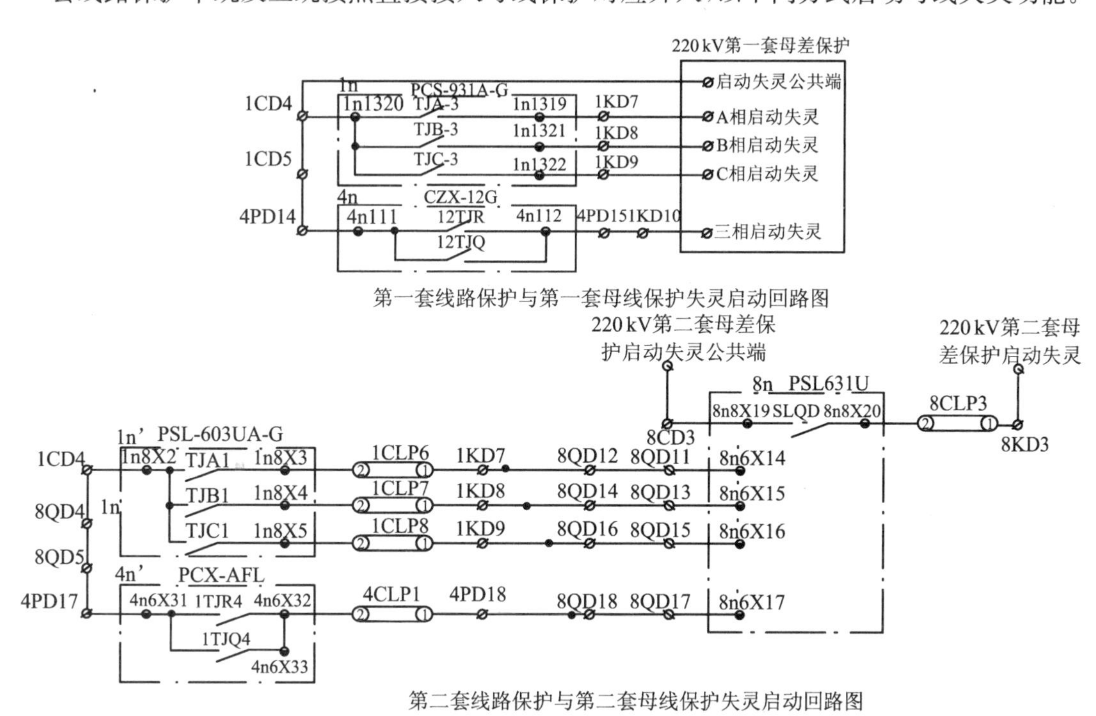

图 5-2-4 双套母线保护时线路保护改造失灵启动回路原理图

3.2 单一改造母线保护

3.2.1 配置一个操作箱情况

如图 5-2-1 所示，改造前后两套线路保护配置一个操作箱时，改造前操作箱中仅接一组三相失灵启动接点；新增母线保护后，需增加一组接点，将操作箱中已有的另一组接点或新增的接点定义为第一组接点，已接线的接点定义为第二组接点，与母线保护定义保持一对一清晰。图 5-2-2 中操作箱含 2 组三跳接点，直接接入对应保护回路中；图 5-2-5 为操作箱仅含一组三跳接点，需新增一组接点的启动回路原理图。

3.2.2 配置两个操作箱情况

母线保护改造前后每套线路保护均配备单独操作箱时，改造后失灵启动原理图如图 5-2-4所示。

3.3 同时改造母线保护、线路保护

改造母线保护时进行线路保护的改造，或者新增线路间隔，可参照图 5-2-4 进行失灵启动回路改造。

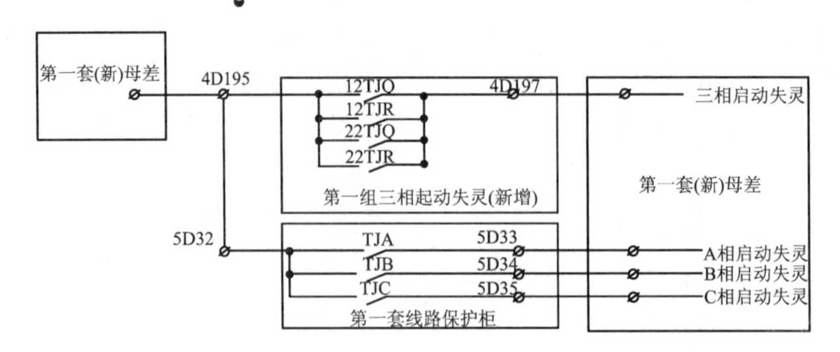

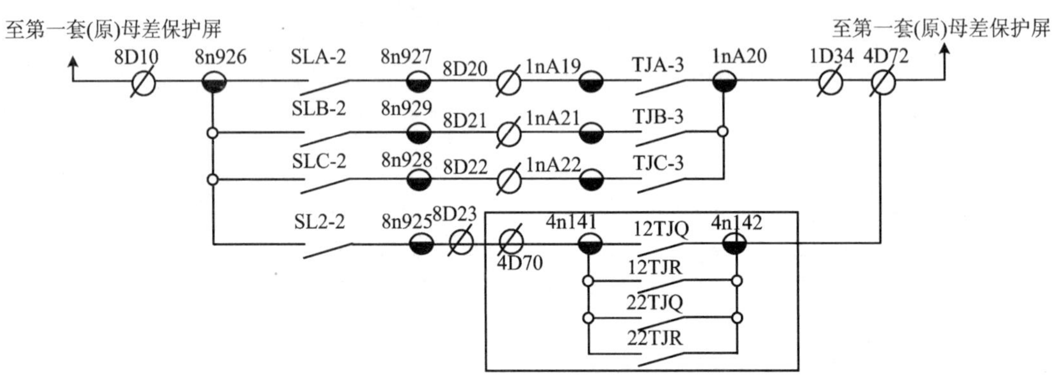

图 5-2-5　母线保护改造新增一组三跳接点失灵启动回路原理图

4　结语

断路器失灵保护作为电网的重要组成部分,如果发生误动现象,将严重影响电网的正常运行,对电网安全造成较大的威胁。在实际电网建设过程中,新建智能变电站的失灵保护均采用母线保护中的失灵保护功能,通过虚端子软件配置实现,出错少。但常规变电站的失灵启动回路接线复杂,在进行站内母线保护改造或线路保护改造时,均需重新设计失灵启动回路。本文从变电站内配置单套母线保护、双套母线保护,两套线路保护配置单个操作箱、两个操作箱等多种情况详细分析了进行保护改造时的失灵启动回路设计原理,从源头消除失灵保护错误操作导致的故障,以此保护电网运行的安全。通过深入研究断路器失灵保护问题,就其中的问题进行综合性分析,为电网设备的稳定运行以及安全运行提供保障。

参考文献

[1] 艾超,郝翠甲,汪银龙. 220 kV 系统断路器失灵保护回路的分析和探讨[J]. 安徽电力,2012(01):55-57.

[2] 钟荣超. 220 kV 系统断路器失灵保护启动回路的分析和探讨[J]. 工业技术,2016(03):25-26.

[3] 叶夏林. 220 kV 断路器失灵保护回路的探讨[J]. 电子世界, 2014(16).

[4] 江开伦. 220 kV 数字化变电站断路器失灵保护回路设计对比及优化[J]. 贵州电力技术,2015,18(4):43-45.

[5] 张东寅. 220 kV 线路断路器失灵保护回路问题研究[J]. 中国高新技术企业,2015(32):128-130.

[6] 耿家伟. 小议旧变电站断路器失灵保护改造[J]. 动力与电气工程,2014(28):79.

基于数字物理混合仿真的电子式电压互感器暂态特性及其测试技术研究

Research on Transient Characteristics and Test Technology of Electronic Voltage Transformer Based on Digital-Physical Hybrid Simulation

汪　玉[1]　汤汉松[2]　高　博[1]　郑国强[1]　丁津津[1]

1. 国网安徽省电力有限公司电力科学研究院，安徽合肥，230061

2. 江苏凌创电气自动化股份有限公司，江苏镇江，212009

摘要： 本文介绍了阻容分压电子式电压互感器的原理架构，分析了阻容分压电子式互感器经微分积分后的暂态传变特性，并从继电保护应用的角度关注了电子式电压互感器的暂态传变特性对快速距离保护的影响。提出了一种基于数字物理混合仿真的电子式电压互感器暂态测试技术方案，采用数字仿真输出小电压信号再利用功率放大器将其放大，再搭建电子式电压互感器阻容分压的物理仿真平台，建立完整的测试系统。利用突变量检测确定初始时刻，同步采集模拟量原始电压信号与试品数字信号，进行暂态过程电子式电压互感器的暂态误差计算。通过开发的测试系统在实验室的应用，验证测试技术方案的可行性。

关键词： 电子式电压互感器；暂态传变特性；数字模拟混合仿真；阻容分压；突变量检测；暂态误差

Abstract: This paper introduces the principle structure of resistive and capacitive electronic voltage transformer and analyzes the transient transmission characteristics of resistive and capacitive electronic transformer after differential and integral. , that transient transmission characteristics of electronic voltage transformer on fast distance protection, from the application of relay protection, and then puts forward a transient test technology of electronic voltage transformer based on digital-physics hybrid simulation. It outputs small voltage signals through digital simulation, and amplifies it by a power amplifier, then builds the whole test system with a simulation platform of electronic voltage transformer capacitance resistance divider. It determines the initial time by fault component test, and

作者简介：

汪玉（1987—），男，博士，高级工程师，从事电力系统继电保护技术研究。

汤汉松（1974—），男，工程师，从事智能电网技术研究和电子式互感器相关技术研究。

高博（1981—），男，硕士，高级工程师，从事电力系统继电保护技术研究。

郑国强（1978—），男，硕士，高级工程师，从事电力系统自动化技术研究。

丁津津（1985—），男，硕士，高级工程师，从事电力系统自动化技术研究。

synchronous acquisition of analog voltage original signal and digital test signal, finally, calculates the transient error of electronic voltage transformer. The test system is applied in the laboratory to verify the feasibility of the test technical scheme.

Key words: electronic voltage transformer; transient transmission characteristics; digital-physics hybrid simulation; resistive-capacitive divider; fault component test; transient error

在输变电线路和变电站中，阻容分压型电子式电压互感器（ECVT）作为电力系统一次侧输入电压的传感设备已得到了广泛的使用，ECVT 性能的好坏直接影响到继电保护、故障测距、监控等二次侧设备的正常工作。

继电保护设备在故障发生时的正确动作都必须基于互感器良好的暂态表现，特别是基于瞬时采样点的快速保护算法更是要求互感器能够将故障发生初期的暂态过渡过程进行高保真的真实传变。文献[1]研究了线路光纤差动保护中电磁式互感器和电子式互感器混用带来暂态特性差异问题。文献[2]基于电子式互感器的应用对线路距离保护的耐过渡电阻及暂态超越进行了改进。上述文献基本都是针对电子式电流互感器暂态特性进行的研究[3,15,16]，但对电子式电压互感器的暂态传变特性关注得很少。近年来大量阻容分压原理的电子式电压互感器在智能变电站得到应用，也发生了好几起由于电子式电压互感器暂态传变过程存在直流分量，而导致快速距离保护的暂态超越引起线路保护越级误动的事故，电压互感器的暂态特性直接影响快速距离保护算法的计算精度[4,18]。

目前国内针对电子式电压互感器的暂态特性也做了不少研究[5]，但由于无法提供一次真正故障的暂态电压来作为测试源，也没有相应的暂态高压标准，所以针对电子式电压互感器的暂态特性测试工作一直都是停留在利用拉合刀闸和开关模拟电压的跌落和建立过程来进行暂态开环测试，还无法像电子式互感器稳态测试一样形成闭环测试系统。

本文就此展开研究，利用数字、模拟混合仿真的方式输出二次暂态电压信号作为测试源，电阻分压作为其暂态标准，按照阻容分压电子式电压互感器的分压比同比缩小建立阻容式分压电子式电压互感器暂态仿真测试平台，闭环测试 ECVT 在系统故障过程中的暂态响应精度并在实验室进行了测试应用。

1 ECVT 的原理架构

ECVT 由传感头、采集器以及合并单元三部分组成，传感头将一次电压信号分压成为一个小电压信号，采集器对小电压信号进行信号调理以及模数转换。传感头的具体结构组成见图 5-3-1，主要包括电容分压器、取样电阻。一、二次电容分压器是 ECVT 实现电能测量功能的核心环节。电容分压器通过两个电容器对一次侧的高压进行分压，从而得到二次侧低压。为了改善暂态性能，提高测量精度，通常在低压电容的两端并联一个精密的取样电阻 R。

由图 5-3-1 所示电路可知，有

$$\frac{U_2(t)}{R}+C_2\frac{\mathrm{d}U_2(t)}{\mathrm{d}t}=C_1\frac{\mathrm{d}[U_1(t)-U_2(t)]}{\mathrm{d}t} \tag{5-3-1}$$

在整个回路中由于 R 很小，所以式(5-3-1)可以近似为

$$U_2(t)\approx RC_1\frac{\mathrm{d}U_1(t)}{\mathrm{d}t} \tag{5-3-2}$$

从式(5-3-2)可以看出电容分压器二次电压 U_2 为一次电压 U_1 的微分,因此在电容分压器输出侧加上积分环节即可实现对一次电压的测量。由于电力系统故障时为感性负载,所以其电压会出现暂态阶跃信号,根据傅里叶变换阶跃信号可以看成复杂频谱的叠加信号,经过微分后会把信号按照角频率进行放大。此时如采用软件积分[6],会出现由于频率混叠或电压截止而导致的波形畸变且无法收敛,只能依靠软件积分事后零漂滤除来进行直流衰减。所以一般阻容分压的电子式电压互感器作保护用时都会采用硬件积分,软件积分信号一般给计量或测量装置使用。

由于实际运算放大器普遍都存在一个输入偏置电压,理想硬件积分器会很快饱和至电源电压值,所以工程中应用的硬件积分器一般都会采用有损积分器,如图 5-3-2 所示,即在积分电容 C 两端并联一个电阻 R_2,构建 RC 回路消耗掉电荷。

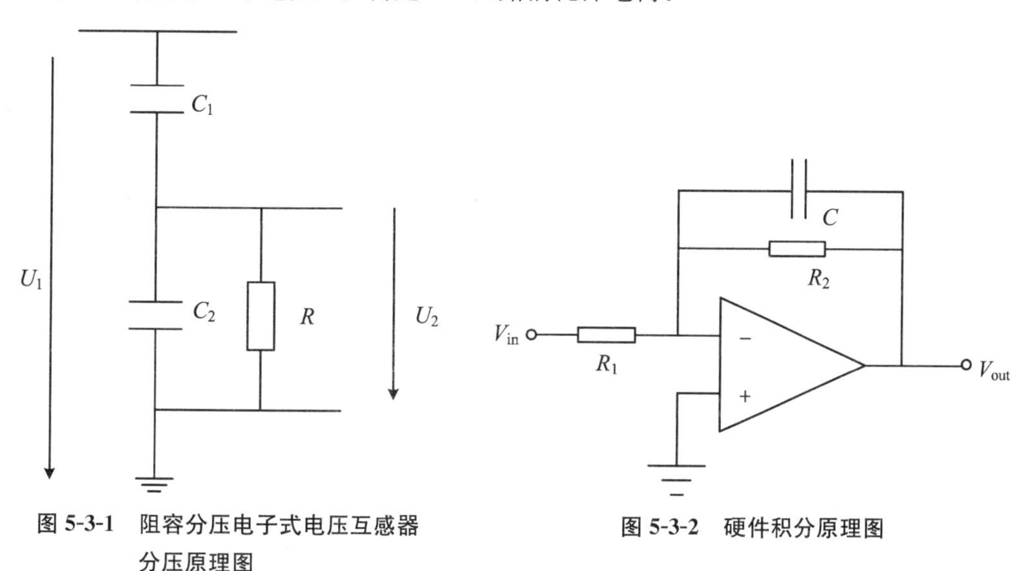

图 5-3-1　阻容分压电子式电压互感器分压原理图

图 5-3-2　硬件积分原理图

最终积分公式为

$$H(s)=-\frac{R_2}{R_1}\frac{1}{1+sR_2C} \tag{5-3-3}$$

传递函数为

$$H(\mathrm{j}\Omega)=-H(0)\frac{1}{1+\mathrm{j}\dfrac{\Omega}{\Omega_0}} \tag{5-3-4}$$

式中,Ω 为输入信号的角频率,$\Omega=2\pi f$;$H(0)=R_2/R_1$;$\Omega_0=1/(R_2C)$。

2　阻容分压电子式电压互感器暂态特性分析

阻容分压原理电子式互感器在设计时一般都是按照工频电压的传导过程来进行设计的,一般二次输出电压信号在额定时为 4/1.732 V 的微分信号。一次短路故障时,如不考虑溢出等情况,利用积分回路与微分回路进行参数匹配其暂态过程也是可以完全还原为原有信号的。但一次电压的暂态过程是一个暂态阶跃信号,这个信号在其微分过程中会被放大很多倍,其微分后的输出电压峰值甚至可以达到几百伏,这个电压显然已经超过了积分器的工作电压范围，所以一般电子式互感器厂家在设计采集器时会在积分器前端增加一个稳压管达到对输入信号进行限压的目的，保护通道有时还会额外增加一个分压回路以降低微分后电压过高对积分器的影响。此时进入积分器的微分电压信号已经不再是原始电压信号的微分信号，而是一个被削顶后的电压信号，当这个信号进入积分器后如处理不好就会在积分器内产生一个无法衰减的直流偏置电压，这个电压只能依靠图 5-3-2 中的电阻 R_2 来进行消耗并衰减，这个过程就是由 R_2 与 C 的参数配合来决定的。衰减过程直接决定了阻容分压原理电子式电压互感器的暂态过程的传变精度[20]。

3　数字模拟混合仿真的电子式电压互感器测试系统

3.1　测试系统架构

如图 5-3-3 所示，整个测试系统以数字、物理混合仿真作为测试源，上位机搭载 MATLAB 仿真测试软件，利用其 Simulink 仿真模型，建立系统一次模型，按照真实系统故障仿真其电压在故障时的变化过程，将一次电压数据发送至测试主机。测试主机将测试数据以小电压模拟量的方式发送给电压型功率放大器，由放大器按比例输出，其输出比例为 $U_n/100$。按照电子式电压互感器的电压与电阻参数搭建阻容分压电子式互感器本体的仿真物理模型，将主电容值 C_1 按照 $U_n/100$ 比例进行缩小，分压电容值 C_2 以及电阻值 R 与试品保持一致。测试主机采集 R_1、R_2 电阻分压后的小电压信号作为测试标准信号源，电阻采用高精度无感电阻以确保分压的暂态精度，测试主机同时接收来自合并单元的数字量信号作为试品信号并进行同步处理后进行暂态误差测试[7,19]。

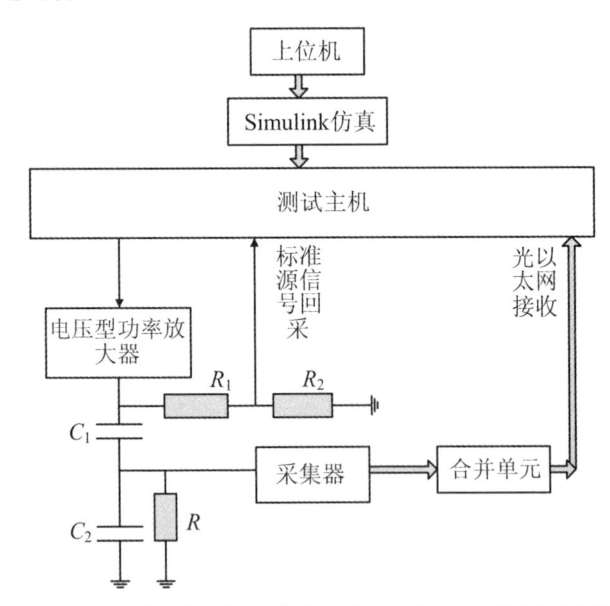

图 5-3-3　基于 Simulink 数字物理混合仿真的电子式电压互感器暂态测试原理示意图

3.2　一次侧短路故障仿真

仿真电路如图 5-3-4 所示，搭建 220 kV 的交流输电系统模型，包括 220 kV 电源模块、

220 kV 变电站模块、输电线路模块、故障模块及电子式电压互感器模块，系统仿真步长 2 us[21]。

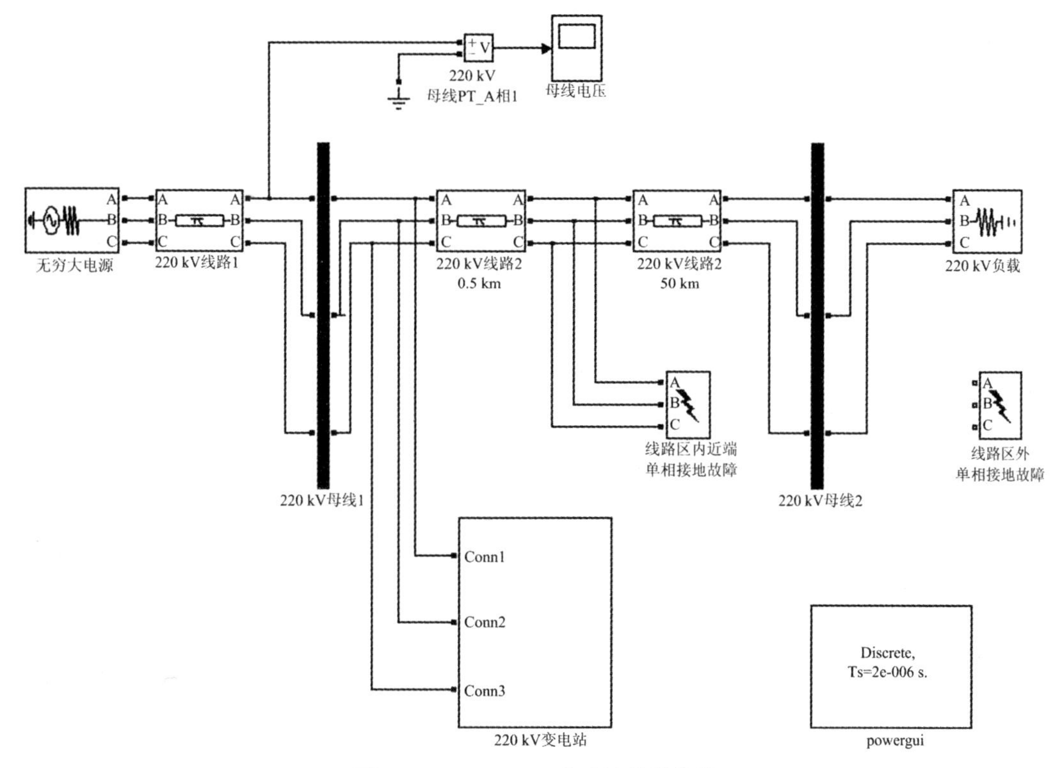

图 5-3-4　220 kV 一次系统仿真模型

输电线路采用 π 形电路，线路长为 50 公里，电压取自母线电压。故障类型为单相金属性接地故障，故障位置分别为线路近区与 50 公里线路区外，故障时刻为 90°角故障。相应故障波形分别如图 5-3-5、图 5-3-6 所示。

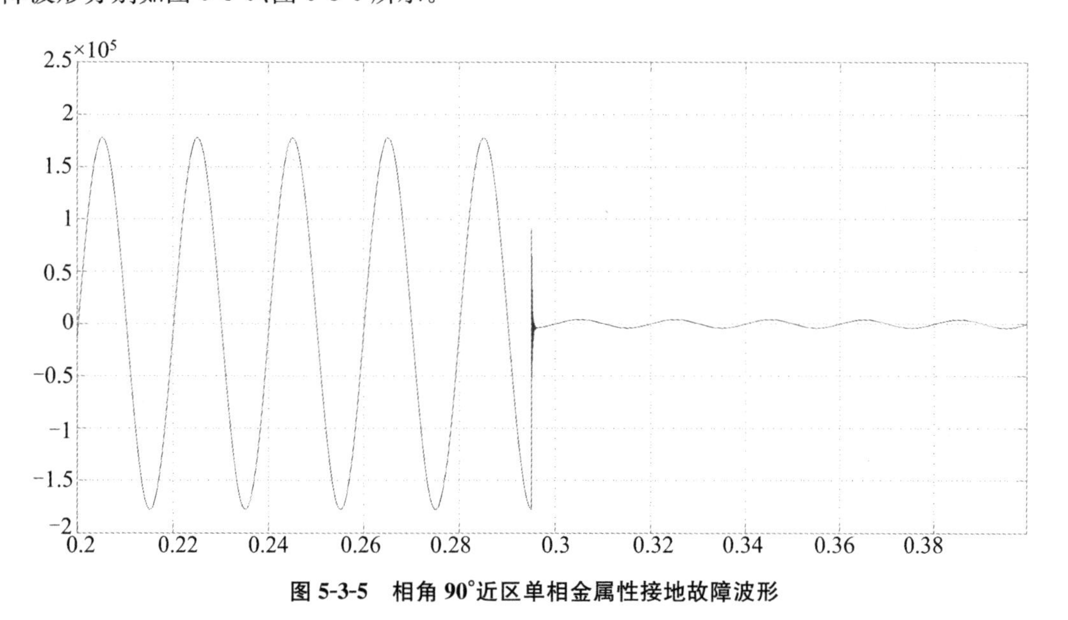

图 5-3-5　相角 90°近区单相金属性接地故障波形

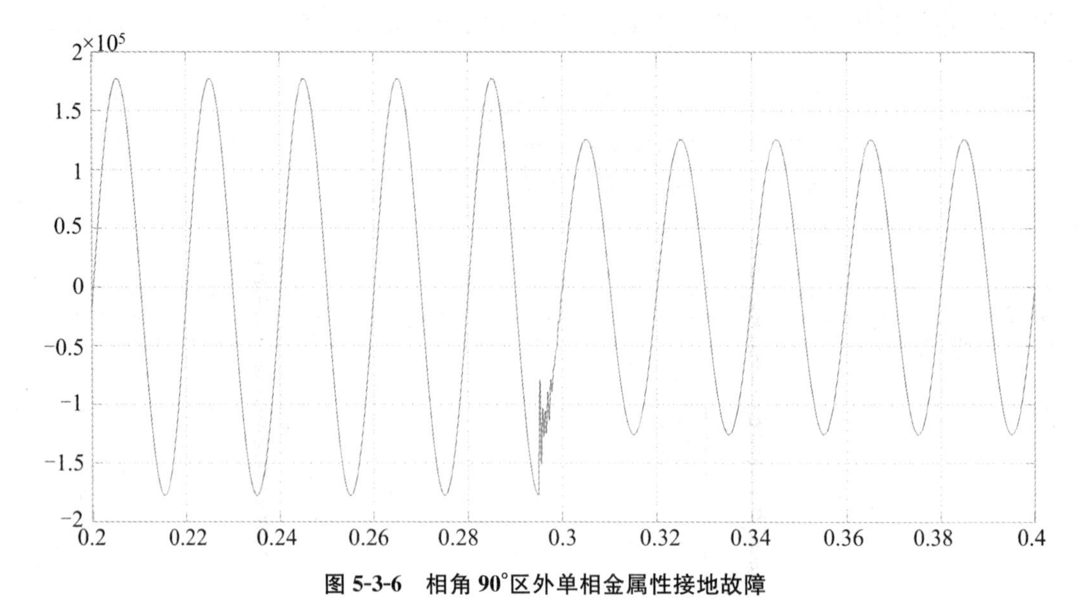

图 5-3-6　相角 90°区外单相金属性接地故障

从波形上可以看出一次电压信号在故障瞬间的暂态过程是一个伴随有高频振荡趋稳过程的阶跃电压，其高频分量的频谱范围在 10—20 kHz 之间。

3.3　电子式电压互感器暂态测试系统

电子式电压互感器暂态测试时利用图 5-3-5、图 5-3-6 一次侧短路故障仿真输出的暂态电压信号进行同比例缩小后作为测试数据源信号。测试系统架构如图 5-3-7 所示。

标准源信号 U_2 经过高精度电阻分压后，输出峰峰值在 ADC 量程范围内的电压 U_3，根据实际暂态电压中的主要成分的带宽，信号调理的截止频率设定为 20 kHz，采用高精度 ADC 进行采集，采样频率不低于 100 kHz，以保证比试品的截止频率高出两个数量级，从而使得相对于试品而言是一个近似的连续不失真波形。ADC 的每一个采样值均进行时间的标定，得到标准源电压值 U_{ref}。为了减少接收环节带来的时序抖动，以及采样同步误差，采用 FPGA 来同步接收来自于合并单元的光纤数字量采样值信号[8-10]以及 ADC 芯片的模拟量采样值信号。

目前数字化继电保护对电子式互感器基本都是不依靠同步时钟而采用绝对延时法来进行采样[17]，本系统采用绝对延时法来对电子式电压互感器进行暂态测试。FPGA 接收到 MU 数据后[11,12]，对每一帧采样值报文进行时间标定，按照电子式互感器的额定延时 T_c 进行时标修正后得到被测电压值 U_{test}[13]。修正后的采样值与标准源信号采样值通过时标完成了同步处理。暂态试验的起始时刻，通过突变量检测来进行捕捉，检测到暂态起始时刻后进行标准源和被测量的数据录波，突变前至少记录 2 周波数据并计算其波形峰值以及有效值作为误差判断基准值，突变后根据试验时长进行记录，随后进行误差电压的提取并计算其瞬时误差值以及基波误差值，从而完成电子式电压互感器的暂态测试。

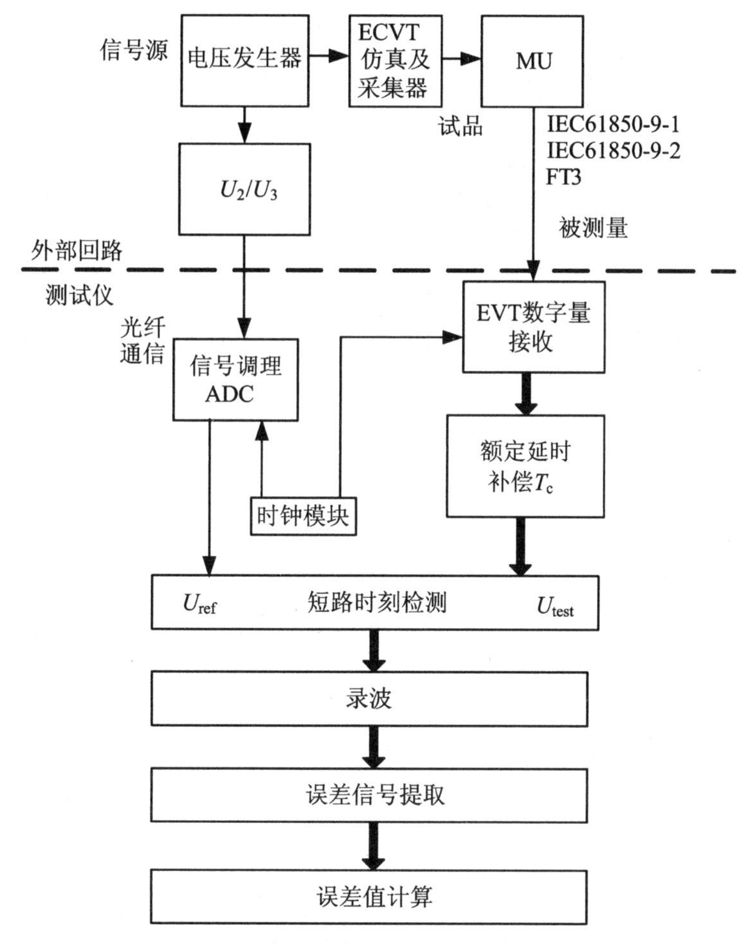

图 5-3-7　电子式电压互感器暂态测试系统

4　测试系统应用

利用本系统在实验室对国内某厂家的 ECVT 进行了暂态测试，该 ECVT 已在武高所进行过稳态测试验证。ECVT 的主回路电容 C_1 为 2 500 pF，保护电容 C_2 为 1.5 uF，采样电阻为 11.5 Ω，额定电压 220 kV 时的输出电压为 2.31 V。按照图 5-3-1 搭建物理仿真模型，改变 ECVT 的主回路电容，将 ECVT 的主回路电容 C_1 改为 1.2 pF，其余回路参数与试品一致。按照图 5-3-3 所示分别施加近区故障与远端故障进行暂态测试。测试结果如图 5-3-8、图 5-3-9，图中绿色为标准信号，黄色为试品信号，红色为误差信号。

将采集器更换为带有分压回路的采集器进行暂态测试，分压比为 10∶1，测试结果如图 5-3-10、图 5-3-11，图中绿色为标准信号，黄色为试品信号，红色为误差信号。

对以上波形进行误差分析，分析波形内一周波后的基波误差以及暂态过程的最大值瞬时误差，分析结果如表 5-3-1 所示。经过多次测试，结果基本一致。

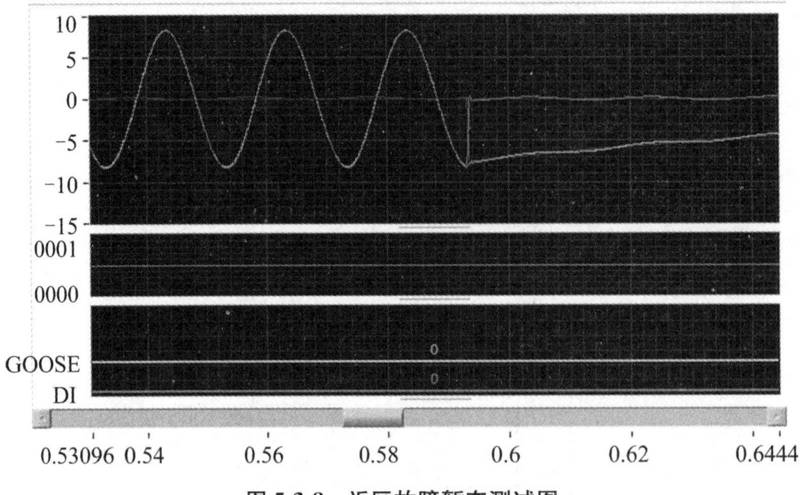

图 5-3-8　近区故障暂态测试图

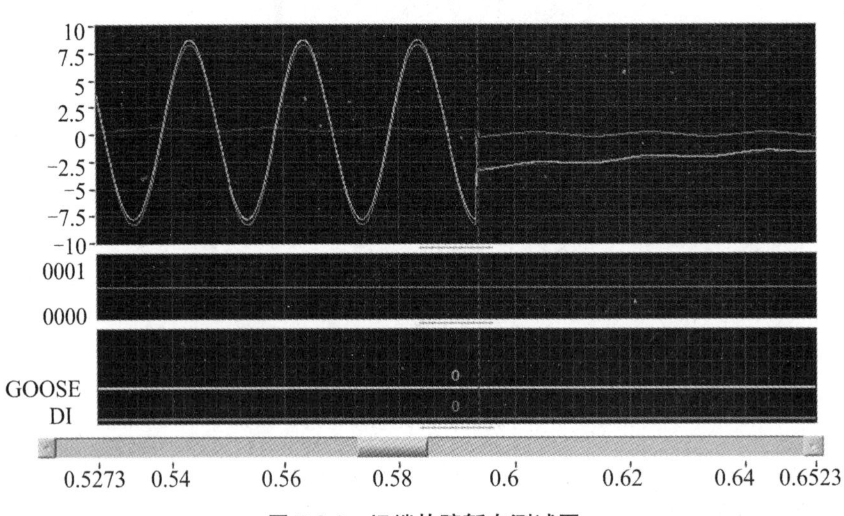

图 5-3-9　远端故障暂态测试图

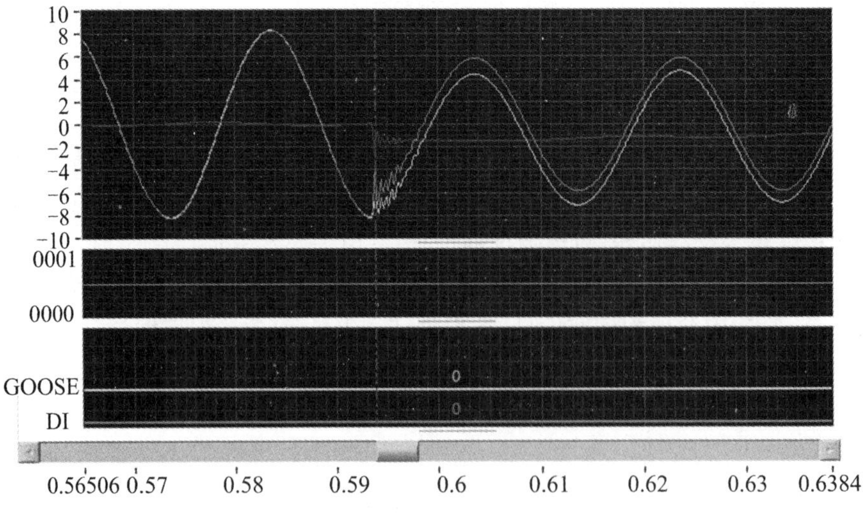

图 5-3-10　近区故障带分压回路的暂态测试图

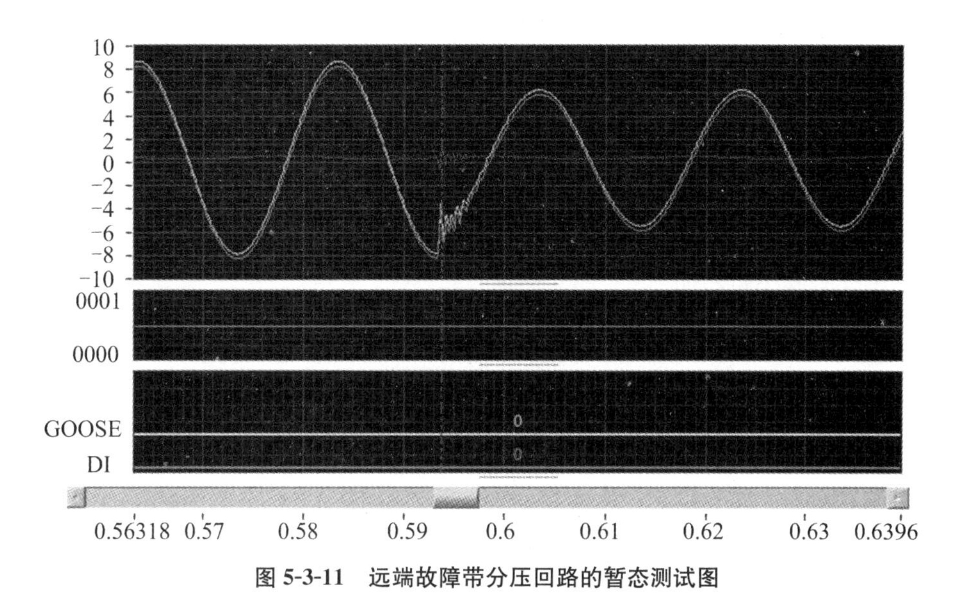

图 5-3-11　远端故障带分压回路的暂态测试图

表 5-3-1　ECVT 暂态测试数据

故障类型	近区故障		远端故障	
分压方式	1∶1	10∶1	1∶1	10∶1
一周波后基波误差/%	1.27	0.53	0.62	0.32
最大瞬时误差/%	96.2	38.7	16.7	1.5

从测试结果可以看出，阻容分压的电子式电压互感器在故障时其微分积分过程无法响应电压的突变过程，从而出现了衰减直流分量，导致暂态瞬时误差严重超差。在微分与积分之间增加分压回路可以有效遏制这种直流电压的初始峰值，但近区故障时其直流分量依旧很大，远端故障时的暂态瞬时误差满足要求。暂态过程的整周波的基波有效值基本都可以满足暂态精度的要求。所以这种暂态行为对于基于电压瞬时值的快速保护存在很大的不正确动作的风险，但对于基于电压整周波基波值的保护而言没有影响。这种测试方法可以很好地对 ECVT 的暂态传变特性进行测试和分析，并对一些快速响应的保护提出了新的技术要求。

5　结语

电子式电压互感器的暂态传变特性直接影响到电力系统快速保护的动作性能与动作指标，尤其是对线路保护中的快速距离保护以及变压器磁通制动原理的差动保护影响最大[14]，近区故障时由于微分后电压过高导致积分器信号失真，积分回路已经很难进行完整的信号还原，从而导致最终的输出信号中含有很高的衰减直流分量，所以在工程应用中不能忽略对电子式电压互感器暂态传变特性的测试，以免留下安全隐患。本文所开发的数字物理混合仿真暂态测试系统，避免了暂态一次电压以及一次暂态电压标互缺失所带来的影响。利用数字仿真输出一次系统故障后电压信号并搭建物理仿真平台将其按照阻容分压的方式输出微分信号给实际电子式互感器的采集器以及合并单元，并同步采集模拟标准信号以及试品的数字信号，计算暂态过程的瞬时误差值以及一周波后的基波误差值，经过实验室的测试验证，测试结果与理论分析基本一致，证明本方案切实可行。

参考文献

[1] 李旭，黄继东，倪传坤，等.不同电流互感器混用对线路差动保护的影响及对策的研究[J].电力系统保护与控制，2014，42(3)：141-145.

[2] 倪传坤，张克元，杨生苹，等.基于电子式互感器的R_L模型距离保护应用研究[J].电力系统保护与控制，2012，40(15)：132-135.

[3] 李长云，李庆民，李贞，等.直流偏磁和剩磁同时作用下保护用电流互感器的暂态特性研究[J].电力系统保护与控制，2010，38(23)：107-111.

[4] 康小宁，张新，索南加乐，等.电压互感器和电流互感器暂态特性对距离保护算法的影响[J].西安交通大学学报，2006，40(8)：955-960.

[5] 王佳颖，郭志忠，张国庆，等.电子式电压互感器暂态特性仿真与研究[J].电力自动化设备，2012，32(3)：62-65.

[6] 张可畏，王宁，段雄英，等.用于电子式电流互感器的数字积分器[J].中国电机工程学报，2004，24(12)：104-108.

[7] 赵勇，孔圣立，罗强，等.电子式电流互感器暂态传变延时测试技术研究[J].电力系统保护与控制，2014，42(17)：125-130.

[8] GB/T 20840.8.互感器第八部分：电子式电流互感器[S].2008.

[9] DL/T 860.91.变电站通信网络和系统第9-1部分：特定通信服务映射：通过单向多路点对点串行通信链路的模拟量采样值[S].

[10] DL/T860.92.变电站通信网络和系统第9-2部分：特定通信服务映射：通过ISO8802-3的模拟量采样值[S].

[11] 李澄，袁宇波，罗强.基于电子式互感器的数字保护接口技术研究[J]. 电网技术，2007，31(9)：84-87.

[12] 龚坚，彭晖，乔庐峰，等.标准802.3以太网MAC控制器的FPGA设计与实现[J]. 军事通信技术，2005(04)：21-24.

[13] 高吉普，徐长宝，王宇，等.光学电子式电压互感器暂态特性及其测试技术研究[J].电测与仪表，2016，53(4)：84-89.

[14] 徐长宝，高吉普，鲁彩江，等.适用电子式互感器的变压器保护磁通制动技术[J].电力系统保护与控制，2015，43(18)：80-86.

[15] 戴魏，郑玉平，白亮亮，等.保护用电流互感器传变特性分析[J].电力系统保护与控制，2017，V45(19)：46-54.

[16] 樊占峰，白申义，杨智德，等.光学电流互感器关键技术研究[J].电力系统保护与控制，2018，V46(3)：67-74.

[17] 陶文伟，高红亮，杨贵，等. 智能变电站过程层冗余组网模式及网络延时累加技术研究[J].电力系统保护与控制，2018，V46(8)：124-129.

[18] Zhang Baohui，Hao Zhiguo，Bo Zhiqian. New development in relay protection for smart grid[J]. Protection and Control of Modern Power Systems，2016(1)：14.

[19] 王佳颖，郭志忠，张国庆，等. 电子式电压互感器暂态特性仿真与研究[J].电力自动化设备，2012，32(03)：62-65，75.

[20] 刘琦，徐雁，高飞，等. 电子式电压互感器暂态响应的影响因素分析[J].电气工程学报，2015，10(10)：37-43.

[21] 李谦，张波，蒋愉宽，等. 变电站内短路电流暂态过程及其影响因素[J].高电压技术，2014，40(07)：1986-1993.

第六篇

新能源并网技术

级联型光伏并网系统混合调制策略研究

Hybrid Modulation Strategy for Cascaded Photovoltaic Grid Connected System

高 强

安徽送变电工程有限公司，安徽合肥，230022

摘要：近年来，级联型多电平逆变器以谐波含量小、电压和功率等级高的特点得到了广泛的应用，并成为电力电子技术领域的热点之一，广泛应用于新能源发电并网系统、电池储能系统等场合。本文提出了一种控制方案对H桥直流侧电压差进行排序，通过采用低频方波调制和高频PWM调制相结合的混合调制策略，从而适时地调整各级联H桥的开关信号，使各模块直流侧电压达到MPPT点电压，最后通过仿真实验验证了控制方案的正确性。

关键词：光伏并网系统；级联多电平；H型级联；混合级联；逆变器；控制

Abstract: In recent years, the cascaded multilevel inverter has become one of hotspots in the field of power electronic technology, this kind of invert is widely used in the new energy grid-connected system, battery energy storage system, high voltage inverter, and ect. In this paper, a hybrid modulation strategy combining low-frequency square wave modulation with high-frequency PWM modulation is proposed to sort the DC-side voltage difference of H-bridge, and the switching signals of H-bridge at all levels can be adjusted timely, so that the DC-side voltage of each module can reach MPPT point voltage. Finally, the correctness of the control scheme is verified by simulation experiments.

Key words: photovoltaic grid-connected system; cascade multilevel; cascaded H-bridge; hybrid modulation; inverter; control

级联H桥并网逆变器有诸如输出滤波器体积小、MPPT独立、模块化易拓展等众多优点而被广泛应用，但光伏板若受光照、温度等外界因素影响，一块或多块光伏电池输出功率严重下降时，由于流过每个H桥的电流相等而传输的功率差异较大，可能导致其他输出功率较大的光伏电池对应模块的调制度大于1，引起系统不稳定[1]。目前，国内外学者已经对其进行了相关的研究。文献[2—4]利用各级功率单元直流侧电压变化得到的调节因数乘以逆变器总的输出调制波，直接修改相应H桥的调制比，使每个光伏阵列运行在各自的最大功率点；文献[5,6]通过调节第一个功率单元的调制波幅值和相位，而其余 $N-1$ 个单元的调制波相位与电网电压相位保持一致，只改变相应的幅值，来满足每级光伏阵列最大功率跟

作者简介：

高强(1989—)，男，安徽肥西人，助理工程师，主要研究方向为变电站施工技术。

踪运行的条件;文献[7]提出了一种基于占空比有功分量修正的功率平衡控制策略,并分析了相应的稳定工作区域。但这些均衡控制方法调节范围都较小,在模块间光照极度不平衡时将失去调节能力,系统将不稳定。文献[8]提出了一种扩大系统稳定运行范围的直流侧电压均衡控制算法,通过对直流侧电压进行排序来调整各级联 H 桥的开关信号,但其均衡控制方法建立在直流侧参考电压相等的基础上,不适用于随光照、温度等因素变化时最大功率点电压波动较大的光伏逆变器场合。本文提出一种对 H 桥直流侧电压差进行排序,通过采用低频方波调制和高频 PWM 调制相结合的混合调制策略,从而适时地调整各级联 H 桥的开关信号,使各模块直流侧电压达到 MPPT 点电压。仿真结果表明,所提出的控制策略能够扩大级联 H 桥光伏逆变器的稳定运行范围,即使在光照极度不平衡的情况下,该控制策略也能使各模块功率达到均衡,系统能够稳定运行,输出最大功率。

1　过程简述

1.1　级联 H 桥光伏并网逆变器系统配置

图 6-1-1 为级联 H 桥光伏并网逆变器的系统框图。级联 H 桥逆变器由 N 个 H 桥子模块单元串联组成,其中每个单元的直流侧由光伏板组成。V_{PVk} 为光伏板输出电压,即直流侧电容电压;I_{PVk} 为光伏板输出电流;I_{Hk} 为 H 桥逆变器直流侧电流;C_k 为直流侧电容;I_{Ck} 为直流侧电容电流;V_{Hk} 为 H 桥逆变器输出电压;S_{ki}(i=1,2,3,4)为 H 桥逆变器的四个开关信号;I_S 为并网电流;L_S 为逆变器滤波电感;$k(i=1,2,\cdots,N)$ 表示第 k 个 H 桥逆变器。

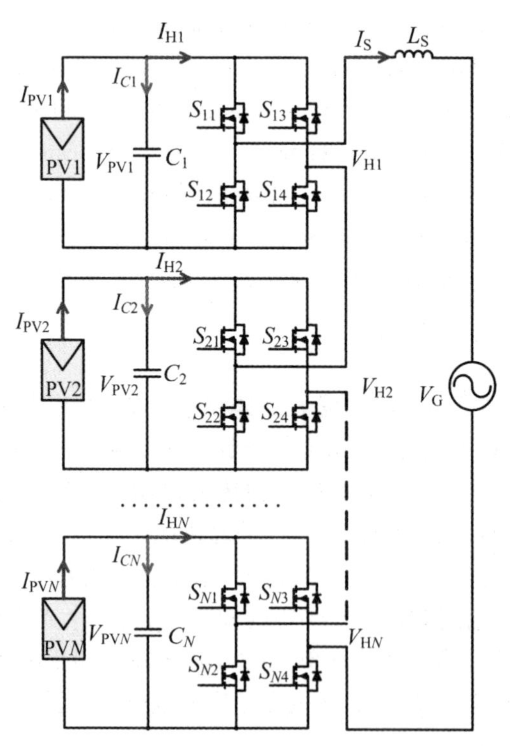

图 6-1-1　级联 H 桥光伏并网逆变器系统框图

1.2 级联 H 桥光伏并网逆变器均衡控制策略

图 6-1-2 为级联 H 桥光伏逆变器的控制框图，整体的级联 H 桥逆变系统采用电压电流双闭环控制，其中电压外环通过 PI 控制保证逆变器总的直流母线电压稳定，电流内环通过 PI 控制不仅实现了并网电流的零稳态误差和单位功率因数控制，而且也实现了有功、无功功率的解耦控制。图 6-1-2 中的均衡控制算法的核心是在每个开关周期内根据总调制波电压的瞬时值来分配各个 H 桥子模块工作模式。为了表述方便令 $\Delta k=V_{PVk}-V_{PVk}^{*}$，$k(i=1,2,\cdots,N)$表示第 k 个 H 桥逆变器。将电压差 $\Delta_1-\Delta_N$ 按照升序排列，V_1-V_N 则表示按照电压差降序排列后对应的各 H 桥子模块直流侧实际电压。总调制波电压位于 K 区间的定义如下：

$$\sum_{i=1}^{K-1}V_i<V_r<\sum_{i=1}^{K-1}V_i+V_K \tag{6-1-1}$$

图 6-1-3 为 H 桥各子模块开关模式分配图，在每个开关周期中，只有一个 H 桥子模块工作于 PWM 模式，其他子模块工作于方波模式即只输出“+1”或者“−1”电平。

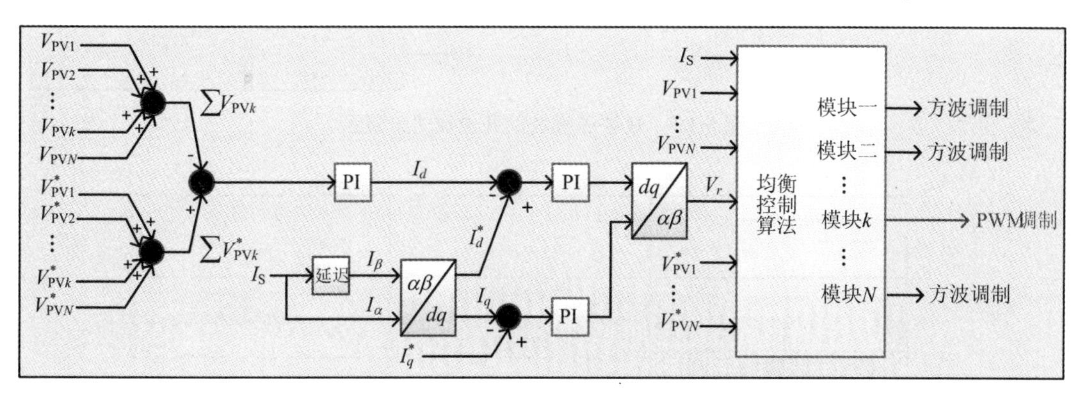

图 6-1-2 级联 H 桥光伏并网逆变器控制框图

2 结果与讨论

从图 6-1-4 至图 6-1-7 可以看出，$t=0.8$ s 时，第一、二两块光伏电池的光照突降时各 H 桥直流侧电压均发生了波动，但很快跟踪上各自的参考电压，并达到基本一致；$t=1$ s 时，第三、四块光伏电池的光照突降时，各 H 桥直流侧电压也发生了波动，但同样很快跟踪上各自的参考电压，并达到基本一致。从图 6-1-8、图 6-1-9 可以看出 $t=0.8$ s 时，由于第一、二两块光伏电池的光照突降，并网电流会相应减小且与电网同相位；同理当 $t=1$ s 时，由于第三、四两块光伏电池的光照也突降，并网电流会进一步减小，并保持与电网电压同相位。

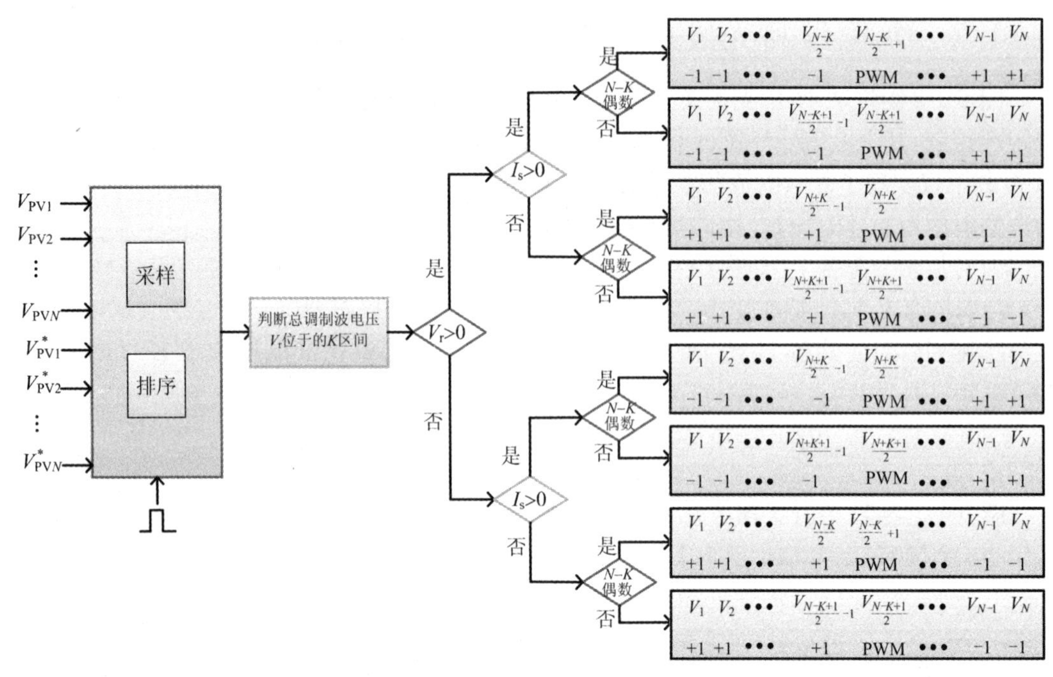

图 6-1-3　H 桥子模块的开关模式分配图

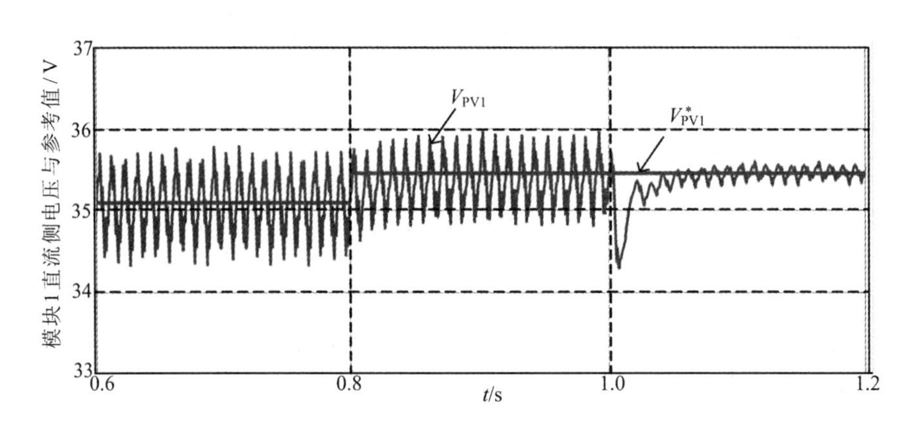

图 6-1-4　光照突降时模块 1 直流侧电压波形

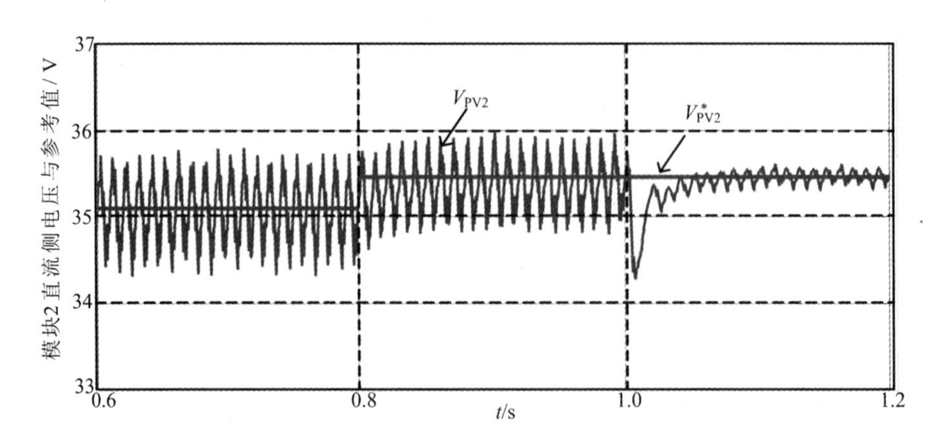

图 6-1-5　光照突降时模块 2 直流侧电压波形

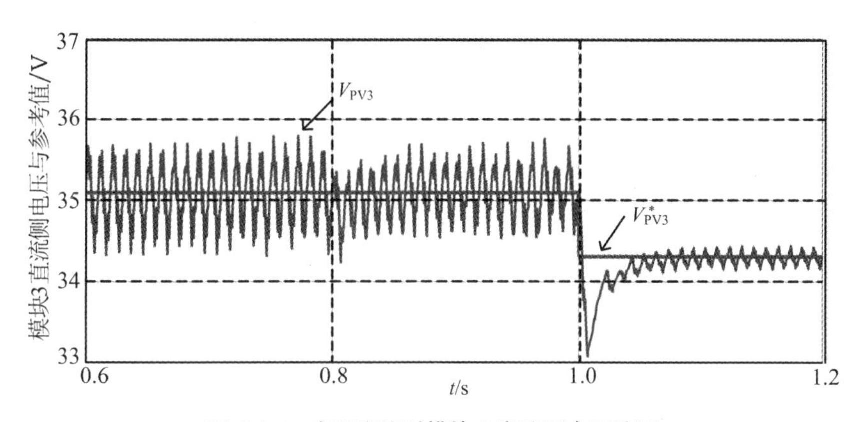

图 6-1-6　光照突降时模块 3 直流侧电压波形

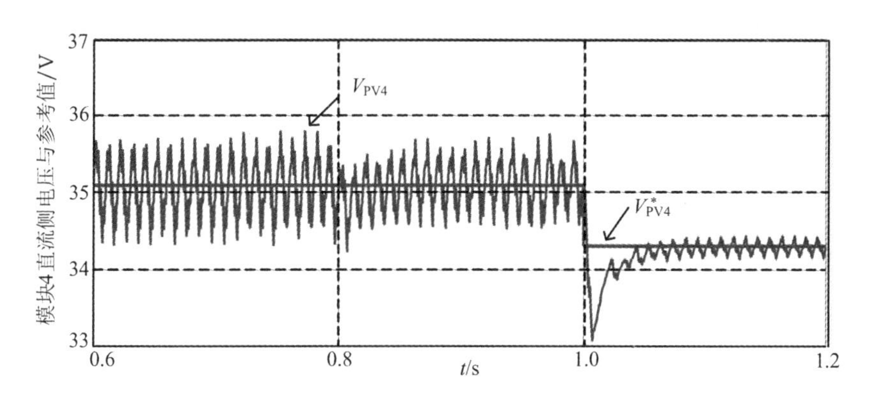

图 6-1-7　光照突降时模块 4 直流侧电压波形

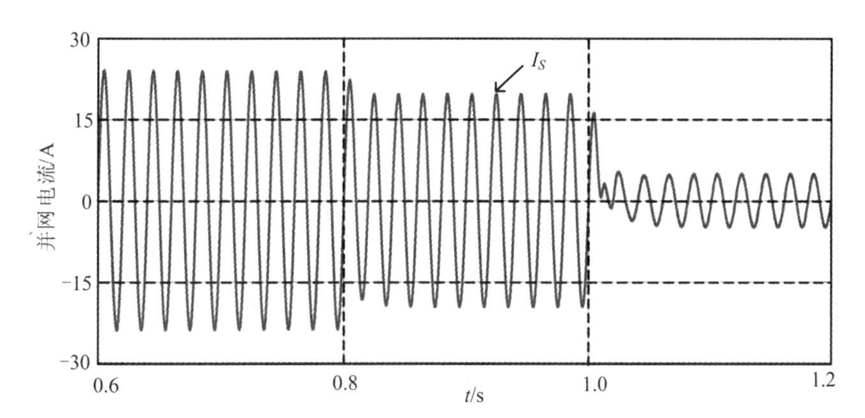

图 6-1-8　光照突降时并网电流波形

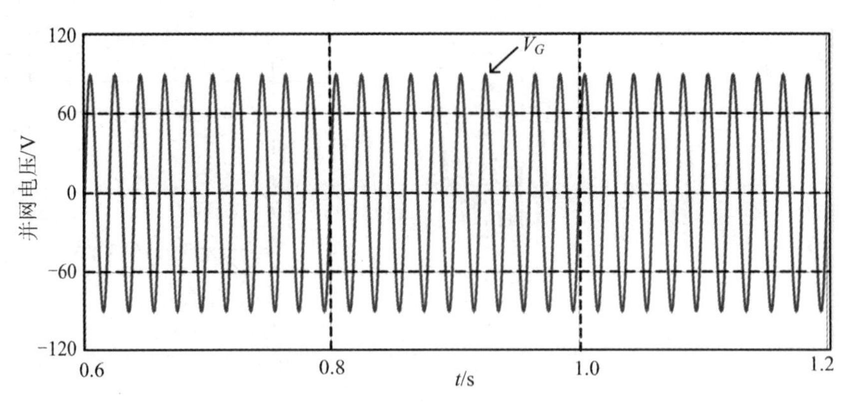

图 6-1-9　光照突降时并网电压波形

3　结语

本文针对级联型光伏并网逆变器在光照极度不均匀条件下的功率均衡策略进行了研究，通过采用低频方波调制和高频 PWM 调制相结合的混合调制策略，实现了直流侧光伏阵列的最大功率与 H 桥交流侧的输出功率平衡，保证了直流母线电压的稳定，扩大了级联 H 桥光伏并网逆变器的稳定工作区域。通过仿真验证了所提控制策略的有效性和可行性，结果表明即使在光照极度不平衡的情况下，该方法也能保证直流母线电压的稳定，具有很好的稳态和动态性能。

参考文献

[1] Dell'Aquila A, Liserre M, Monopoli V G, et al. IEEE Transactions on Industry Applications[C]. 2018:44,857.

[2] Kouro S, Bin W, Villanueva E, et al. In IEEE Industrial Electronics, IECON 2009－35th Annual Conference[C]. 2009: 3976.

[3] Alonso O, Sanchis P, Gubia E, et al. IEEE 34th Annual Power Electronics Specialists Conference [C]. 2003:731.

[4] 王书征，赵剑锋，姚晓君，等. 级联 H 桥光伏并网逆变器在光照不均匀条件下的功率平衡控制[J]. 电工技术学报，2013(28):252.

[5] 王付胜，张德辉，戴之强，等. 级联 H 桥光伏并网逆变器混合调制策略[J]. 电工技术学报，2016.

[6] Negroni J J, Guinjoan F, Meza C, et al. 10th IEEE International Power Electronics Congress[C]. 2006:1.

[7] Villanueva E, Correa P, Rodriguez J, et al. IEEE Transactions on Industrial Electronics[C]. 2009: 56, 4399.

[8] Bailu X, Ke S, Jun M, et al. IEEE Energy Conversion Congress and Exposition[C]. 2012:3715.

第七篇

人工智能技术

无人机技术在电力系统内的研究与应用

Research and Application of UAV Technology in Power System

王广跃　李志飞　王成化　谢学飞

国网安徽省电力有限公司滁州供电公司，安徽滁州，239000

摘要：随着社会经济的飞速发展，科技领域快速进步，科技领域中具有代表性的产物之一无人机技术，在电力系统输电线路中已经得到了广泛应用，在推动电力系统运维方式变化的同时，还为电力系统发展带来了薪新的元素。本文首先对无人机技术在输电线路运维方面的应用进行了简述，分析无人机技术的优势；然后对无人机技术在电力系统电网规划设计方面的运用做了研究和探讨。

关键词：无人机技术；输电运维；电网规划设计；运用

Abstract: With the rapid development of social economy, and the advances of science and technology, unmanned aerial vehicle (UAV), one of the representative products, has been widely used in the power transmission lines, driving the changes in the operation and maintenance of power system and bringing new development elements for power system development. In this paper, the application of UAV technology in transmission line operation and maintenance is briefly introduced, and the advantages of UAV technology are analyzed. Then the application of UAV technology in power system grid planning and design is studied and discussed.

Key words: UAV technology; transmission operation and maintenance; grid planning and design; Use

随着科技的进步，无人机技术日渐成熟，逐步步入人们生活。近年来，随着电网的大建设，电网规模不断扩大，为了摆脱传统运维手段和方法的束缚，减小架空输电线路人工巡视的工作量，克服人工巡视存在的不足，国家电网公司(以下简称国网公司)近两年在系统内大力推广无人机技术在输电线路巡视、线路故障查找、线路异物清除等方面的应用，目前国网公司系统内各省、市公司相继采购了无人机，并安排相关人员取得无人机驾驶资格。

1　无人机技术概述

无人机技术，即利用无线电遥控设备和自备的程序控制装置操纵无人机飞近目标，根据

作者简介：

王广跃(1991—)，男，安徽合肥人，工程师，从事输电运维工作。

谢学飞(1977—)，男，安徽无为人，副高级工程师，从事输电运维检修管理工作。

任务需要，通过无人机平台上携带的控制模块、信息采集系统和任务设备，对目标执行数据采集、航拍、录像、红外测温、测距等操作，利用无人机通信系统将数据传输至地面站显示或储存。在无人机系统中，所搭载的任务设备和人工操作的设备一样，具有完善的技能系统，人员只需在地面对任务设备进行操作，即可采集目标的各项数据，完成给定的任务，便于满足人们的生产和生活需要。当前，在各个领域无人机技术已得到相当广泛的应用，如日常生活中的航拍、摄影、勘测、救援、警用、交通、运输送货等。其中在电力系统无人机技术的应用也是相当广泛，如对架空输电线路进行巡视、故障查找、清除导线上缠绕的异物、交叉跨越距离测量，对电力设备进行红外测温、灾情排查、应急救援综合保障等。

2 无人机技术优势

无人机的机动性和灵活性好，能够向任意方向飞行，可悬停并对预定目标进行定点拍照，能够在地面通过显示屏清楚地查看杆塔本体、绝缘子、金具等附属设备的运行状态，及时发现人工巡视中难以发现的隐患，具有迅速快捷、工作效率高、不受地域影响的优点，随着飞行控制技术和定位技术的不断发展，无人机可以实现自动驾驶和空中定点悬停，能够按照预先规划对复杂线路进行沿线巡检，对疑似故障点进行定点检测，同时无人机对起飞着陆场地要求低，不用专门设立临时起降点，基本可以随处起飞、随处降落，地面设备简单，架设和撤收时间短。

无人机巡视较传统的人工巡视具有较多的优势，主要体现在能够对杆塔本体、金具、导地线、绝缘子等部件的运行状态，线路走廊内的树木生长、地理环境、交叉跨越等情况进行仔细的检查记录，尤其是在特殊地形区段，能够对交叉跨越、树线距离、地形地貌进行准确的测量、拍照和摄像。

3 无人机技术在电网系统的研究内容

电网规模的不断扩大，必然伴随着新变电站、高压输电线路的规划、设计，从而导致从事电网规划设计的相关人员工作任务非常繁重。目前的电网规划设计需要规划设计人员到政府部门批复的变电站建设地址进行现场勘察、测绘，对批复的线路通道走廊进行详细测绘，画出线路通道图，标注出通道附近重要的地形地貌、交叉跨越等，工作量非常大，而且测绘出来的数据不够具体形象，有时需要测绘人员与设计人员多次沟通、现场确认。随着无人机技术、三维建模技术的日渐成熟，从事电网规划设计的人员提出了能否用无人机测绘代替目前的人工测绘，到现场对变电站建设地址和线路通道走廊进行测绘、航拍，然后进行三维建模，从而减轻人工测绘的工作量，为设计人员提供详细、直观、精确的测绘数据。

4 无人机技术在电网系统的成果应用

随着无人机技术的成熟，在国网公司的大力推广下，从事规划设计的相关人员会同国网公司系统内的无人机飞手在变电站规划选址和输电线路设计领域进行了实践和应用。

4.1 在变电站规划选址方面的应用程序

(1) 参考电网规划设计导则，根据政府的批示选好变电站建设地址。

(2) 根据政府相关部门批示的线路通道，确定变电站间隔方向，从而草拟出变电所地址的四角位置。

(3) 在草拟的变电站地址的四角位置用 GIS 数据采集仪进行 GIS 定位。

(4) 将采集的数据整理后，导入无人机巡检系统，按照定位的 GIS 数据飞行，采用激光雷达扫描技术、360°全景摄影技术，对变电站周边地形地貌进行扫描、摄像，然后对激光扫描的数据进行处理，最后导入 C/S 版激光点云三维展示系统。

(5) 查看三维展示系统，对相关数据进行比对分析，最终确定变电站选址方案。

4.2 在输电线路设计方面的应用程序

(1) 根据政府批复的线路通道走廊，选取其中的关键点(尤其是转角点)，用 GIS 数据采集仪进行 GIS 定位。

(2) 将采集的数据整理后，导入无人机巡检系统，沿着定位的 GIS 数据飞行，采用激光雷达扫描技术、360°全景摄影技术，对沿线线路通道走廊的地形地貌等进行扫描、摄像，然后对激光扫描的数据进行处理，最后将处理后的数据导入 C/S 版激光点云三维展示系统。

(3) 对三维展示系统内的数据进行比对分析，模拟排杆定位，最终确定设计方案。

4.3 无人机技术应用成效

将无人机应用在变电站和线路规划设计方面，相比于人工测绘来说，无人机激光雷达扫描测绘和 360°全景摄影技术的优势主要体现在以下几个方面：

(1) 节省了大量的人力劳动，减轻了测绘人员的工作量。相比于目前的人工测绘，使用无人机激光雷达扫描测绘与 360°全景摄影，只需要在工作前由人工在草拟的变电站四角和政府相关部门批复的线路通道走廊关键点(尤其是转角点)用 GIS 数据采集仪进行 GIS 定位，然后将整理好的 GIS 数据导入无人机巡检系统，无人机即可沿着给定的 GIS 数据飞行，对变电站附近及线路通道走廊的地形、地貌等进行测绘、摄像，无需测绘人员利用经纬仪、全站仪等测绘工具一点一点地进行测量绘图。

(2) 测绘出来的数据更加直观形象，方便设计人员查看、参考。使用无人机激光雷达扫描测绘，可以把变电站附近及线路通道走廊的地形地貌等数据精确地测量出来，360°全景摄影技术可以把变电站附近及线路通道走廊的地形地貌以图片和视频的形式导出，设计人员在进行变电站及线路设计过程中，对三维建模的数据存在疑问或不清楚的地方时可以直接查阅图片或视频，不需要再进行现场核实。

(3) 测绘速度较以前的人工测绘更加快捷，测绘出的数据更加精确、详细。目前的人工测绘主要是由测绘人员利用全站仪等相关测绘工具在现场一点一点地测量绘制，需要花费大量的时间才能绘制出测绘图纸，而无人机激光雷达扫描测绘只需将扫描的数据导入软件进行三维建模，转换成所需要的测绘图纸即可，所需要花费的时间大大减少；同时，人工测绘测量的只是一些重要的关键点，对于沿线的河流、交跨、树木等的测绘并不是特别详细，而无人机激光雷达扫描测绘和 360°全景摄影技术可以有效克服这些问题，同时扫描的数据精度高，测距精度在 1 m 以内，设计人员如有不清楚的地方可以直接查阅图片和视频。

5 结语

随着无人机技术的应用及拓展，随着电网建设发展的需求，无人机的相关技术会不断进步，新的功能将不断被研发出来，整套无人机设备的价格也将逐步降至一个合理的范围内，在以后的电网系统中，无人机技术将会有非常广阔的应用前景。

参考文献

[1] 孙毅. 无人机驾驶员航空知识手册[M]. 北京：中国民航出版社，2014.

[2] 张祥全. 苏建军. 架空输电线路无人机巡检技术[M]. 北京：中国电力出版社，2016.

[3] 国家电网公司. Q-GDW 11399—2015. 架空输电线路无人机巡检作业安全工作规程[S]. 2015.

[4] 孟遂民，孔伟. 架空输电线路设计[M]. 北京：中国电力出版社，2011.

[5] 陈景彦，白俊峰. 输电线路运行维护理论与技术[M]. 北京：中国电力出版社，2011.

面向互联网的电动汽车智能充电系统设计与应用

Design and Application of Intelligent Charging System for Electric Vehicle for Internet

李　刚　张安华

国网安徽省电力有限公司池州供电公司，安徽池州，247000

摘要：目前，电动汽车正在我国快速推广，为了满足用户参与电动汽车的用电管理需求，面向互联网的智能充电技术引起了人们的广泛关注。面向互联网针对电动汽车，设计出一种可靠、安全的智能充电服务系统，有助于电动汽车的安全运行以及延长续驶里程。本文在阐述推进电动汽车技术发展的重要性后，主要研究了面向互联网的电动汽车智能充电系统的设计和应用，可供行管部门参考。

关键词：互联网；电动汽车；智能充电系统

Abstract: At present, electric vehicles are being rapidly promoted in China. In order to meet users' participation in the electric power management of electric vehicles, intelligent charging technology for the Internet has also attracted widespread attention. For electric vehicles, a reliable and safe intelligent charging service system is designed for the Internet to help electric vehicles operate safely and extend their mileage. After expounding the importance of promoting the development of electric vehicle technology, the design and application of intelligent charging system for electric vehicles oriented to the Internet are mainly studied, and the application examples are used for reference by the management department.

Key words: Internet; electric vehicle; smart charging system

随着汽车工业的快速发展以及汽车保有量的不断增长，中国的能源和环境面临的挑战也越来越严峻，为了确保中国能源安全与低碳经济转型，应重视电动汽车的推广应用，未来电动汽车必将成为最主要的一种交通工具。目前，随着对电动汽车重视的快速提升，推进了电动汽车技术的发展，而且很好地控制了成本，装备了动力电池的一批电动汽车已经投入市场进行销售。随着大批量电动汽车的产业化，作为电动汽车的核心技术，充电技术变得尤为重要，面向互联网建立健全的智能充电服务系统，有着较大的社会意义。

作者简介：

李刚(1982—)，男，安徽太和人，副高级工程师，负责具体组织池州地区电动汽车充电站的建设管理及运维工作。

张安华(1980—)，男，安徽肥东人，工程师，负责分管汽车充电站管理工作。

1 设计面向互联网的电动汽车智能充电服务系统

1.1 云服务器

1.1.1 设计架构

云服务器基于 Spring 开源架构，采用分层处理，并将数据处理压力逐层分解，实现了系统整体稳定性与性能的提高。总体技术架构包括业务层、网络层及应用层。业务层统一表达了各环节数据，构造统一信息模型，使网络层接入的数据规范化，优化了云服务器架构；网络层屏蔽了不同的通信技术，根据统一通信规约传送数据；应用层采用云服务器体系架构，统一管理多种数据信息，并向外提供数据统一服务，对各类业务应用进行支撑。

1.1.2 设计功能

(1) 监控。监控针对交、直流充电桩，以高效、准确的定位和可视化为基础，监测充电设备的状态，控制充电设备运行。

(2) 交易。交易管理是指管理充电交易中的费用流转、账单及明细等，确保收费账目的准确与明晰。

(3) 信息采集。采集管理在线实时监测充电设备，包括采集任务与档案管理。

(4) 运营工况。运营工况是指通过分析地区、区域及客户的充电数据，得出推广电动汽车的走势，有助于宏观方案的制定，包括充电、财务及工况等分析。

(5) 系统。系统管理为系统管理员所用，包括系统用户、角色、菜单、权限、日志、参数和系统消息等的管理。

1.2 智能充电桩

交、直流充电是智能充电桩的两种充电形式。在电动汽车外安装交流充电装置，和交流电网连接，提供交流电源，同时具有计量、计费及通信等功能。直流充电除了具有上述功能外，还可以变换电源、监测汽车状态及管理电池等。相较于传统充电桩，智能充电桩设置了 WiFi 通信模块，借助 WiFi 路由器和云服务器连接。智能交流充电桩主要包括微控制单元、WiFi 通信模块、保护单元及电源转换模块等。

(1) 微控制单元。作为充电控制装置的核心，微控制单元进行指令控制和分发信息，利用功耗低、性价比高的芯片，借助串行或串口外围设备的总线接口和 WiFi 通信模块进行通信，借助 485 总线和数字电表进行通信，借助 I2C 总线和 Flash 存储单元进行通信，微控制单元借助相连的驱动电路和接触器，控制充电电能的通断。

(2) WiFi 通信模块。借助低功耗的 WiFi 模块，和无线网关数据进行通信，上报充电开关的远程控制以及电流、功率和电能信息。

(3) 保护单元。防雷器与漏电保护器是保护单元，借助防雷器可以避免雷电或内部过电压损坏设备；在设备漏电或有致命危险时，漏电保护器可以保护人身安全。

(4) 电源转换模块。借助该模块实现交流电向直流电的转换，并提供电压等级不同的直流电，为其他电路供电。

1.3 APP 客户端

(1) 视图层。该界面与用户交互，对用户的请求产生响应，借助业务逻辑层来处理逻辑,以不同的形式将结果展现给用户。地图与状态显示、控制与查询界面及支付结算组成了视图层。

(2) 业务逻辑层。主要对视图层业务提供逻辑支撑,包括地图、支付、控制、查询及状态显示等功能。判断和运算业务逻辑,包括请求服务器的数据和读取本地数据库。

(3) 业务实体层。包括业务实体对网关与平台服务器数据的请求、解析及对数据库的维护。

借助 APP 客户端软件,按照用户所选的功能,对相应的业务逻辑层模块进行调用,该层负责组织业务流程,调用业务实体层中的模块,借助网关(或平台)服务器接口与网关(或平台)服务器交换信息。主要包括地图、状态显示、支付、控制及查询等功能。APP 客户端的充电服务模式包括定电量、定时间、定金额和自动(充满为止)充电模式。

1.4 APP 应用

可通过专用 APP 客户端在手机等移动终端上实时查找附近的充电站和车位余量,为车主推荐最近的充电站并规划最优路线,见图 7-2-1。

图 7-2-1 APP 使用图

1.5 车辆管理

电动汽车充电站系开放性结构设计,一般无法设置卡口或道闸,需通过摄像机来抓拍识别车牌号码。系统可以通过在充电岛的每个停车位安装的高清检测摄像机,对每辆充电的汽车车牌抓拍分析,与和供电公司充电卡关联的车牌库进行比对(条件允许可单向接入当地车管所车辆信息管理系统),对非电动汽车占用车位行为进行警告。高清车位检测摄像机集成高亮车位状态指示灯,采用节能型 LED 发光管,亮度高、功耗低,可实时显示红、绿、黄、蓝、品红、青、白等七种状态,默认红灯代表有车,绿灯代表无车,蓝灯代表特殊车位,其他状态预留,可自定义设置。通过车位检测摄像机还可以实时掌握充电站充电车位使用情况,系统可以报表的形式将车位使用情况在后台展示出来,提供决策依据。

2 实例应用

2.1 站端监控系统设计

充电站主要分为高速快充站、城市快充站和充电桩站三类，按照现场实际情况及用户需求，系统的部署也有一定的差异，以 8 个充电车位设计为例，如图 7-2-2 所示。

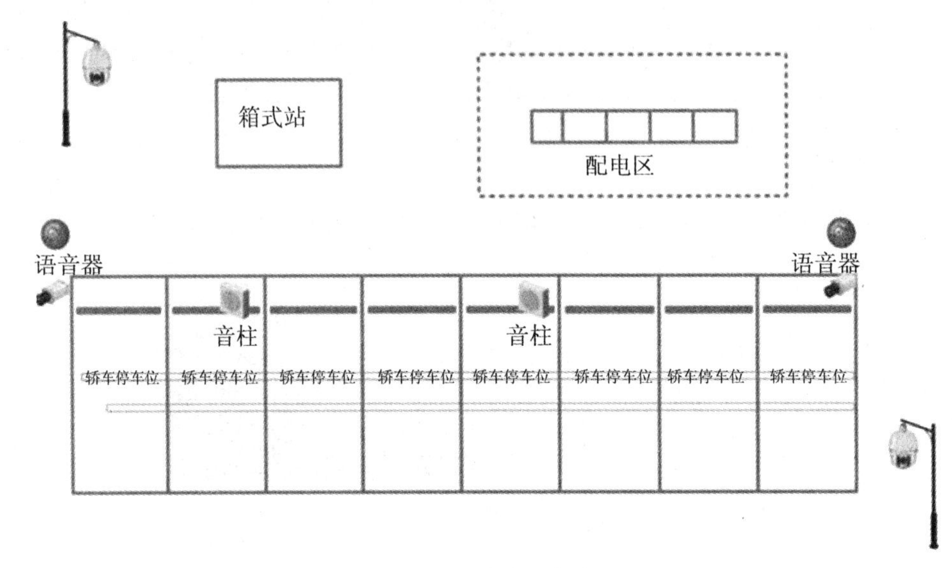

图 7-2-2 充电车位示意图

2.2 实时监控

在充电岛安装网络高清摄像机，鉴于每个摄像机可智能识别 4 个事件，故设计每个摄像机监控 4 个停车位，对电动汽车的整个充电过程全方位监控，具体配置数量依据现场实际情况确定。

利用视频浓缩技术智能剔除无效的视频信息，保留有效信息，做到录像的精简功能，可按事件实现录像的快速检索和回放，解决海量视频的快速观看问题，为用户节约时间，提高工作效率。

2.3 可视跟踪

在充电站主要通道出入口部署高清网络红外球机，实现整个充电站的环境监控。采用移动目标智能跟踪技术，当有车辆进入充电站后，系统自动联动球机跟踪车辆进入充电岛区域全过程；在箱式站、直流柜等出入口部署门磁检测开关，当检测到门磁开关动作时，系统将自动联动球机预置位对箱式站和直流柜进行监控。

池州市杏花园公用停车场北广场城市充电站项目，建造了直流一体充电桩 4 座和直流分体桩 4 座，配合周边 5 km 范围区域内的交流慢充充电桩，部署了 1 套电动汽车用的智能充电系统。在建成这套系统后，池州市县范围内由国家电网建造的充电桩都纳入智能充电系统中管理，其中在人口较为集中的贵池区，电动出租车的智能充电，采用慢充桩需要充电

4—5 h,采用快充桩半个小时即可补电 80%。借助这些充电桩已经有效解决了该地区电动汽车的充电问题。

3 结语

综上所述,面向互联网的电动汽车智能充电系统为大规模推广应用电动汽车创造了基础条件,有助于用户参与管理用电、合理用电及有序充电。本文主要分析了云服务器、智能充电装置以及 APP 客户端等单元的组成和功能;该智能充电系统借助 APP 客户端实现了用户通过手持终端便能够查询充电装置状态、进行定位导航、预约充电和锁定等,为电网与电动汽车用户之间的互动创建了高效的平台。

参考文献

[1] 杨超. 电动汽车智能充电服务平台设计及关键技术研究[D]. 北京:北京交通大学,2017.

[2] 周超. 基于 Android 平台的电动汽车充电服务系统的设计与实现[D]. 南京:南京理工大学,2017.

[3] 张建寰,南洋. 基于交通信息影响下的电动汽车充电路径规划[J]. 计算机应用,2016,36(S2):282-285.

[4] 邢霁月. 基于情景分析的电动汽车充电服务设计策略研究[D]. 无锡:江南大学,2016.

[5] 王萌. 北京市电动汽车系统服务商业模式创新[D]. 北京:北京交通大学,2016.

电力系统带电作业机器人绝缘技术分析与探究

Analysis and Exploration of Insulation Technology of Live Working Robot

琚忠明　莫文抗
安徽送变电工程有限公司，安徽合肥，230022

摘要：在现代电力领域中，使用带电作业机器人是一种十分常见的电力系统运维处理措施，在某种角度上，带电作业机器人能够完美地代替人工，不但为工人提供了安全保障，还可以提高工作效率。在实际中，因为现代电力系统设计的线路复杂性较强，所以可能会要求带电作业机器人的绝缘性能达到更高的水平，为了提高其绝缘性能，本文针对其绝缘技术进行了分析。

关键词：电力系统；复杂线路环境；带电作业机器人；绝缘技术

Abstract: Live working robot is a very common power system measure In the field of modern electric power. In a certain angle, the live working robot can replace manual perfectly, which not only provides security for human, but also improves work efficiency. In fact, because of the complexity of the design of modern power system, the insulation of live robot may be required to reach a higher level. The insulation technology is analyzed in this paper.

Key words: power system; complex circuit environment; live working robot; insulation technology

在现代电力建设规模不断扩大的前提下，电力事故发生的概率也随之上升，此时从传统电力运维单位的角度，为了及时处理电力故障，就需要检修人员前往实地抢修；但电力故障往往会导致环境带电，人工实地作业必然会承担一定的安全风险。带电作业机器人是现代技术成果之一，理论上其能够代替人工前往实地进行作业，避免人直接进入危险环境，所以此机器人的应用价值较高；但在实际中，现代电力线路环境十分复杂，电力线路及设备之间产生的危险电压十分强大，这要求带电作业机器人的绝缘性能必须达到一个更高的水平，否则将无法运作。

1　带电作业机器人绝缘性分析

一般情况下，在电力领域中采用的带电作业机器人为机械臂，根据普遍应用结果来看，

作者简介：
琚忠明(1973—)，男，安徽桐城人，高级工程师，主要从事超特高压输电线路运行维护管理。
莫文抗(1971—)，男，安徽明光人，工程师，主要从事超特高压输电线路运行运维工作。

其在实际应用中具有精度高、实时性强、持重大、稳定性良好等优势，并且通过机械臂，可以避免人工直接进入危险环境，因此其应用价值较高。带电作业机器人的运作不但与机械动能有关联，还与其绝缘性能有关，因为带电作业机器人本身就是电力启动的设备，材质上也多为金属材质，当绝缘性能不足时，就会导致机器人出现漏电、导电等问题，使其无法进行作业[1]。

因绝缘性能对带电作业机器人的重要意义，所以其绝缘性能受到了相关领域的高度重视，在不断的研发之下，出现了许多不同型号、绝缘性能不等的机器人，例如第二代高压机器人。随着此项技术的发展，带电作业机器人在电力领域的应用深度得到了进步；但现代电力线路环境十分复杂，其中有部分复杂环境对于机器人绝缘性能有着更高的要求，因此有必要对此进行研究，提高带电作业机器人的应用价值与深度[2]。

2　带电作业机器人绝缘性设计

2.1　设计原理

通常情况下，带电作业机器人的绝缘性能设计主要依靠中间点位带电技术来实现，设计中首先将机器人控制端安置于中间电位环境中，当控制人员进入控制端后，因中间电位与电源、接地均存在一定的距离，所以两者不会产生电路回流，人体也不会直接与电源直接接触，确保其安全性。其次，为了进一步增加绝缘性能，一般设计时会在机器人的操作端安置绝缘工具，避免电源处电流进入机器人内部。此外，为了满足作业需求，部分带电作业机器人设计会采用光纤，光纤同样安置于控制端与操作端之间，利用光纤的绝缘性能，能够将控制端与操作端隔开，即避免了人体与电源的接触；并且，光纤具备数据传输能力，工人能够直接观测到操作端的情况，加强了自身对带电作业机器人的控制[3]。

2.2　系统构成

一般设计方案中，带电作业机器人的绝缘系统主要由5个部分组成，即绝缘斗臂车、带电作业控制平台、主从操作液压机械臂、绝缘遮蔽罩、光纤链接。以下对此5个部分逐一进行分析。

(1) 绝缘斗臂车。针对部分架空线路或者复杂线路环境，通过绝缘斗臂车可以将机械臂、控制端、控制人员送至准确的位置。

(2) 带电作业控制平台。带电作业控制平台即控制端，在此平台当中，控制人员可以进行两类操作，即观察机器人运作状态与电力维修点的状态，控制机械臂运作，此平台是机器人作业系统的核心。

(3) 主从操作液压机械臂。主从操作液压机械臂是一种常见的带电作业机器人，原理在于液压升降，其行为受控制端约束。通过控制端的操纵行为，其内部液压会产生升降，当液压上升机器人的高度会提高，当液压下降则高度下降。

(4) 绝缘遮蔽罩。绝缘遮蔽罩是覆盖机器人整体的一种绝缘防护措施，主要功能是为了进一步隔绝电源与接地端，避免发生电力安全事故。

(5) 光纤链接。根据系统设计需求，在机器人整体系统中，部分功能需要进行数据传输，此类功能可通过光纤进行实现。

3 带电作业机器人绝缘技术分析

针对上述带电作业机器人系统构成中的5个部分，以下将对其各自的绝缘技术逐一进行分析。

3.1 绝缘斗臂车绝缘技术

目前，我国常见的绝缘斗臂车规格有10 kV、35 kV、66 kV 3种，其只能针对相同的电路进行应用，所以在某种角度上，因为现代线路环境的复杂多样，单靠这3种绝缘斗臂车并不能实现带电作业机器人的全覆盖[4]。为了改善这种缺陷，大多数电力单位会引进国外绝缘斗臂车设计技术，再依照复杂环境的实际需求进行改装，扩大绝缘斗臂车的适用范围，所以在普遍视角下，绝缘斗臂车的绝缘技术属于改装技术。在改装绝缘斗臂车时，必须重视以下3个方面：

(1) 改装基础筛选。因绝缘斗臂车的改装技术来自于国外，而国外的电力环境与我国电力实际环境存在差异，所以直接引用国外绝缘斗臂车并不现实。当引进的国外绝缘斗臂车的参数性能与我国电力环境差异较大时，会造成改装的难度增大。所以在改装之前，需要结合自身需求，对国外绝缘斗臂车的驱动功率、转型进行确认，选择其中相符的设备成为改装的基础。

(2) 上装负重调整。因绝缘斗臂车的功能需求，其必须具备相应的负重能力才能实现系统、人员的运输，所以在改装时需要对国外设备的上装负重能力进行调整。一般情况下，可针对绝缘斗臂车折叠加伸缩式上装的作业高度与幅度、满载能力进行调整，调整方法可采用加液压、加长机械臂伸缩节等来实现。

(3) 改装设计。为保障绝缘斗臂车的绝缘性能，在进行改装时可以采用FRP、PE材料。FRP材料可作为绝缘斗臂车的绝缘外层，避免设备外部导电，同时此材料还具备很好的稳固性；PE材料作为绝缘斗臂车的绝缘内层，此材料可有效阻隔电流的传输，避免人体与电力接触。此外，现代市场中FRP、PE材料的性能不等，在选择时需要参照相应的标准来执行。表7-3-1给出了绝缘斗臂车绝缘材料的性能。

表7-3-1 绝缘斗臂车FRP、PE材料性能

性能	RFP材料	PE材料
耐压性/kV·min	22	52
抗拉强度/MPa	160	18.5
抗弯强度/MPa	215	—
挠曲模量/MPa	6 400	—
室温下单位电阻率/Ω·m	3.45×10^{12}	9.95×10^{12}
表面电阻率/Ω·m	1.75×10^{12}	—
电场强度/(MV/m)	28.7	30
介电常数	4.03	—
介质损耗因素	0.031	9.95×10^{12}

3.2 带电作业控制平台绝缘技术

带电作业控制平台的绝缘设计，要围绕两个原则来进行，即在保障控制人员安全性的同时，兼顾控制能力。一般情况下，绝缘设计的安全设计会受到控制需求的限制。为了使两者达成平衡关系，在设计时可采用控制踏板、机器人绝缘平台支架等设备；尤其是机器人绝缘平台支架，此支架是给操作平台提供基础的设备，其绝缘性能直接关乎控制人员的安全。在机器人绝缘平台支架上可采用硬铝合金缠绕环氧玻璃布进行设计，这种材料具有强度大、绝缘性能好的优点。实验显示，此材料在 40 V 的电压环境下，可以坚持 1 min 无任何异常，图 7-3-1 为硬铝合金缠绕环氧玻璃布带电作业操作平台。

图 7-3-1　硬铝合金缠绕环氧玻璃布带电作业操作平台

3.3 主从操作液压机械臂绝缘技术

主从操作液压机械臂是一种在微控制器技术的基础上，通过改进研发之后得出的带电作业机器人设备，此设备受带电作业控制平台控制。在设计中，应当避免传统金属材质的主机械臂材料，可以采用玻璃钢进行改善，因为玻璃钢没有导电能力。此外，连接主从操作液压机械臂与带电作业操作平台应当采用光纤，光纤的传输原理不属于电力范畴，而且其本身就具有良好的绝缘性，同时还能避免外部电压对自身的干扰，所以光纤连接的可靠性较高。

3.4 绝缘遮蔽罩绝缘技术

绝缘遮蔽罩一般可以分为两类，即机械臂遮蔽罩、相间遮蔽罩。

机械臂遮蔽罩的主要功能在于对机械臂进行防护。此防护罩同样可以采用玻璃钢进行制作，在应用时将其安装在带电作业机器人四周，即可避免外部电压侵入带电作业机器人内部电路造成短路问题。

相间遮蔽罩的主要功能在于对周边非故障相进行防护。因为现代电力线路的复杂设计，当某一处出现电力事故时，其电压会向四周分布，如果不进行防护，故障电压可能会导致周边非故障相也出现短路问题，此时对电力维修无疑加大了工作量，所以需要采用相间遮蔽罩来进行防护。应用时首先需要确认维修点与维修范围，其次再利用带电作业机器人将其安装在维修范围周边即可。此防护罩的适用范围十分广泛，即使在恶劣环境下依旧能够正常发挥功能。

4 带电作业机器人绝缘性能测试

带电作业机器人在设计中，可能由于多种原因干扰导致绝缘性能不足，所以在进入实际工作阶段之前，需要先确认机器人的绝缘性能，此时就需要采用相应的测试技术。

常见的带电作业机器人绝缘性能测试方法有两种，即交流耐压试验法和交流泄漏电流试验法。交流耐压试验法应用时，首先需要构建一个相应的工频电压环境，之后将机器人放入其中，查看机器人的运作参数是否异常，如果没有出现异常就继续加大电压，直至电压到达极限或者机器人运作参数出现较大问题时停止，此时就得出了机器人的最大绝缘数值，即机器人绝缘性能的最佳表现。交流泄漏电流试验法与交流耐压试验法原理基本相同，也是在一个工频电压基础上，通过对机器人施加电压来评估其绝缘性能的方法，区别在于交流耐压试验法判断机器人绝缘性能的基础不在于机器人能够承受多大电压，而在于机器人在较大电压之下的三线漏电压大小，通常会采用万能表来记录相应数值，之后根据记录结果进行判断。

5 结语

本文主要分析了复杂线路环境下的带电作业机器人绝缘技术。首先对带电作业机器人的绝缘性能进行分析，了解绝缘性能对机器人以及电力工作的重要性，之后对带电作业机器人绝缘性能设计进行了解，阐述机器人的设计原理以及相应的技术部件，同时针对各技术部件的设计技术以及原理进行了研究，并介绍了两种测试带电作业机器人绝缘性能的方法。

参考文献

[1] 苗俊杰，阮鹏程，范文菁，等.复杂线路环境下带电作业机器人绝缘系统的研究[J].起重运输机械，2017(3):61-64.

[2] 邹德华，江维，吴功平，等.输电线路绝缘子更换带电作业机器人控制方法[J].高压电器，2016(10):92-98.

[3] 王永建.绝缘遮蔽罩在10 kV带电作业中的应用[J].云南电力技术，2012(4):91.

[4] 韩世军.10 kV配电线路带电作业横担绝缘遮蔽罩设计[J].宁夏电力，2017(3):42-44.

电网基建施工现场安全实时管控系统研究与应用

Research and Application of Real-time Safety Management System for Power Grid Infrastructure Construction Site

刘云飞[1]　徐超峰[2]

1. 安徽送变电工程有限公司，安徽合肥，230022

2. 安徽博诺思信息科技有限公司，安徽合肥，230020

摘要：在电网基建施工现场，为进一步落实新安全生产法、加强现场作业管控，对作业班组管理实行事前、事中、事后全过程管控、把关，实时监督、指导施工班组人员现场施工，我们研究了一套输电线路施工现场安全实时管控系统。该系统通过 360°旋转、自动聚焦等功能，可远距离观察作业现场局部细节。自系统上线运行以来，大大提高了对现场施工情况的监督管控力度，并无形中提高了现场施工人员的安全意识，大大节约了驱车到现场的时间成本及经济成本，有效解决了偏远地区施工现场监管盲区的问题。

关键词：电网基建；施工现场；安全实时管控；应用

Abstract: In order to further implement the new production safety law and strengthen on-site operation control, the working group shall be controlled and checked in the whole process before, during and after the event. It is necessary to develop a real-time security control system for the transmission lines construction. Through 360° rotation, auto focus and other functions, the system can observe the local details of the work site remotely. Since the system went live, it has greatly improved the supervision and control of the on-site construction situation, which has improved the safety awareness of the construction personnel, greatly reduced the time and economic cost of driving to the scene, and effectively solved the problem of monitoring blind areas on construction sites in remote areas.

Key words: power grid infrastructure; construction site; security real-time control; application

随着电力工业的迅猛发展，电网工程建设范围逐渐扩大，管控要求也越来越高。电网工程建设点多、面广，施工战线较长，安全质量管控难度大。我们结合当前施工现场全方位监管工作需要，将现场安全管控工作与信息化技术手段有效结合，研究与应用了电网基建施工

作者简介：

刘云飞（1971—），男，安徽桐城人，高级工程师，主要从事输变电工程施工技术管理工作。

徐超峰（1979—），男，安徽涡阳人，高级工程师，主要从事软件和信息技术服务。

现场安全实时管控系统(以下简称管控系统),提高施工现场安全管控力度,并针对系统进行功能的深化应用,增建部分功能模块,使之更加贴合实际使用需要,提升系统的可执行性,进一步提高施工现场安全信息的管控水平。

1 关键技术分析

1.1 人脸识别技术的运用

提出了基于结合经典级联结构和多层神经网络人脸识别技术和不安全行为视频分析技术的施工现场安全风险管控方法,解决了远程对施工现场人员的身份验证和安全测评管控问题。

管控系统设计了漏斗型级联结构(FuSt)解决多姿态人脸检测问题,引入了由粗到精的设计理念,同时兼顾了速度和精度的平衡。如图 7-4-1 所示,FuSt 级联结构在顶部由多个针对不同姿态的快速 LAB 级联分类器构成,紧接着是若干个基于 SURF 特征的多层感知机(MLP)级联结构,最后由一个统一的 MLP 级联结构(同样基于 SURF 特征)来处理所有姿态的候选窗口,整体上呈现出上宽下窄的漏斗形状[1]。

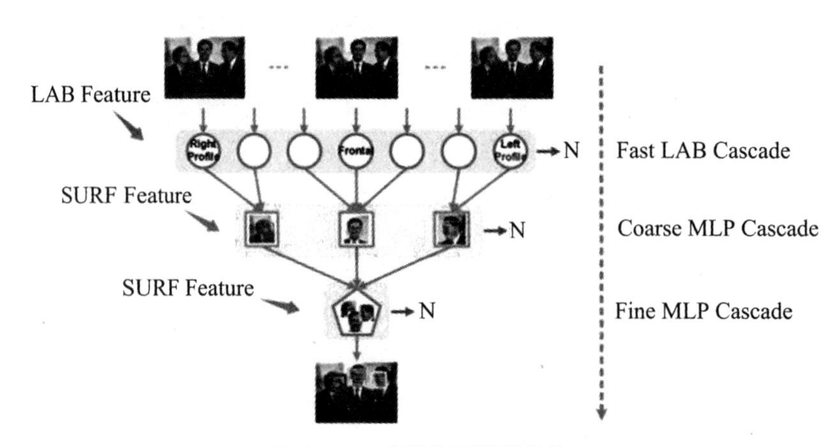

图 7-4-1 人脸检测级联结构

管控系统提出自编码器网络(CFAN)来解决复杂的非线性映射过程。如图 7-4-2 所示,CFAN 级联了多级栈式自编码器网络,其中的每一级都刻画了从人脸表观到人脸形状的部分非线性映射。通过级联多个栈式自编码器网络,在越来越高分辨率的人脸图像上逐步优化人脸对齐结果。

管控系统使用了深度卷积神经网络 VIPLFaceNet 进行人脸特征提取与对比:一个包含 7 个卷积层与 2 个全连接层的 DCNN。如图 7-4-3 所示,通过引入 Fast Normalization Layer (FNL),加速了 VIPLFaceNet 的收敛速度,并在一定程度上提升了模型的泛化能力。

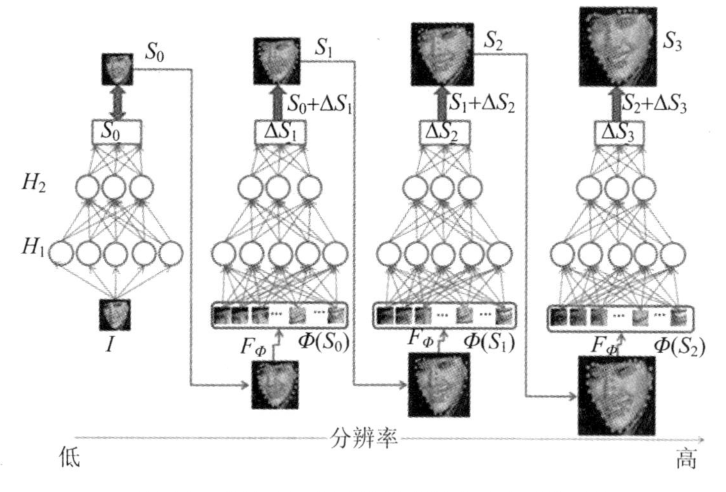

图 7-4-2　CFAN 级联多级栈式自编码器网络结构

AlexNet	VIPLFaceNet
Conv1:96x11x11,S:4,Pad:0	Conv1:48x9x9,S:4,Pad:0
LRN	—
Pool1:3x3,S:2	Pool1:3x3,S:2
Conv2:256x5x5,G:4,S:1,Pad:2	Conv2:128x3x3,S:1,Pad:1
LRN	—
—	Conv3:128x3x3,S:1,Pad:1
Pool2:3x3,S:2	Pool2:3x3,S:2
Conv3:384x3x3,S:1,Pad:1	Conv4:256x3x3,S:1,Pad:1
Conv4:384x3x3,G:2,S:1,Pad:1	Conv5:192x3x3,S:1,Pad:1
—	Conv6:192x3x3,S:1,Pad:1
Conv5:256x3x3,G:2,S:1,Pad:1	Conv7:128x3x3,S:1,Pad:1
Pool3:3x3,S:2	Pool3:3x3,S:2
FC1,4. 096	FC1,4. 096
Dropout1:dropout_radio:0. 5	Dropout1:dropout_radio:0. 5
FC2,4. 096	FC2,2. 048
Dropout2:dropout_radio:0. 5	Dropout2:dropout_radio:0. 5
FC3,Number of training classes	FC3,Number of training classes

图 7-4-3　VIPLFaceNet 与 AlexNet 的对比

1.2 使用定位技术与GIS空间计算融合

提出了基于载波相位双差观测法的北斗/GPS双模高精度定位技术与GIS空间计算融合方案，解决了实时再现同进同出人员的移动轨迹和点对点的导航问题。

目前，传统的北斗/GPS双模定位精度存在受到卫星钟差、接收机钟差、大气层延迟等误差因素影响的问题。管控系统采用载波相位双差观测法进行定位解算，减少误差因素[2]。如图7-4-4所示为基于北斗卫星传输信息的采集与监控系统。

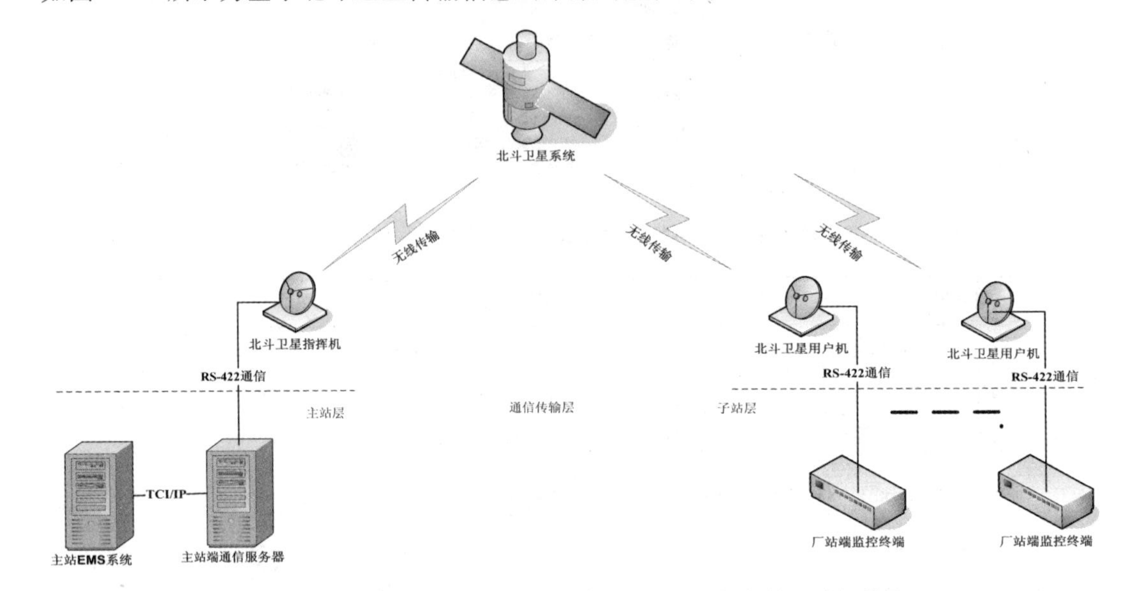

图7-4-4 基于北斗卫星传输的分布式信息采集与监控系统拓扑图

方案对两卫星系统分别选取1颗适当参考星j，这样，对于卫星k，不管它是属于GPS还是北斗，都能得到如下的单差方程：

$$\Delta\varphi_i^{j,k} = \frac{f}{c}\Delta\rho_i^{j,k} + f\Delta\delta t^{j,k} - \Delta N_i^{j,k} - \frac{f}{c}\Delta_{i,\mathrm{Ion}}^{j,k} + \frac{f}{c}\Delta_{i,\mathrm{Trop}}^{j,k} \tag{7-4-1}$$

式中，$\Delta\varphi_i^{j,k}$为测站i与卫星j、k之间载波相位之差，$\Delta\rho_i^{j,k}$为测站i与卫星j、k之间几何距离之差，$\Delta\delta t^{j,k}$为卫星相对钟差，$\Delta N_i^{j,k}$为整周模糊度之差，$\Delta_{i,\mathrm{Ion}}^{j,k}$、$\Delta_{i,\mathrm{Trop}}^{j,k}$分别为电离层和对流层相对延迟。

经过星间差分处理，消除了接收机钟差δt_i和北斗与GPS之间的时间同步差$\delta t_{\mathrm{system}}$，而且电离层、对流层延迟也有了明显的削弱，然后两测站在星间差分的基础上再做站间差分，得到如下的双差方程：

$$\nabla\Delta\varphi_{1,2}^{j,k} = \frac{f}{c}\nabla\Delta\rho_{1,2}^{j,k} - \nabla\Delta N_{1,2}^{j,k} - \frac{f}{c}\nabla\Delta_{1,2,\mathrm{Ion}}^{j,k} + \frac{f}{c}\nabla\Delta_{1,2,\mathrm{Trop}}^{j,k} \tag{7-4-2}$$

式中，$\nabla\Delta\varphi_{1,2}^{j,k}$为测站1、2分别与卫星$j$、$k$之间几何距离载波相位之差后再次求差，$\nabla\Delta\rho_{1,2}^{j,k}$为测站1、2分别与卫星$j$、$k$之间几何距离之差后再次求差，$\nabla\Delta N_{1,2}^{j,k}$为测站1、2分别与$j$、$k$星间整周模糊度差分之后再次求差，$\nabla\Delta_{1,2,\mathrm{Ion}}^{j,k}$、$\nabla\Delta_{1,2,\mathrm{Trop}}^{j,k}$为1、2测站分别与电离层和对流层相对$j$、$k$星间延迟之后再次求差。

经过站间差分，进一步消除了卫星钟差$\Delta\delta t^{j,k}$，电离层和对流层的延迟也得到进一步的削弱。

图 7-4-5 是其应用的示例界面，通过空间点对点的精确定位，可快速准确地找到工程施工现场，保障了监督管理人员能够在无需联系现场负责人的情况下快速准确地找到施工现场，有效地提升了电网工程施工现场的安全管控能力与及时性。

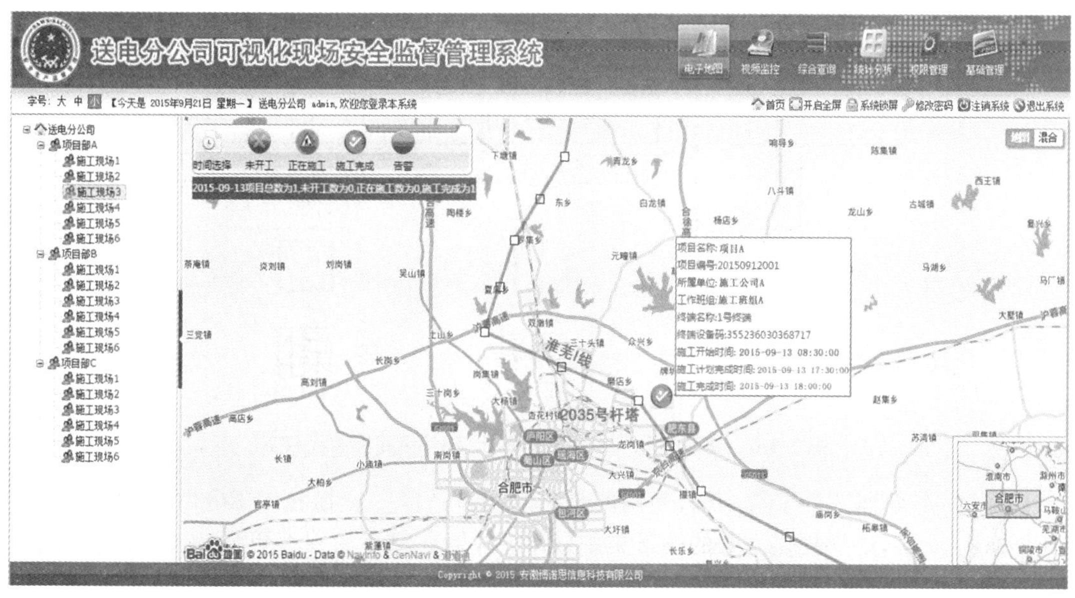

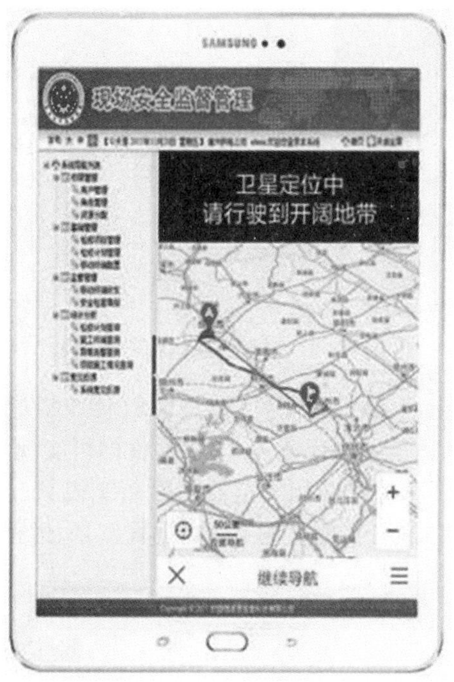

图 7-4-5　施工负责人的定位、导航和移动轨迹路线回放

1.3　视频流接入互动模型和即时通信技术运用

运用基于构建多通道的视频流接入互动模型和即时通信技术，解决了移动视频和固定球型视频的无缝融合问题。

管控系统研究了基于 Android 系统实现 H. 265 视频编解码算法(见图 7-4-6),在传输过程中最大程度地节约视频传输所需的流量,可在偏远的地方保障视频的传输质量。H. 265 编解码将宏块的大小从 H. 264 的 16×16 扩展到了 64×64,以便于高分辨率视频的压缩[3]。

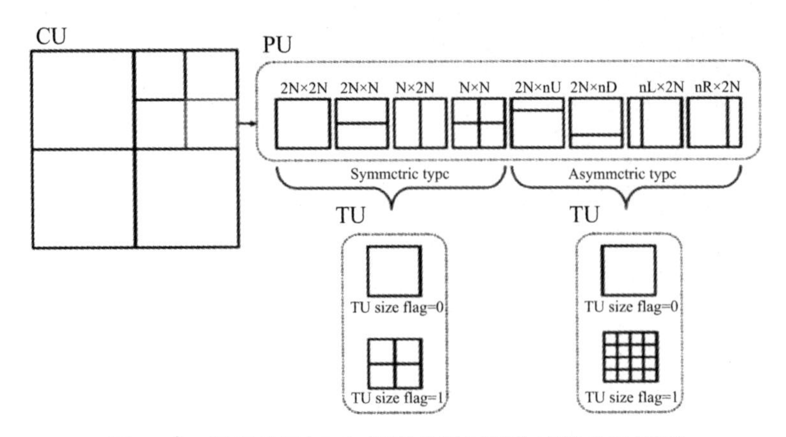

图 7-4-6　编码单元(CU)、预测单元(PU)和变换单元(CU)

H. 265 编解码改变了块结构,使用的是灵活的自适应的变换技术 RQT(residual quad-tree transform),能够提供更好的能量集中效果,并能在量化后保存更多的图像细节(见图 7-4-7)。

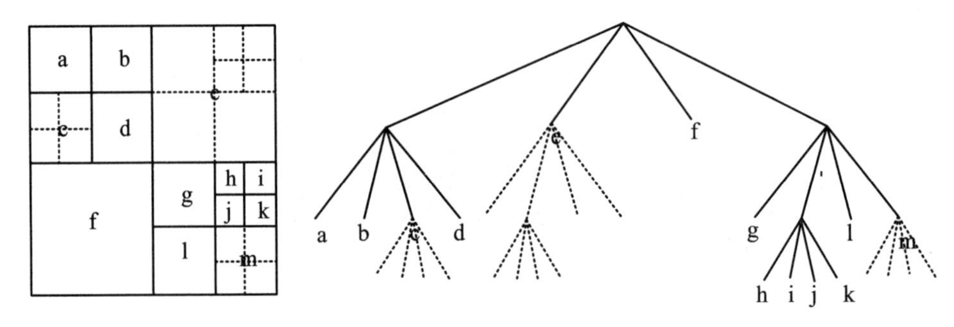

图 7-4-7　灵活的块结构示意图

系统实现了 RTMP(移动手持终端视频)和 RTSP(传统摄像机)的有机融合,能够将传统视频画面通过浏览器的方式实时展示出来,无需插件即可实现多路复合视频的直播。

基于 XMPP 协议实现了移动终端和浏览器桌面系统视频、语音交互,解决了移动终端与后台监控中心的通话对讲难题,实现了施工现场远程监督、远程指导(见图 7-4-8)。

2　管控模式

管控系统构建了三级管控模式:一级架构为安徽送变电公司(以下简称公司),可查看并监督公司范围内所有施工现场的实时工作情况、作业计划、人员轨迹、作业人员比对;二级架构为各个项目部,能调取、查看项目部下辖所有施工现场的相关信息;三级架构为各个施工现场,现场安全管理人员通过手持采集终端实现现场视频、照片及文件的上传。

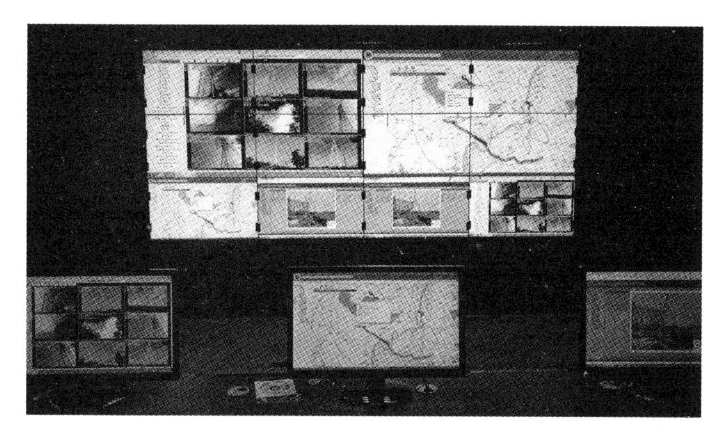

图 7-4-8　监控中心两种视频的融合

3　管控系统组成

管控系统分为监控中心、移动监督终端、手持采集终端三个组成部分，该系统运用“互联网＋”物联网平台数据网络、北斗卫星定位、视频直播等技术，进行人脸识别，实现对施工现场的实时、在线监控。

3.1　监控中心

通过大屏幕后台监控系统，对三级架构各个施工现场及以上重要风险作业现场进行实时监控，对现场发现的问题，及时通知整改闭环，并进行记录。项目部建立分监控室，利用互联网登录 PC 端，对该项目部所有现场作业状况进行实时监控、指导(见图 7-4-9)。

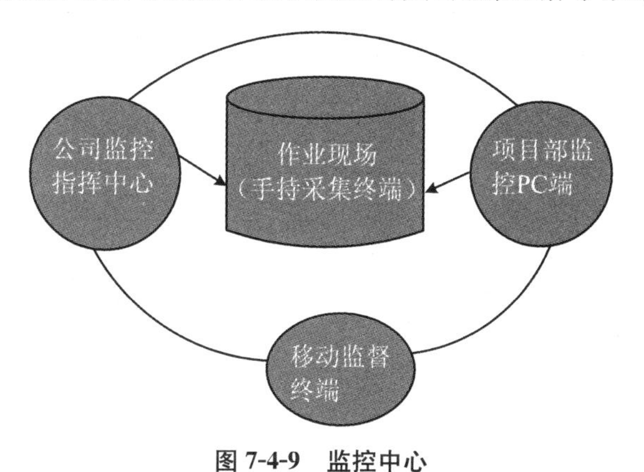

图 7-4-9　监控中心

3.2　移动监督终端

移动监督终端让管理人员能够对现场作业安全状况进行移动监督，通过手机监督端 APP 软件，对施工现场进行监督、综合管理(见图 7-4-10)。

图 7-4-10　移动监督终端

3.3　手持采集终端

手持采集终端利用 3G 或 4G 网络数据和 GPS 定位功能，将作业现场状况通过照片、录音、录像的形式，及时发送到系统平台并随时接受指令开启视频监督（见图 7-4-11）。

图 7-4-11　视频监督

4　应用情况

依托于管控系统，2016 年下半年以来，公司施工现场负责人现场到岗到位率达 100%，现场施工作业质量指标合格率达到 98.5%，施工人员的作业行为进一步规范化，现场安全、质量违章率下降了 45%，实现了施工现场零事故（件）的目标，提高了施工人员自觉遵章守纪的安全意识和作业行为规范化水平，起到了示范作用。

减少了公司及项目部管理人员每天驱车对作业现场进行巡查的工作量，远程即可查看现场工作情况及进度，节约了人工成本和车辆的损耗。移动管理终端设备的使用，实现了移动化办公，公司及项目管理人员可及时处理现场上报的问题，如需要去现场解决问题，不需人员带路、找路、摸路，通过一键导航功能，直接定位到目的地，提高了管理人员的工作效率。

5 结语

管控系统的开发与应用，创新了施工安全管理的模式，在工程建设安全管理中发挥了巨大的作用。管控系统不具备单位特征，只具备工程管理特征，有需求的单位或工程可直接应用。系统具有较为广泛的扩展性，管控系统可集成并整合各种功能，可合并遥感、AR、VR 等各种先进技术，也可作为嵌入式系统直接应用于各种领域。

参考文献

[1] 孙劲光，孟凡宇. 基于深度神经网络的特征加权融合人脸识别方法[J]. 计算机应用，2016(02)：145-146.

[2] 邓志鑫，高宏，王立兵. 低轨卫星导航系统多场景多普勒定位解算方法[J]. 无线电工程，2017(11)：120-121.

[3] 苑晓璐. 基于 RFID 的家具生产实时管控系统研究及开发[D]. 南京：南京林业大学，2011.

带电作业工器具库房智能管理系统

Intelligent Management System for Live Working Equipment Storehouse

李圣言　陈　涵　李中飞
国网安徽省电力有限公司检修分公司，安徽合肥，230601

摘要：科学管理是工器具库房有效运转和高效工作的重要保证，但库房管理，不仅是宏观的协调和指导，也涉及大量的人、物、关系的信息收集、协调、统计分析等工作。随着经济技术的发展，业务范围的扩大，传统人工管理方式难以满足大规模、多层次的交叉复杂的带电作业工器具库房管理需求，智能管理是必然的发展道路。本文在目前电力系统绝缘工器具管理情况的基础上，分析了实际管理中的不足、问题，论述了带电作业工器具智能管理系统的设计思想、控制原理及安装运行要求，带电作业工器具智能管理系统操作简便、功能完善，对于带电工器具的管理具有广泛的应用价值。

关键词：带电作业；绝缘工器具；工具库房；智能；管理系统

Abstract: Scientific management is an important guarantee for the effective operation and efficient work of a equipment storehouse, whick is not only macro-coordination and guidance, but also a collection, coordination and statistical analysis of massive information about people, things, and relationships. With the development of economy and technology and the expansion of the business scope, traditional manual management method is difficult to meet the needs of large-scale, multi-level, cross-complex live working equipment storehouse management, intelligent management is an inevitable way of development. Based on the current management of insulation appliances in power system, this paper analyzes the shortcomings and problems in the actual management, discusses the design idea, control principle, and installation operation requirements of the intelligent management system for live working tools. The intelligent management system of live working tools is easy to operate and has perfect function. It has wide application value for the management of live working tools.

Key words: live work; insulating appliance; equipment storehouse; intelligent; management system

作者简介：

李圣言（1988—），男，安徽宿州人，工程师，从事高压线路带电检修工作。

陈涵（1978—），男，浙江诸暨人，助理工程师，从事高压线路带电检修工作。

李中飞（1987—），男，江苏灌南人，工程师，从事高压线路带电检修工作。

近年来,随着国内经济飞速发展,对供电的可靠性要求也越来越高,超高压输电线路带电作业需求不断增加。电力安全生产是电力企业安全发展的重要基石,合格的带电作业绝缘工器具对带电作业的安全起着决定性作用。所以,带电作业工器具管理是至关重要的,为确保带电作业的安全,必须使带电作业工器具存放在一个温湿度可随时调控的干燥、防潮、防凝露的环境中。

1 设计目的

开展输电线路带电作业,对电网的安全经济运行做出了很大的贡献,而在带电检修电网过程中,人身安全是重要的前提和保障,因此必须把人身安全放在第一位,确保作业人员的安全。经分析,过往带电作业发生的事故,主要原因是由于带电作业工器具在存储、运输过程中受潮、脏污、破损,导致绝缘性能大幅下降,作业时发生击穿闪络而造成事故。

目前带电作业工器具虽有专人进行管理,但管理方式粗放,不能对工器具所处环境进行实时监控。带电作业工器具库房智能管理系统的目的,是在明确"设备主人制"的前提下,采用先进的测控技术对库房环境、设备进行监控,实现遥测、遥信、遥调、遥控、遥视等功能,减轻库房管理人员的工作量,对出入库的工器具进行记录,并实现对库房内加热器、除湿机的自动控制,实时记录库房内温度、湿度变化;对试验周期到期的工器具提前预警;对库房安全情况进行远程监控,如遇火灾,系统自动拨打设备主人电话,真正达到智能化、信息化规范管理的目的。

2 库房智能系统性能指标

该智能系统通过监控终端、网络交换机、主智能控制箱、分控制箱、控制终端、传感器终端完成既定功能,达到的主要技术性能如表 7-4-1 所示。

表 7-4-1 智能系统性能指标

控制方式	手动或自动
控制终端	除湿机,加热器,排风扇,照明
传感器终端	烟雾传感器,温湿度传感器
主智能控制箱面板显示	时间(年,月,日,时,分,秒),室内温度,室内湿度,室外温度,室外湿度
温度测量范围	0—70 ℃
湿度测量范围	20%—70%
库房内温度范围	5—30 ℃
库房内湿度范围	50%—70%RH

3　库房智能系统控制原理

3.1　系统组成

系统组成如图 7-5-1 所示。

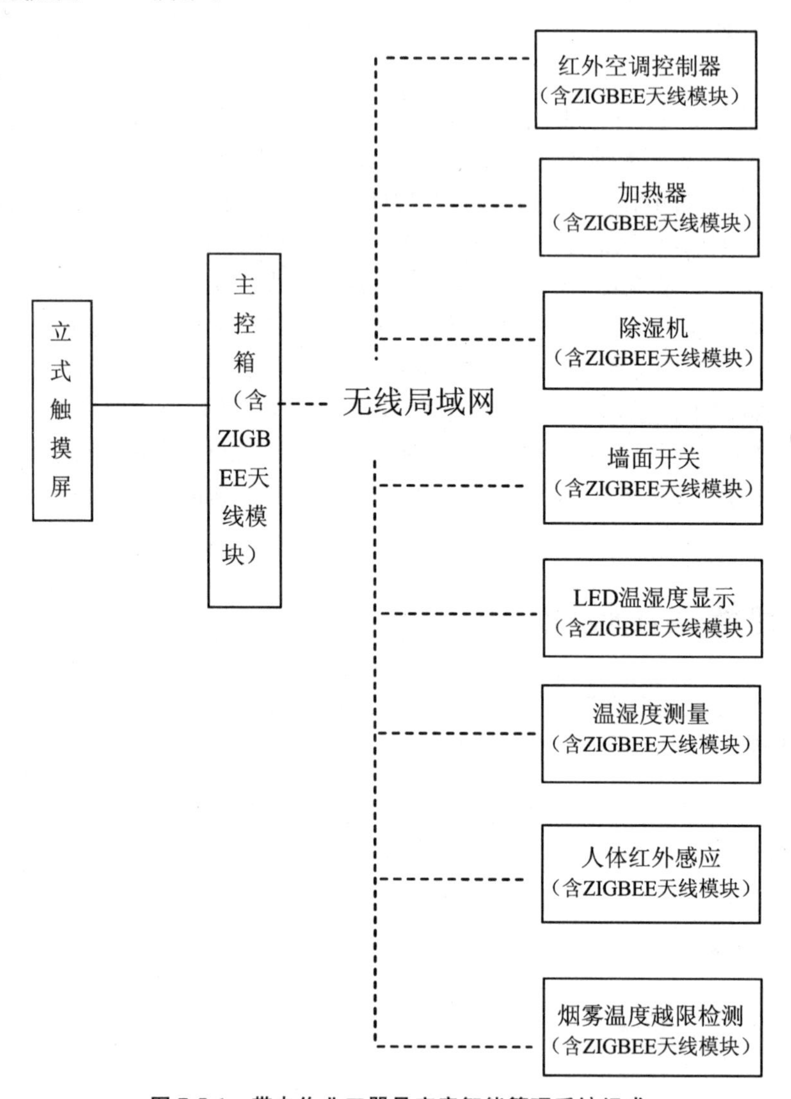

图 7-5-1　带电作业工器具库房智能管理系统组成

3.2　库房控制屏电源接线

库房控制屏电源接线图如图 7-5-2 所示。

3.3　库房智能系统工作原理

该系统采用 ZIGBEE 智能无线通信技术，结合图像识别、智能管理软件等，对室内的温度及湿度进行采样、分析，对工器具从温湿度调节、人体感应、火灾报警等方面进行控制，一

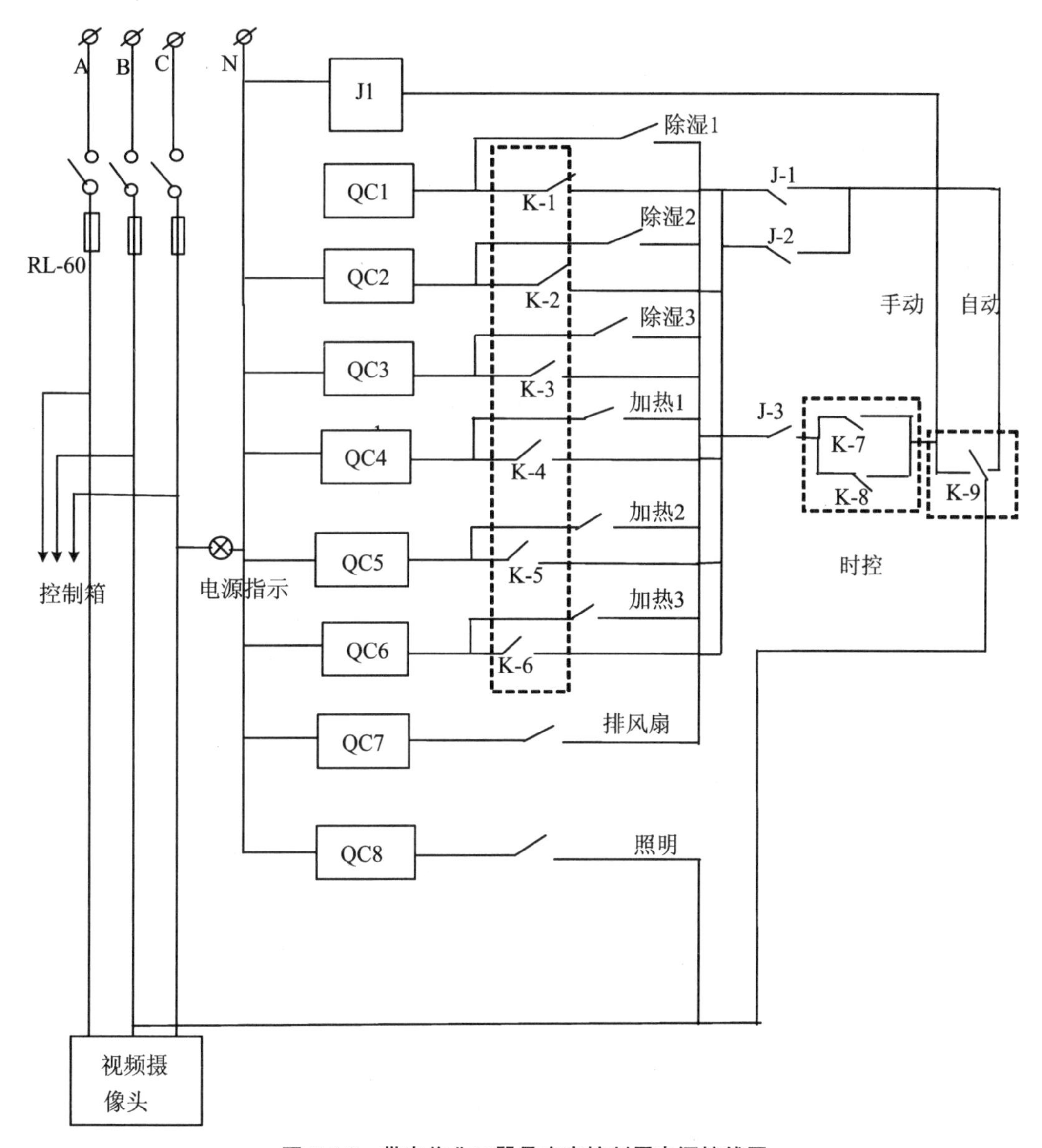

图 7-5-2　带电作业工器具库房控制屏电源接线图

方面显示室内平均温度、平均湿度，室外平均温度、平均湿度，另一方面根据分析结果，分别对抽湿机、加热器、排风扇进行自动控制使室内温度（在 5—30 ℃的范围内）始终保持比室外温度高 5 ℃左右，室内湿度（在 50%—70%RH 范围内）保持比室外低 5%RH 左右，当室内温湿度不均匀（室内温差＞2 ℃，室内湿度差＞5%RH）时自动打开排风扇调整温、湿度。

4　系统特点

（1）采用全数字式传感器及无线组网技术，对库房全数字测控，实现了温度、湿度的自动调节、自动记录，减少了人工维护工作量。

（2）实现了对试验周期到期工器具的预警。

（3）实现了对工器具出入库情况的自动统计，为掌握绝缘工器具的各项性能提供了科学依据。

(4) 具有独立烟雾和高温报警设备,确保了带电作业工器具库房的消防安全。

5 库房使用效果

温湿度控制:将系统设定为自动模式,选用比较直观的曲线图显示,在外部气温+2 ℃,室内温度+4 ℃、湿度 56%条件下设定温度 26 ℃、湿度 41%启用自动模式,48 min 后自动断开,实测温度 25 ℃,湿度 40%,25 min 后加热器自动工作,2 h 后除湿机自行运转。温湿度自动控制灵敏度比较高,大大减少了库房管理人员工作量。

设定最高温度 30 ℃,因为在外部温度过高时,直接影响绝缘工器具的使用寿命,加速绝缘工器具的老化。

烟雾传感器:在库房内烟雾超过一定浓度时,智能系统能可靠切断电源,有利于对库房内火灾的预防和控制。

远端控制和监测:系统采用嵌入式 Linux 平台,显示受控设备、设备数据,实施环境监控。库房管理人员可利用密码更改设定库房内温湿度控制范围,直接调节和观察带电库房现场情况。系统内设有台账管理、工器具试验到期预警。

带电库房智能控制系统使用运行情况较为稳定可靠。

6 结语

加强带电作业绝缘工器具库房的智能化建设,是加强安全管理工作、保证带电作业安全的重要基础工作之一。本系统的研究与使用,使带电库房的管理纳入智能化管理,真正达到了智能化、信息化规范管理的目的。

参考文献

[1] 黎命峰.带电作业技术标准规范使用手册[M].长春:银声音像出版社,2004.
[2] 输变电常用标准汇编:带电作业卷[M].北京:中国标准出版社,2001.
[3] 刁倩,谢迎军.基于本质安全思想的电力安全工器具管理研究[J].电信科学,2011,27(9A):165-167.
[4] 国家电网公司.Q/GDW 1799.2—2013.国家电网公司电力安全工作规程线路部分[S].2013.
[5] GB/T 18037—2008.带电作业工具基本技术要求与设计导则[S].2008.
[6] GB/T 14286—2008.带电作业工具设备术语[S].2008.
[7] DL 976—2005.带电作业、工具、装置和设备预防性试验规程[S].2005.

第八篇

电力大数据

基于电力大数据的配电网同期线损管理

Synchronization Line Loss Management of Distribution Network Based on Power Big Data

徐 飞[1] 孙明柱[2] 凌 松[1] 程 辰[3]

1. 国网安徽省电力有限公司,安徽合肥,230000
2. 国网安徽省电力有限公司六安供电公司,安徽六安,237000
3. 国网安徽省电力有限公司合肥供电公司,安徽合肥,230000

摘要:线损是电力企业重要的管理内容之一,反映了电网规划、生产运行、营销计量等多部门和专业的综合管理水平。但因传统抄表手段限制,导致供、售电量不同步,月度线损率差异较大,无法反映配电网线路真实线损情况,掩盖了线损管理中存在的诸多问题,降低了其对电网水平的指导作用。本文研究的基于电力大数据的同期线损集合了调度、生产、营销等各专业系统的实时数据,有效解决了供、售电量不同步问题,对配电网线损的实时、真实计算及问题分析提供了重要平台,可有效提升配电网线损精益化管理水平。

关键词:电力;大数据;配电网;同期线损;线损管理

Abstract: Line loss is one of the important management contents of power companies, reflecting the comprehensive management level of multi-sector and professional departments such as power grid planning, production operation and marketing measurement. However, due to the limitation of traditional meter reading methods, the supply and sale of electricity are not synchronized, and the monthly line loss rate is quite different, which can not reflect the true line loss of the distribution network line, masking many problems in the line loss management and reducing its level to the power grid. The guiding role. Synchronous line loss based on power big data integrates real-time data of various professional systems such as scheduling, production and marketing, effectively solves the problem of unsynchronized supply and sale of electricity, and provides an important platform for real-time, real-world calculation and problem analysis of distribution line loss. This paper mainly discusses how to improve the lean management level of distribution network line loss through big data analysis from the perspective of

作者简介:

徐飞(1985—),男,安徽霍邱人,高级工程师,研究方向为配网运维及线损管理。

孙明柱(1992—),男,安徽霍山人,助理工程师,研究方向为配网运维及线损管理。

凌松(1982—),男,安徽合肥人,高级工程师,研究方向为配网运维及线损管理。

程辰(1991—),女,安徽安庆人,助理工程师,研究方向为配网运维及线损管理。

large data-based synchronous line loss.

Key words: electric power; big data; distribution network; synchronous line loss; line loss management

线损率是评估电网结构、运行及管理水平的重要评价指标，如果不及时采取有效措施降损，不仅会造成电能浪费，还有可能威胁到电网运行的安全性与可靠性。目前，传统抄表只能看到每个月线损率的波动，无法实时展现供、售电量情况，导致线损管理中出现的问题难以发现，线损对电网的监控与指导作用不明显。

本文基于电力大数据的配电网（以下简称配网）同期线损，通过对各专业系统数据资源的实时融合，对配网进行分区、分压、分元件和分台区模型设定，通过各类模型的计算、分析，查找出线损异常的原因并及时处理，从而提高配网线损的精益化管理。

1　线损产生原因及管理现状

1.1　技术线损

配网技术线损主要有以下几方面原因：

（1）配电网结构不合理。比如因线路导线截面积不符合设计要求，可能会出现线路超负荷运行的情况，增大线路损耗。

（2）变压器和电缆等元件在运行中的自身损耗。变压器本身存在铜损与铁损，随着运行时间的积累，变压器出现老化、故障或变压器与配网运行不匹配，都会增大线路的电能损耗。

（3）大功率设备的推广应用。大功率设备对无功补偿要求较高，随着生产生活的需要，越来越多的大功率设备接入线路使用，配网的无功补偿设备不足以满足实际需要，导致电能损耗增加。

1.2　管理线损

配网管理线损主要有以下几方面原因：

（1）部分用户存在窃电或违规用电等情况，导致电能损失。

（2）少数抄表人员存在估抄、漏抄表等情况，或电能计量装置更换后旧表表底数据上传管理系统滞后，导致阶段性统计误差，从而形成了线损偏差。

1.3　管理现状

传统配网线损管理存在以下问题：

（1）因抄表方式供、售电量发行不同步，导致月度线损率波动较大。

（2）因各信息系统数据偏差或不准确，导致线损计算结果不真实。

（3）为满足公司线损、电量等相关考核指标，人为调整电量等操作。

以上问题都会导致线损计算结果不真实，无法展现配网的真实线损水平，失去了线损对电网运行的指导作用。

2 基于大数据的配网同期线损在线监测

2.1 配网同期线损实现方式

基于大数据的配网同期线损集合 6 大源端系统实时数据,即从调度数据采集与监视监控系统(SCADA 系统)获取电网拓扑关系,从电能量采集系统获取分区、分压关口电量数据,从运检设备运维精益管理系统(PMS2.0 系统)获取公用变压器(以下简称公变)档案参数,从地理信息系统(GIS 系统)获取公变及高压用户线路变压器(以下简称线变)关系,从营销 SG186 系统获取高压用户线变关系、户台对应关系,从用电信息采集系统获取公专变及低压用户的电量数据。

各大源端系统实时数据先行推送至海量数据平台,同期系统利用 Web 接口、数据中心等渠道完成对海量数据的转换与抽取,再根据系统前台配置的关口计算模型,即可实现分区、分压、分线、分台的日线损与月线损计算,同时提供明细数据穿透功能,便于分析线损异常原因。分线、分台逻辑图如图 8-1-1 所示。

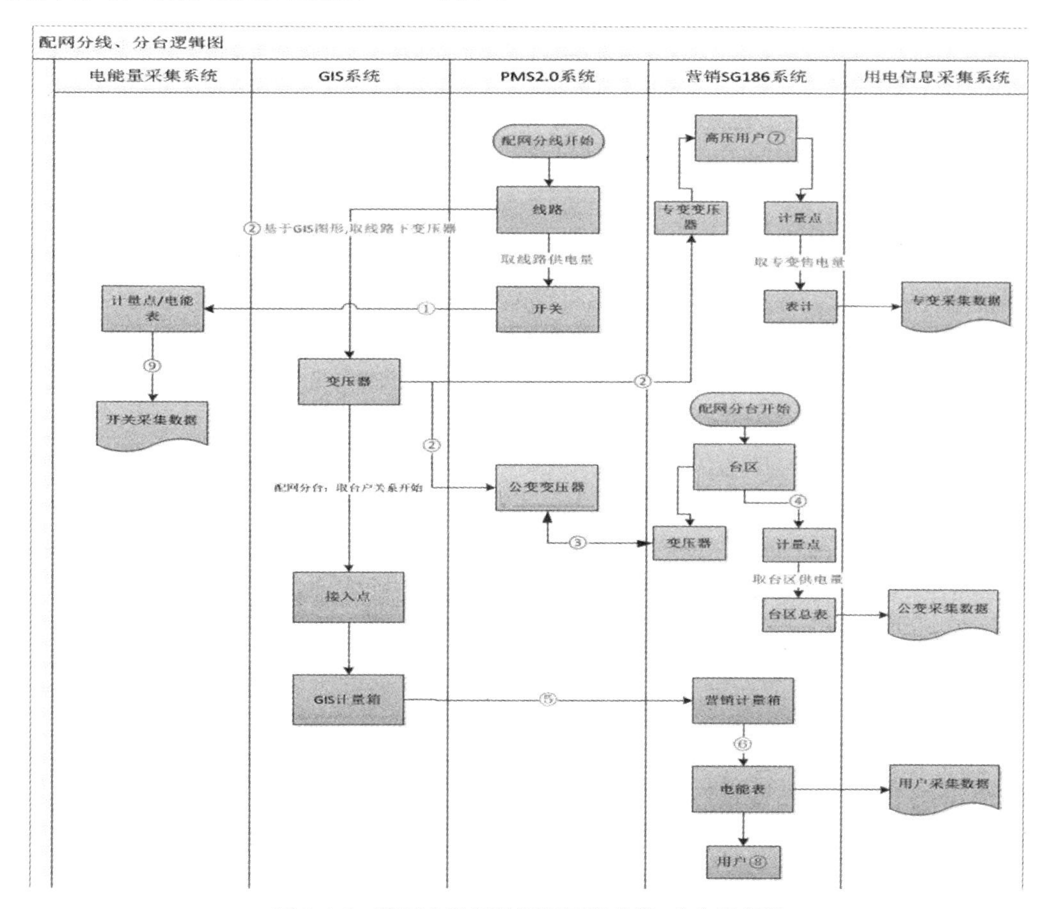

图 8-1-1 基于大数据的配网同期分线、分台逻辑图

2.2 配网同期线损监测分析管控

基于大数据的配网同期线损加强了数据采集、档案数据的应用统一，实现了线损系统与海量数据平台的文件相互传输和信息共享，使线损采集数据与档案数据相互匹配，提高了线损数据的真实性与精确度。

因数据量大、实时性要求高、供售电量关联强，该系统可实时监测分析并筛选异常数据，及时发现“四分”线损异常情况，并根据异动情况的程度评价评级。同时可对线损异常进行深化监测分析，确定具体异常线路或台区，实现问题精准定位，建立省、市、县、供电所四层联动闭环处理机制，加强了各专业、部门协同联动与责任落实，促进线损异常的及时分析与整改，以点带面，促进配网线损管理水平提升。

3 基于大数据分析的高损线路治理案例

以安徽 10 kV 京皖 129 线为例，该线路高损分析及治理整体情况如下。

3.1 线路及线损基本情况

线路基本信息及 2018 年部分线损情况见表 8-1-1、表 8-1-2、表 8-1-3。

表 8-1-1 10 kV 京皖 129 线基本信息情况表

线路名称	主干线长度/km	导线型号	投运时间	接带变压器台数(台)
10 kV 京皖 129 线	1.889	YJV22-8.7/10-3×400	2016 年 10 月	66

表 8-1-2 10 kV 京皖 129 线 2018 年 1—4 月月线损情况

线路名称	日期	输入电量/kWh	输出电量/kWh	售电量/kWh	损失电量/kWh	线损率/%
10 kV 京皖 129 线	1 月	710 040	0	481 048	228 991	32.25
	2 月	552 720	0	389 415	163 305	29.55
	3 月	474 600	0	271 507	203 092	42.79
	4 月	446 520	0	216 889	229 630	51.43

表 8-1-3 10 kV 京皖 129 线 2018 年 5 月日线损情况

线路名称	日期	输入电量/kWh	输出电量/kWh	售电量/kWh	损失电量/kWh	线损率/%
10 kV 京皖 129 线	1 号	15 480	0	8 643	6 836	44.16
	2 号	14 160	0	3 722	10 438	73.71
	3 号	14 280	0	3 755	10 524	73.7
	4 号	14 880	0	12 333	2 546	17.11
	5 号	14 880	0	8 953	5 926	39.83
	6 号	14 520	0	9 335	5 184	35.7

续表

线路名称	日期	输入电量/kWh	输出电量/kWh	售电量/kWh	损失电量/kWh	线损率/%
10 kV京皖129线	7号	14 280	0	13 233	1 046	7.33
	8号	14 400	0	11 384	3 015	20.94
	9号	13 680	0	10 566	3 113	22.76
	10号	13 920	0	4 076	9 844	70.72
	11号	13 320	0	16 488	−3 168	−23.79
	12号	13 560	0	10 171	3 389	24.99
	13号	68 640	0	66 674	1 965	2.86
	14号	68 004	0	64 638	3 366	4.95
	15号	66 531	0	63 914	2 617	3.94

3.2 线损异常原因分析

通过对1至4月份月线损及5月份共计15天日线损大数据进行分析及现场核实，得出以下结论。

3.2.1 基础方面

(1) 智能表未全覆盖：该线路智能表全覆盖。

(2) 采集失败：经核实，该线路下一高压用户的两个计量点采集失败，户号为67570×××××，户名为“×××××投资有限公司”，计量点编号为502761×××××、502761×××××，对应的变压器ID分别为65294×××××、65294×××××，变压器名称为“C区自管2×××××投资有限公司”“C区自管3×××××投资有限公司”。

(3) 技术线损高：该线路不存在技术线损高问题。

(4) 线路存在联络互供：10 kV京皖129线下京皖财富中心总配电室与110 kV薛阁变电站10 kV希夷南Ⅰ线118线联络，未及时在系统内做好合并线损统计。

3.2.2 管理方面

(1) 线变关系错误：经5月9日系统与现场核实，该线路在GIS系统中缺失计算菊花佳苑和新时代两个小区共计15台自管变压器。

(2) 用户窃电与违规用电：经核实，该线路下用户不存在违规用电及窃电行为。

(3) 计量表计故障：该线路无计量表计接线错误及故障情况。

3.3 线损异常治理情况

通过现场核实，发现该线路线变关系异常两处、采集问题一处，经整改后日线损由5月1日的44.16%降到15日的3.94%，管理降损40.22个百分点。由于10 kV京皖129线下京皖财富中心总配电室与110 kV薛阁变电站10 kV希夷南Ⅰ线118线联络，目前在同期线损系统中暂将10 kV京皖129线与10 kV希夷南Ⅰ线118线打包处理，5月15日合并线路合格率为3.94%，符合配电线路日线损率区间段。

4 基于大数据的配网同期线损管理优势

4.1 实现日线损实时计算

融合了6大源端系统基础数据的同期系统可以实现 T-3日的分区、分压、分线、分台区日线损实时计算，有利于基层单位及时分析线损异常原因、查找问题短板，积极采取措施降损增效。

4.2 提高基础数据真实性

通过同期系统的大数据分析，可以及时发现运检配电线路线变挂接关系是否准确、营销用户档案与户台对应数据是否真实、采集电量信息是否完备等问题，强化了线损异常原因分析，有利于促进调度、运检、营销等专业协同合作，解决关口管理、设备异动管理、用户档案管理、电量采集管理等跨专业问题，促进各专业数据质量整体提升，提高营配调贯通业务水平。

4.3 提高企业经济效益

基于大数据的配网同期线损管理摒弃了传统人为抄表、统计线损的模式，解放了生产力，且提高了工作效率。通过实时的监测分析发现高损原因并及时处理，有效地解决了因错抄表、漏抄表、用户窃电及违规用电等导致的电能损耗，提高了电力企业的经济效益。

4.4 提升配网线损管理水平

基于大数据的配网同期线损管理可以较为真实地反映配网实际线损情况，体现电力企业的线损管理及降损管控水平，指导各单位从原来的简单指标数值调整改变为实际降损工作开展，促进了基层单位降损工作的积极性，提升了电力企业配网线损精益化管理水平。

5 结语

电力大数据支撑下的同期线损管理，可以实现配网线损的还原归真，促进企业线损管理工作有效开展，提升线损精益化管理水平。大数据的支撑能够确保数据的及时性、准确性和完整性，真实的线损情况可以体现出线损管理中的诸多问题，反映电网结构的真实水平，对于提高配网运行的安全性和可靠性具有非常重要的作用，对电力企业的长远发展也有着重要意义。因此，基于电力大数据的配网同期线损管理对电力企业的发展有着积极的影响和作用。

参考文献

[1] 刘道新，胡航海．配电网同期线损监测系统的设计与实现[J]．电子设计工程，2017，25(5)：42-49.

[2] 张国庆．配电网线损计算[D]．南京：南京理工大学，2010.

[3] 卢志刚，秦四娟，李海．配电网技术线损分析[J]．电力系统保护与控制，2009，37(24)：177-182.

[4] 周强．中低压配电网线损计算方法与降损措施的研究[D]．郑州：郑州大学，2009.

[5] 张宗伟，张鸿．基于负荷实测的配电网理论线损计算[J]．电力系统保护与控制，2010，38(14)：115-120.

大数据背景下数据治理的网络安全策略

Network Security Strategy of Data Governance in Context of Big Data

王　鑫[1]　汪　玉[1]　赵　龙[1]　张淑娟[1]　李　周[2]
1. 国网安徽省电力有限公司电力科学研究院,安徽合肥,230601
2. 国网安徽省电力有限公司,安徽合肥,230061

摘要:大数据时代的到来,进一步挖掘了数据的潜力,给企业带来了更大的价值,同时也促进了大数据研究的发展。目前,国内外学者对大数据的分析利用和知识挖掘等不断地深入,出现了大量的阶段性研究成果。同时,由于各种基于大数据整合、分析利用的研究,使得大数据治理问题,特别是数据隐私保护问题成为大数据研究的重点。大多数学者的研究集中在如数据库和数据库服务层面的安全与隐私保护可能涉及数据的机密性、数据的完整性和数据的完备性,查询隐私保护以及访问控制等,再如基于位置的隐私保护和系统性能的平衡问题,而针对已有信息系统在数据使用过程中如何进行数据的治理以及网络安全防护方面的研究比较少。鉴于此,本文简述了在大数据背景下网络安全方面存在的问题,对问题进行分析,提出相关的解决措施,尽可能地提高计算机网络信息安全。

关键词:大数据;数据治理;网络安全

Abstract: The arrival of the era of big data has further explored the potential of data, brought greater value to enterprises, and also promoted the development of big data research. Domestic and foreign scholars have made deep research on analysis, utilization and knowledge mining, and a large number of stage research results have been achieved. Meanwhile, due to various researches based on big data integration, analysis and utilization, big data governance, especially data privacy protection, has become the focus of big data research. Most scholars focus on: for example, the security and privacy protection of database and database services may involve data confidentiality, data integrity and data completeness, query privacy protection and access control, or the balance between location-based privacy protection and system performance. However, scholars have less

作者简介:
王鑫(1991—),男,安徽合肥人,硕士,工程师,研究方向为大云物移等信通新技术在电力系统的应用。
汪玉(1987—),男,安徽合肥人,博士,高级工程师,研究方向为电力系统继电保护与自动化。
赵龙(1983—),男,甘肃庆阳人,博士,高级工程师,研究方向为电力系统通信技术。
张淑娟(1977—),女,安徽合肥人,高级工程师,研究方向为电力信息技术。
李周(1984—),男,安徽合肥人,硕士,高级工程师,研究方向为电力信息与通信技术。

research on how to manage data and protect network security in the use of existing information systems. Therefore, this paper briefly describes the problems of network security in the context of big data, analyzes the problems, proposes relevant solutions, and improves the security of computer network information as much as possible.
Key words: big data; data governance; network security

1 大数据的产生与发展

近年来,大数据的概念不断向社会各行各业渗透,已经逐步融入到人们工作生活的诸多领域,我国对于大数据的研究也在不断地深入。目前,人们对大数据的理解还不够全面,关于大数据的含义也没有一个统一固定的概念。大数据是超过任何一台计算机处理能力的庞大数据量,是大量数据和复杂数据的结合,难以用当前的数据库进行处理。大数据的特点就是对海量数据进行挖掘和分析,这一任务难以用单台计算机进行,必须依赖于云计算的相关数据库技术进行处理。大数据研究受到国内外学术界和工业界的广泛关注,已经成为当下信息时代全世界讨论的热点。2011 年 10 月,工信部确认京沪深杭等城市为"云计算中心"试点城市,相继举行了有关大数据的报告研讨会。大数据不断涉及各个领域,并得到广泛应用,可以为每一个领域带来变革性影响,并且正在成为各行各业颠覆性创新的原动力和助推器。

2 大数据环境下数据治理的特点

现阶段,国内外学者对于数据治理的研究已经取得了很多成果,数据治理的研究得到了社会各界的重视,但是数据治理在金融行业和通信行业的实践表明,传统的数据治理存在着一定的缺陷。数据治理委员会是和传统数据治理体系相关的一个重要部门,数据治理委员会的职责在于制定科学合理的数据治理方案,对数据治理的过程进行调度。在大数据环境下,对于数据的治理是至关重要的。数据治理委员会需要重视数据治理的整体质量,加强数据治理的安全管控,做好数据分析与合规管理的兼顾,实现数据中蕴含的业务价值的充分体现。大数据环境之下,数据种类繁多,数据来源广泛,数据增长快速,数据蕴含的价值庞大,传统的数据存储类型难以满足大数据的存储要求,在数据整合分析的过程中,数据的业务化流程要求数据治理不断调整策略,传统的数据治理应对越来越多的挑战,面临着很大的困境和弊端。

在大数据环境下,数据治理工作的重点与难点主要出现在以下几个方面:

(1) 数据标准的问题。在现阶段,企业中各个部门与环节对数据的采集方式以及数据的来源都有所不同,不同部门还有可能出现对同一数据进行重复采集的现象,另外不同部门的数据标准以及数据的存放位置也有所不同。这在很大程度上严重地制约了数据的准确性以及数据的共享。

(2) 数据的质量问题。大数据环境下,对数据治理不仅提出了实时性的要求,还提出了准确性的要求。由于数据标准的不统一,往往会产生一定多余而又重复的数据。企业中不同部门对数据的更新也往往难以满足实时性的要求。这对数据质量的准确性与实时性有着很大程度的影响。

(3) 数据的隐私保护问题。在数据的开放与共享过程中,我们可以对数据进行充分的利用,但是数据透明度的过高往往会导致数据的泄露,甚至导致数据被一些人员非法使用。因此,数据的安全保护与隐私保护面临着很大的压力。

3 大数据背景下数据治理的必要性

大数据在极大地方便了人们生活的同时,也带来了各种隐患。大数据时代对隐私的侵犯主要有四个方面。第一,在存储数据时就侵犯了隐私权。用户不知道数据采集的时间、地点、内容,也不知道数据会如何存储,被应用于哪些领域,也就无法控制数据。第二,在数据传输的过程中侵犯了隐私权。信息技术时代的数据传输大都使用网络进行,使得窃听和电磁泄漏等信息安全事故的发生频率更高。比如 2013 年斯诺登披露美国"棱镜计划"的部分文档,可以发现美国对互联网用户进行了秘密监控,甚至入侵多国的网络获取信息。第三,在处理数据时侵犯了隐私权。处理信息时大都使用虚拟技术,处理硬件落后或者处理技术不过关都有可能造成信息的丢失。以图书馆为例,图书馆一般使用的是比较落后的信息处理系统,图书馆的档案文件和用户的使用情况就很容易被某些别有用心的人盗取。第四,在销毁数据的过程中侵犯了隐私权。随着各种云技术的发展,简单的数据删除操作无法彻底地销毁数据。为了获得更多的数据信息,了解用户的喜好,服务商大都对数据进行了备份。即使有些国家规定了数据销毁的时间,但是按照规定操作的服务商很少。

4 大数据背景下数据治理中网络安全存在的问题

4.1 网络黑客攻击

网络黑客是目前大数据下网络安全的重要隐患之一。通常黑客入侵的主要目的是对计算机内容进行破坏以及盗取,往往是团体作案。他们通过数据的漏洞进入计算机内部,这些数据漏洞通常是因为计算机用户在安全配置方面给了黑客乘虚而入的机会。黑客会破坏相关数据以及重要内容,甚至还会攻击服务器,使得用户无法正常工作,甚至给企业造成较大的经济损失。黑客攻击让网络数据安全性不断降低,使得网络整体不通畅,严重影响企业发展,在一定程度上限制了社会的整体发展。大数据的网络环境具有一定开放性,为大家提供了很多的参考内容以及共享资源,黑客也正是抓准这一重点进行攻击与破坏。

4.2 用户数据网络安全防范意识不到位

人们的网络安全防范观念薄弱,一般在网络购物、发送邮件、用户注册、登录账号中输入各种信息时没有注意周围环境,或者是在网络浏览点击时留下痕迹,这些都会使得用户的隐秘信息遭到泄露。还有部分用户在使用互联网时没有足够的信息甄别能力,对于弹出的链接或者对话框随意点击进入,这就会很容易遭到恶意网站或者是欺骗者的攻击和诈骗。由于多数用户自身没有专业的网络安全防护技术,信息数据在遭到破坏后不能自行修复,给自己的生活及工作带来了诸多不便,削弱了信息数据的有效性。

4.3 防火墙技术应用率较低

在大数据时代背景下，防火墙技术的有效应用已经成为网络安全维护工作最为有效的方法之一，但是目前诸多网络用户虽然已经意识到防火墙技术的有效应用可以极大地降低网络安全问题出现的概率，但是他们却无法掌握该种系统的应用要点，这种情况就会导致网络安全问题一直无法得到有效解决。

5 大数据背景下数据治理中加强网络安全的策略

5.1 加强攻击溯源技术的应用

在进行大数据背景下的网络安全体系构建关键技术应用时，网络安全攻击溯源技术的应用十分有必要。通常情况下，网络信息安全系统在进行攻击分析时，会从关键内核结构诊断、文件、进程等多个层面展开分析工作，同时调用系统以及网络流量进行辅助分析。与此同时，通过监理统一的、多层次的网络安全攻击描述模型，严格按照相关规则对海量日志中的攻击信息进行关联性分析，从而精准地找出计算机系统中可能存在的攻击问题，为后续的网络攻击溯源工作开展提供更为可靠的数据依据。但是，网络安全攻击溯源技术在应用过程中还存在一些不足之处亟待改进，一方面是在异构数据源的处理上，包括数据库以及文档数据库的处理；另一方面表现在海量数据的处理上，随着经济的全球化发展，互联网与物联网之间的相互联合，知识网络数据信息量成倍增长，而针对海量网络数据的溯源处理技术执行效率还有很大进步空间。

5.2 认证与授权机制

认证就是对某些信息的真实性进行确认的过程。认证一般有消息认证、身份认证和认证协议三个部分。

(1) 消息认证。消息认证一般是对接收到的消息进行确认。消息认证时要确认消息是认证目标发送的，发送的消息与要求不存在出入，消息发送的时间、顺序等都有明确的要求。但是这种消息认证模式存在较大漏洞。比如网易云音乐的手机注册验证码的有效时间是1分钟，有些用户就可以使用身边朋友的手机号进行注册。

(2) 身份认证。身份认证一般都是实时的，需要输入身份证号码或学校、单位等详细的信息。目前网络的身份认证存在两种形式，一种是输入身份证号等相关信息的形式，另一种是输入身份证号等相关信息之外再发布本人手持身份证的照片进行认证。第一种身份认证方法存在较大纰漏，主要是由于大多数用户对身份证号码的保密意识不强，容易被他人盗用、骗取身份信息。因此近几年一些对用户的个人信息比较重视的服务商越来越多地采用了使用手持身份证进行身份验证的方法。

(3) 认证协议。在网络世界中，除了消息认证和身份认证之外，还应该建立相关协议保证消息的可靠性，防止节点欺骗、病毒伪装等现象的发生。协议的内容越具体，条款越清晰，就越能够保证信息的真实。

授权就是授予一个个体或代理者拥有能够对某些资源进行某种操作的权力。一般来说，对安全措施要求越严格的系统，对授权要求也越严格，对授权等级的划分越细致，这样对隐私的保护越有利。比如 SSL 协议。用户可安全地验证一个网络节点的身份,并对用户信息的访问进行授权。

5.3 有效应用智能防火墙技术

从实际角度出发,防火墙技术的出现为网络安全问题的解决提供了新的思路,同时也为网络系统的安全增加了一道重要的防线。基于这一情况,智能防火墙技术在大数据时代背景下网络安全问题解决工作当中的应用就显得尤为必要。而要想保证该种技术能够充分地发挥出其应有的网络风险问题防范作用,必须要从以下几个方面着手进行具体的应用。

首先,相关的网络用户在实际应用智能防火墙技术期间,必须要准确有效地分析防火墙系统的应用参数信息是否符合计算机设备适用软件的应用参数,以此来有效地降低防火墙系统与计算机设备兼容问题出现的概率。

其次,必须要充分挖掘出防火墙系统的应用优势以及各类功能,在检查系统漏洞问题以及安全风险问题期间要充分地利用该种系统的各项功能来解决相应的问题,以此来保证该种技术能够充分地发挥出其应有的系统安全保护作用。

最后,网络用户必须要及时对智能防火墙系统进行更新处理。由于网络病毒会随着时间的推移被不断地更新,在这种情况下,原有的防火墙系统就可能会出现无法识别新型网络病毒的问题,基于这一情况,必须要及时更新防火墙系统,以此来保证该种系统能够持续有效地发挥出其保护网络用户信息安全的作用。只有这样才能够保证在大数据时代背景下网络安全问题能够得到有效防治。

6 结语

总之,数据就是价值,这是社会未来发展的必然趋势。大数据治理工作对于保障数据质量与安全有着重要的积极意义,为数据中蕴含价值的充分利用创造了重要的支撑。我们需要不断地对数据治理进行深入的研究与分析,同时做好网络安全防护措施,以满足时代不断前进与发展的需要。

参考文献

[1] 王灿灿. 大数据背景下的中职校园教学网络安全问题探究[J]. 中外企业家,2019(21):89.

[2] 刘展,潘莹丽. 大数据背景下网络调查样本的建模推断问题研究:以广义 Boosted 模型的倾向得分推断为例[J/OL]. 统计研究,1-11[2019-08-15]. https://kns-cnki-net.web.bisu.edu.cn/kcms/detail/11.1302.C.20190719.0935.006.html.

[3] 李宪玲,姜晗. 大数据背景下计算机网络的安全问题及防范对策探析[J]. 网络安全技术与应用,2019(07):5-6.

[4] 许茂森. 关于网络安全分析的大数据技术实践解析[J]. 网络安全技术与应用,2018(08):61,72.

[5] 王锦,王莹. 大数据背景下的网络安全与隐私保护分析[J]. 计算机产品与流通,2018(08):44.

基于大数据的物资供应商画像研究分析与应用

Analysis and Application of Material Supplier Portrait Based on Big Data

谢 岗 张克成

国网安徽省电力有限公司物资分公司，安徽合肥，230022

摘要：企业物资供应链提供的优质产品和服务是电力企业建立坚强智能电网的重要保障，物资供应商是其中关键角色之一，建立一套科学的物资供应商评价体系是企业维护优质供应链的重要保证。本文从物资供应商基本信息、中标情况、供货质量、履约情况、不良行为五个维度构建物资供应商评价体系，通过收集相关数据并进行结构化处理，生成相应指标，并通过 AHP 算法构建物资供应商评价得分模型，实现对物资供应商的综合评级，并对物资供应商进行全景画像展示，最终达到对不同层级物资供应商精准化定位的目的，为企业物资招标提供支撑和辅助，保证电网的安全可靠运行。

关键字：电力企业；物资供应；供应商画像；供应商分级；层次分析法

Abstract: The fundamental guarantee for power enterprises to establish smart and humanistic grid is providing high-quality products and services in the material supply chain of enterprises. Material supplier is the one of the key roles in the material supply chain of power enterprises. It is an important guarantee for enterprises to maintain a high quality supply chain by establishing a scientific evaluation system of material suppliers. This paper aims to construct an five dimensions' evaluation system of material suppliers which are basic information of material suppliers, bid-winning situation, supply quality, performance and bad behavior. Through collecting relevant data and structured processing, the corresponding indicators are generated, and the evaluation scoring model of material suppliers is constructed by AHP algorithm. This modelling is able to achieve a comprehensive rating of materials suppliers and panoramic display of material suppliers. Finally, the goal of precises positioning of suppliers at different levels is achieved, which provides support and assistance for enterprise' material bidding and guarantees the safety and reliable operation of power grid.

Key words: power enterprise; goods supply; supplier portrait; supplier classification; analytic hierarchy process

---

作者简介：

谢岗(1966—)男，上海人，硕士，会计师，曾从事会计、审计工作，现从事物资管理工作。

张克成(1975—)男，安徽六安人，高级工程师，曾从事科技及信息化工作，现从事物资供应商及质量监督管理工作。

企业物资供应链提供的优质产品和服务是建立坚强智能电网的根本保障，物资供应商是其中关键角色之一，建立一套科学的物资供应商评价体系是电力企业维护优质供应链的重要保证。在电力建设和生产过程中，由于经常发生供应商未按合同及时供货、产品和服务质量未能满足合同要求等失信行为，轻则影响工程进度，重则给电网的安全运行带来重大隐患。本文通过研究供应商差异化分级管理，保证供应商能按合同正常履约，实现“选好选优”设备的目标。

1　研究现状及研究思路

随着信息化建设的不断完善，电力系统积累了海量信息数据，大数据研究技术的迅速发展，为数据价值的发挥创造了条件。电力企业作为国民经济支柱产业，肩负着履行社会责任的重任，随着建设规模的不断扩大以及智能电网建设的逐步开展，对物资采购工作提出了更高要求，同时也面临着提高产品质量、缩短交货期、降低成本和改进服务的压力，因此亟需构建物资供应商画像评价体系，提升对物资供应商的管理水平。目前，国内外供应商画像评价方法主要有多元判别分析法（MDA）、模糊综合评价法、灰色聚类三角函数法、神经网络和支持向量机等[3—8]。

本文基于电力企业物资供应商种类多、分布广、差异大等业务现状，从供应商基本信息、中标情况、供货质量、履约情况、不良行为五个维度构建指标体系，通过数据收集及数据清洗共获得 86 个原始指标。采用主成分分析对有效指标进行降维处理，最终确定 7 个指标运用层次分析法确定权重，构建物资供应商综合评价模型，实现对物资供应商的综合评级和画像展示，最终为专家评标提供支撑和辅助，其研究思路如图 8-3-1 所示。

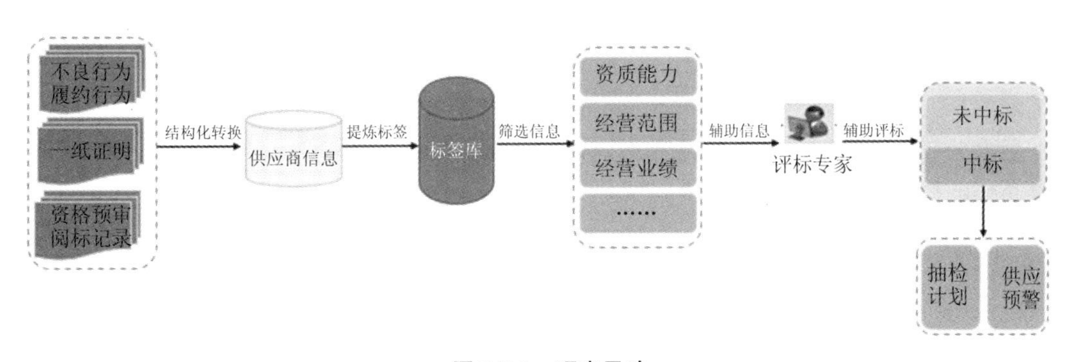

图 8-3-1　研究思路

2　算法原理

2.1　主成分分析

基于指标体系建立确定的变量存在着一定的相关关系，当两个变量之间有一定相关关系时，可以解释为这两个变量在反映同一问题上有一定的信息重叠。主成分分析是对于原先提出的所有变量，对重复的变量（关系紧密的变量）进行降维，通过线性变换建立尽可能少的新变量，确保新变量线性不相关，且尽可能涵盖原有的信息。

2.2　层次分析法

层次分析法于1982年引入我国，之后在国内盛行[10]。许多研究不仅将它使用在各类决策分析中，也将其用在构造综合评价权数中。层次分析法的理论基础主要如下。

2.2.1　构造判断矩阵

将指标两两进行重要程度的比较，构造判断矩阵。在对各个指标进行相对重要程度测量时，引入九分位的相对评分规则，如表8-3-1所示。设 A 为判断矩阵，用来表示每一层次各个指标的相对重要程度的得分值，这个值是根据实际业务情况主观判定的。

表8-3-1　权重的评分规则

a指标与b指标比较	及其重要	强烈重要	明显重要	比较重要	重要	较不重要	不重要	很不重要	极不重要
a指标的评价值	9	7	5	3	1	1/3	1/5	1/7	1/9

根据判断矩阵 A 中指标间的两两比较，A_i 对 A_j 的相对重要程度标为 a_{ij}，$a_{ij}>0$，$i,j=1,2,\cdots,m$，其中 $a_{ii}=1$，$a_{ij}=1/a_{ji}$。所以矩阵 A 是个正交矩阵，得到的打分矩阵形式如表8-3-2所示。

表8-3-2　打分矩阵

A	A_1	A_2	…	A_m
A_1	a_{11}	a_{12}	…	a_{1m}
A_2	a_{21}	a_{22}	…	a_{2m}
…	…	…	…	…
A_m	a_{m1}	a_{m2}	…	a_{mm}

2.2.2　计算各指标权数

层次分析法构造权数的基础是判断矩阵，利用排序原理，得到各行的几何平均数，然后计算指标的权数。计算公式如下：

$$\overline{a} = \sqrt[m]{a_{i1}\times a_{i2}\times\cdots\times a_{im}} = \sqrt[m]{\prod_{j=1}^{m} a_{ij}}$$

$$w_i = \frac{\overline{a}_i}{\sum_{i=1}^{m}\overline{a}_i},\quad i=1,2,\cdots,m \tag{8-3-1}$$

令 $W=(w_1,w_2,\cdots,w_i)$，该向量即为判断矩阵的特征向量。

2.2.3　一致性检验

计算判断矩阵的随机一致性比率：

$$CR=\frac{CI}{RI}\leqslant 0.1 \tag{8-3-2}$$

式中，RI 为判断矩阵的平均随机一致性指标，值的大小由判断矩阵中指标的个数查表得到。当 $CR<0.1$ 时，可认为判断矩阵满足一致性要求，构造的综合评价指标权数是合适的。

3　建模实例

本文以2015年至2018年某电力公司“10 kV变压器”物资的供应商基本信息、中标情况、供货质量、履约情况、不良行为这五个维度的原始数据为研究对象，对原始指标通过主成分分析法进行降维，运用层次分析法计算各指标权数，建立物资供应商的综合评价模型，实现供应商的综合评级。

3.1 数据预处理

3.1.1 原始数据规模探索

本次模型共选取了 86 个指标，选取核实材料中生产范围包括“10 kV 变压器”的供应商所有指标，供应商合同情况表中选取合同额，供应商中标情况表中选取中标金额，抽检情况表中选取抽检不合格率，监造发现问题统计表中选取监造中问题数量，安装调试阶段发现问题统计表中选取安装中问题数量，运行阶段发现问题统计表中选取运行中问题数量，资格预审表中选取分档级别字段，供应商抽检不良行为问题信息库表中选取不良行为次数字段。

3.1.2 数据源关联关系探索

核实材料包含省电力公司自行组织及国家电网公司组织的省电力公司核实材料，核实材料中包含的各个数据表都通过供应商名称(QYQC)进行关联，获取供应商对应的注册资金、核实情况信息、生产设备信息、试验设备信息、产品型式试验报告信息等。核实材料宽表通过供应商名称(QYQC)与供应商合同情况表进行关联，获取 2015—2018 年的合同金额；核实材料宽表通过供应商名称(QYQC)与供应商中标情况表进行关联，获取 2015—2018 年的中标金额；核实材料宽表通过供应商名称(QYQC)与抽检情况表进行关联，获取近三年的抽检不合格率等信息。

3.1.3 数据质量检查及清洗数据

基于核实材料获取生产范围包含“10 kV 变压器”的供应商数据 41 条，基于阅标记录获取数据 265 条，在合并这两个数据并去重后共获得 289 条供应商数据。

检查最终的宽表各字段缺失率情况，并依据不同情况采用不同填补方式填补缺失值。

3.2 指标筛选

在选取主成分分析法建模所用指标时，遵循了数据源获取便捷、指标具有普遍性、指标零值查看、指标因子化等原则。指标处理过程如下：

(1) 指标缺失值处理。所选的指标应该是全部或大部分供应商都存在的(指标值不全为零)，因此需要剔除值全部为零的指标(例如 2015 年主营业务收入净额、2015 年经营活动净现金流动比率等)。

(2) 正负因子标准化处理。不同指标所包含的业务含义不同，因此需要结合业务信息对指标进行正负因子标准化处理。

(3) 生成衍生指标。根据业务需求由原始指标生成衍生指标。如通过下式由物资供应商的不良行为发生次数及抽检次数生成抽检合格率指标。

$$抽检合格率=1-不良行为发生次数/抽检次数$$

(4) 通过以上步骤最终初步生成 16 个相关指标，加入供应商编码和企业全称共 18 个指标，具体如表 8-3-3 所示。

表 8-3-3 最终指标

序号	变量	变量说明	序号	变量	变量说明
1	GYSBM	供应商编码	10	ZCFZL4	2015 年资产负债率
2	QYQC	企业全称	11	ZCFZL5	2016 年资产负债率
3	ZCZJ	注册资金	12	ZCFZL6	2017 年资产负债率
4	MANZU_NUM	核实满足情况	13	XSSL6	2015—2017 年销售数量
5	NO_MANZU_NUM	核实不满足情况	14	CONTRACT_AMOUNT	合同金额
6	SCSBZL_NUM	生产设备种类	15	TOTAL_PRICE	中标金额
7	SCSBSL_NUM	生产设备数量	16	GLRS	管理人员
8	SYSBZL_NUM	试验设备种类	17	CJHGL	抽检合格率
9	SYSBSL_NUM	试验设备数量	18	FDJB	分档级别

3.3 指标降维

由于指标间存在一定的相关关系，信息解释存在重复，所以在进行层次分析之前，对物资供应商基本信息、财务状况等指标进行主成分分析，尽可能地消除数据冗余和数据噪音问题。本文对最终指标（不包括抽检合格率、分档级别）进行主成分分析，最终确定 5 个主成分，累积贡献率达到 76.29%。结合业务内容对 5 个主成分进行命名：*RC*1 为生产能力，*RC*2 为财务情况，*RC*3 资产负债率，*RC*4 为生产规模，*RC*5 为核实不满足情况（见表 8-3-4）。

表 8-3-4 主成分旋转矩阵

指标	*RC*1	*RC*2	*RC*3	*RC*4	*RC*5
注册资金	−0.040	0.753	−0.087	−0.053	0.337
核实满足个数	0.719	0.064	−0.111	0.267	0.411
核实不满足个数	0.154	0.007	−0.009	−0.065	0.782
生产设备种类数量	0.133	0.008	0.010	0.951	−0.021
生产设备数量	0.912	0.013	−0.071	0.071	0.011
试验设备种类数量	0.178	0.006	0.010	0.944	−0.040
试验设备数量	0.890	0.035	−0.057	0.122	0.059
资产负债率 2014	−0.128	−0.086	0.830	−0.034	0.010
资产负债率 2015	−0.067	−0.068	0.925	−0.035	−0.048
资产负债率 2016	−0.073	−0.070	0.853	0.083	0.000
近三年销售数量合计	0.677	0.157	−0.101	0.042	−0.019
合同金额合计	0.199	0.793	−0.075	−0.078	−0.320
中标金额合计	0.144	0.779	−0.077	0.117	−0.344
管理人员	0.030	0.748	−0.070	0.046	0.366

根据主成分旋转矩阵得到主成分表达式（以 *RC*1 为例），根据主成分表达式，计算出物

资供应商指标得分。

3.4 层次分析法建模

根据主成分分析计算得到各物资供应商主成分得分，同时纳入抽检合格率和分档级别指标作为输入变量进行层次分析法建模。根据变量含义并结合工作经验，请专家对变量的重要程度进行打分，构造出判断矩阵如表 8-3-5 所示。

表 8-3-5 判断矩阵

	$RC1$	$RC2$	$RC3$	$RC4$	$RC5$	$CJHGL$	$FDJB$
$RC1$	1	2	3	4	5	1/5	1/4
$RC2$	1/2	1	3	2	4	1/6	1/5
$RC3$	1/3	1/3	1	2	3	1/7	1/6
$RC4$	1/4	1/2	1/2	1	2	1/8	1/7
$RC5$	1/5	1/4	1/3	1/2	1	1/9	1/8
$CJHGL$	5	6	7	8	9	1	2
$FDJB$	4	5	6	7	8	1/2	1

通过判断矩阵计算出指标权重：得到判断矩阵的一致性指标 $CI=0.056$，随机一致性比率 $CR=0.042$，计算出指标的权重分别为：$RC1=11.8\%$，$RC2=8.0\%$，$RC3=5.0\%$，$RC4=3.8\%$，$RC5=2.5\%$，$CJHGL=39.8\%$，$FDJB=29.1\%$。随机一致性比率 $CR=0.042<0.1$，可以认为上述判断矩阵满足一致性要求，通过检验。由此可以得到物资供应商综合得分模型如下：

$$F=\sum_{i=1}^{7}w_i f_i=11.8\%*RC1+8.0\%*RC2+5.0\%*RC3+3.8\%*RC4+2.5\%*RC5+39.8\%*CJHGL+29.1\%*FDJB \quad (8\text{-}3\text{-}3)$$

4 研究结论

利用得到的物资供应商评价得分模型计算出 10 kV 变压器供应商的综合得分，并据此进行物资供应商分级，将物资供应商分为 A、B、C、D 四档，其中 A 档为第一梯度，供应商综合得分在 75 分以上；B 档为第二梯度，综合得分在 47—75 分(含)之间；C 档为第三梯度，综合得分在 47 分(含)以下；D 档为第四梯度，综合得分为 0 分，表示发生过不良行为并纳入黑名单的供应商。如表 8-3-6 所示。

表 8-3-6 物资供应商分级

梯度	得分区间	档级	数量	占比
第一梯度	$F>75$	A	75	25.95%
第二梯度	$47<F\leqslant 75$	B	122	42.21%
第三梯度	$F\leqslant 47$	C	81	28.03%
第四梯度	0	D	11	3.81%

在289家10 kV变压器供应商中，A档级供应商共有75家，占总体的25.95%，B档级供应商共有122家，占总体的42.21%，C档级供应商共有81家，占总体的28.03%，D档级供应商有11家，占总体的3.81%。

对供应商在各个指标上的分布情况和各个梯度的前三名供应商进行分析，结果如图8-3-2所示。供应商在生产能力、财务情况、生产规模和核实不满足情况上分布呈现较为明显的集中性，在资产负债率上分布较为均匀。对不同档级的供应商代表进行分析发现，A档级供应商在生产能力、抽检合格率方面明显优于B、C档级；A、C档级供应商在资产负债率方面高于B档级供应商；在分档级别方面A、B档级供应商明显优于C档级。

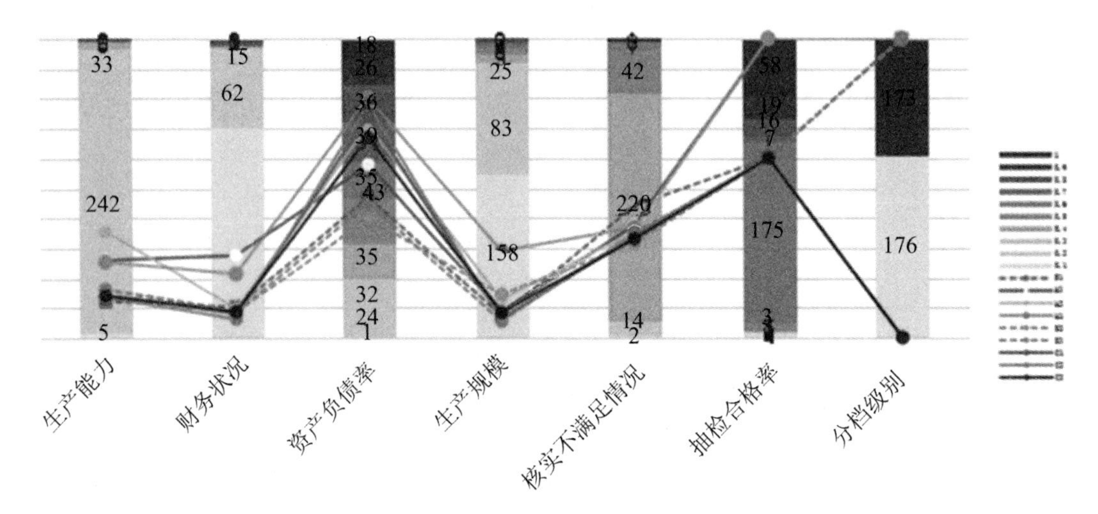

图8-3-2 不同梯度供应商指标分布情况

5 主要应用

基于物资供应商信息建立物资供应商数据库，解决供应商信息数据存储的非结构化问题，挖掘数据的内在价值；运用大数据分析手段结合实际业务需求，通过对供应商基本信息、中标情况、供货质量、履约情况、不良行为这五个维度的原始数据进行挖掘分析，对物资供应商形成画像，画像主要有以下三方面应用。

5.1 辅助评标

评标是招投标活动中的重要一环，而初步评审又是评标工作的首要环节，该环节工作量大且繁琐，但又对后续工作起着至关重要的作用。依据物资供应商数据库（见图8-3-3）可以根据评审专家审核需要提供材料，同时能够避免人工审核造成的错误，确保信息的准确性、真实性和及时性。根据供应商画像评级结果，对供应商进行精准定位，为评标专家提供辅助信息，更科学高效地开展评标工作。

	GYSZSJBM	QTQC	ZCZJ	MANZU_NUM	NO_MANZU_NUM	SCSBZL_NUM	SCSBSL_NUM	SYSBZL_NUM	SYSBSL_NUM	SJNSCNL	ZTTY
1	LL00013	[illegible]电气设备有限公司	9800	3	1	8	9	11	11	2200	0
2	LL00016	[illegible]电气成套设备有限公司	3125	6	1	11	24	15	15	1800	1855
3	LL00019	[illegible]电气有限公司	3500	8	1	23	25	17	20	400	2340
4	LL00036	[illegible]电气有限公司	5180	2	0	8	13	18	18	500	1018
5	LL00043	[illegible]力达电气有限公司	16000	4	1	20	26	15	16	240	4693
6	LL00047	[illegible]器有限公司	6000	2	0	22	28	11	11	6000	0
7	LL00029	[illegible]压器有限公司	2000	4	0	20	70	27	50	850	1413
8	LL00034	[illegible]有限公司	10188	1	0	15	31	36	62	6000	3184
9	LL00011	[illegible]备有限责任公司	1100	1	0	14	16	14	15	3600	1778
10	LL00028	[illegible]科技股份有限公司	70396.066	5	1	37	104	7	18	1000	9440
11	LL00038	[illegible]电气有限公司	1000	1	0	15	36	14	18	1500	1623
12	LL00040	[illegible]电力科技股份有限公司	10368	6	0	28	61	19	20	600	1161
13	LL00031	[illegible]电气设备有限公司	2000	2	0	9	19	19	19	2400	5164
14	LL00010	[illegible]力科技有限公司	3000	6	0	3	5	14	14	600	0
15	LL00012	[illegible]气有限公司	10000	7	1	47	56	18	18	570	7062
16	LL00017	[illegible]有限公司	10050	9	1	30	32	28	41	100	1533
17	LL00021	[illegible]有限公司	6000	6	2	11	26	11	11	2000	0
18	LL00041	[illegible]有限公司	3000	2	0	18	23	14	14	5304	0
19	LL00044	[illegible]有限公司	5000	2	0	16	24	9	4	3600	997.
20	LL00009	[illegible]设备有限公司	4034.5838	3	1	7	12	13		500	5856
21	LL00018	[illegible]有限公司	11018	2	2	29	42	21	21	3072	1179
22	LL00022	[illegible]有限公司	8000	4	0	49	87	36		1680	3336
23	LL00042	[illegible]有限公司	10000	2	0	8	11	17	17	924	0
24	LL00030	[illegible]气有限公司	3000	4	1	8	8	9	9	110	0
25	LL00033	[illegible]设备有限公司	3000	2	0	15	19	14	17	1500	0

图 8-3-3　物资供应商数据库(部分数据)

5.2　抽检计划制定

当前抽检计划的制定主要依据手工操作,具有一定的主观性。依据物资供应商画像及评级结果,在制定抽检计划时对于不同档级的物资供应商,主要根据中标数量、抽检合格率、是否新进供应商、历史诚信行为等情况制定针对性的抽检策略,实现物资供应商精准化管理,一方面提高了抽检计划的科学性、合理性,另一方面提高了抽检工作效率。

5.3　物资供应预警

由综合评级得分可以看出当前供应商差异化较大,应根据财务信息、产能情况、履约能力整体情况,考虑不同物资的生产周期和供货期,结合市场原材料价格波动因素,制定物资供应预警策略。

6　结语

结果表明,通过构建物资供应商画像数据库,采用主成分分析算法对物资供应商的基本信息、中标情况、供货质量、履约情况、不良行为这五个维度的数据进行降维处理,并通过层次分析算法构建物资供应商评级模型,能够对物资供应商的综合得分进行良好的度量和区分,实现物资供应商的画像和分档分级,通过模型分析结果发现供应商之间存在的明显差异。在电力企业减少设备库存成本和提高资金流动率的大物资管理背景下,识别不同类型的供应商,制定不同的管理策略,对提高物资供应商的管理水平、提升企业竞争力具有非常重要的现实意义。

参考文献

[1] 吴亮,张潮,陈琼.用电信息系统运行数据的统计与分析[J].浙江电力,2017,36(1):56-59.

[2] 蒋晓军.国外电网资产全寿命周期管理经验借鉴研究[J].财政界,2010,28(1):202-204.

[3] Chijoriga M M. Application of multiple discriminant analysis (MDA) as a credit scoring and risk assessment model[J]. International Journal of Emerging Markets,2011,6(2):132-147.

[4] Ohlson J A. Financial ratios and the probabilistic prediction of bankruptcy[J]. Journal of Accounting

Research,1980,18(1):109-130.

[5] 涂咏梅.利率市场化对商业银行风险控制影响因素的实证分析[J].统计与决策,2016(23):158-161.

[6] 高新华,严正.基于主成分聚类分析的智能电网建设综合评价[J].电网技术,2013,37(8):2238-2243.

[7] 曾博,李英姿,张建华,等.电力市场新格局下智能配电网规划的综合评价模型及方法[J].电网技术,2016,40(11):3309-3315.

[8] 赵永柱,马霁讴,张可心.基于电力资源全寿命周期的标签画像技术研究[J].电网与清洁能源,2018(34).

[9] 刘勇.供应商管理策略及其在电力企业中的应用[D].大连:大连海事大学,2017.

[10] 董君.层次分析法权重计算方法分析及其应用研究[J].科技资讯,2015(29).

面向智能电网的电力大数据分析技术

Analysis Technologies of Power Big Data for Smart Grid

柳　伟　洪小龙
国网安徽省电力有限公司池州供电公司，安徽池州，247000

摘要：为解决智能电网电力大数据时代传统数据分析技术面临的瓶颈，本文对电力大数据分析技术进行了简要介绍。首先阐述了电力大数据的特征，在此基础上对电力大数据的分析方法进行论述，包括ETL技术、数据分析技术和数据展现技术。期望本研究能够对促进智能电网发展有所帮助。

关键词：智能电网；电力大数据；分析技术

Abstract: In order to solve the bottleneck of traditional data analysis technologies on the smart grid power big data, this paper briefly introduces the analysis technologies of power big data. Firstly, the characteristics of power big data are described. On this basis, the analysis methods of power big data are discussed, including ETL technology, data analysis technology and data display technology. It is expected that the research in this paper can help to promote the development of smart grid.

Key words: smart grid; electric power big data; analysis technology

随着科学技术的快速进步，智能电网技术也日趋成熟，其规模不断扩大。智能电力系统与电力企业信息在日常运行中持续不断地产生庞大的数据信息，这些数据增长速度极快并且类型繁多，与大数据的特性相一致，同时电力大数据的瞬时处理特性使其对数据分析的速度提出了更高的要求。传统的电力数据分析技术一般都是基于关系数据库的，分析速度慢且可伸缩性差，这已经远远不能满足当前电力发展需要，大大制约了智能电网的发展。为了保障电力数据处理质量，促进我国经济社会发展，更好地满足社会需要，在智能电网中采用电力大数据分析技术成为了必然，符合电力行业持续发展的需求。

1　电力大数据

1.1　电力大数据内涵

电力大数据是指智能电网在电力生产、电力传输、电力消费等部分产生的各种类型的数

作者简介：
柳伟(1994—)，男，安徽池州人，本科，高级工程师，从事电力系统继电保护工作。

据，是电力系统运行中信息的高度融合。电力大数据除了常见的数字、符号这些传统的结构化数据之外，还有图片、影音和超媒体这些非结构化数据。

1.2 电力大数据与智能电网之间的联系

目前我国智能电网正在迅速发展，技术也越来越成熟。智能电网综合运用了信息技术、通信技术和电力电子技术，紧密了不同类型信息之间的相互联系。智能电网能够便捷地收集客户的用电情况、地区的用电情况以及各个时段的用电情况等，从电量的耗损状况中获得电力大数据，运用现代数据分析处理技术分析获得的数据，可提取出有效的信息。这些信息可以帮助运营人员对不同区域的电网进行宏观调控，根据不同地区的用电需求及时对其进行准确调控和满足。然而现阶段我国电网大数据的发展并不很成熟，大数据平台构建尚在进行中。只有完善了大数据平台，才能科学地运用大数据分析技术，使智能电网能够进一步发展。

1.3 电力大数据的特征

2013 年 3 月，中国电机工程学会发布了《中国电力大数据发展白皮书》，这标志着我国电力行业的信息时代真正到来。《中国电力大数据发展白皮书》中表述电力大数据具有四个特征，如图 8-4-1 所示。

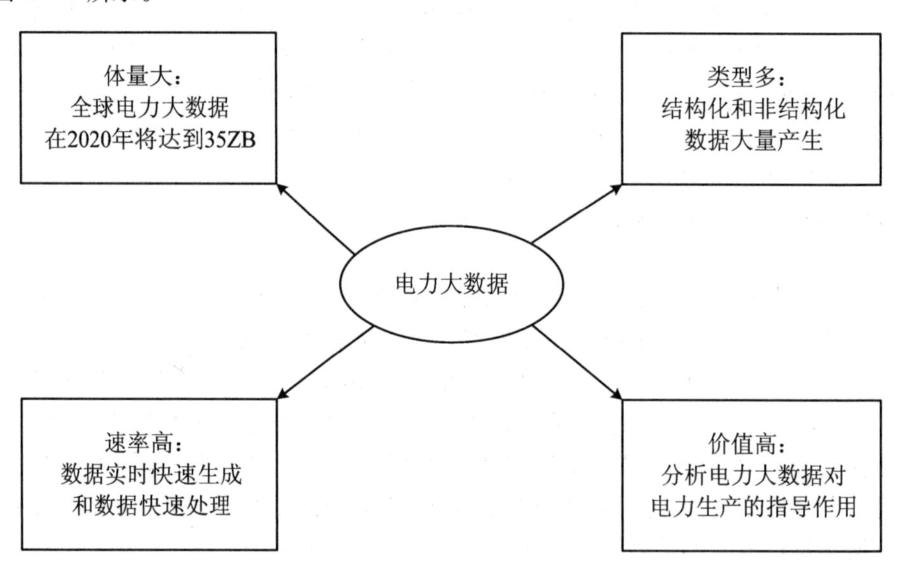

图 8-4-1 电力大数据的四个特征

（1）数据体量大：电力大数据的首要特征就是数据众多。电力大数据囊括电力生产、电力传输、电力消费等各个环节，而这些环节设计层面繁复众多。另一方面，随着智能电网的迅速发展，智能电表等终端信息采集设备覆盖面的提升，获取的数据规模呈爆炸性增长。

（2）数据类型多：在大体量的电力系统中，囊括的数据种类是五花八门的。以往我国电力系统产生的数据大多是结构化数据，随着近几年智能电网的快速发展，图片、音频这类非结构化的数据大量产生，使得电力数据的结构更加多样化。

（3）数据速率高：电力大数据一般依靠信息数据流生成，电力系统正常运行时，数据的分析处理速度直接关系着数据处理的精确性和及时性。使用速度快、智能化程度高的设备才能充分发挥电力大数据的价值。

(4) 数据价值高:通过监测电力系统正常运营获得的这些数据,综合了电力生产、电力传输、电力消耗的各个部分。通过对这些数据的深度挖掘,提取出对电力企业优化运营有价值的信息,带动电力企业的健康迅速发展。

2 智能电网中电力大数据的分析方法

2.1 ETL 技术

智能电网中的电力大数据体量大,数据种类繁多,这一特征给数据后期分析工作造成了麻烦。ETL 是应用于电力大数据集成上的一种技术,其全称为 Extract Transform Load。其中 Extract 是数据提取,把 ETL 所要求的有关信息从数据源中提取出来。Transform 是数据转换,在抽取到数据后,根据要求将数据形态进行转变,在这个过程中需要对数据进行加工处理,使其具有一定的可读性。Load 是数据装载,将处理好的数据进行装载,添加到目的数据源中,完成 ETL 的整个流程。ETL 技术是智能电网电力大数据集成的核心技术,合理地运用 ETL 技术能使电力企业呈现新发展趋势。

2.2 数据分析技术

智能电网应用越来越广泛,电力大数据的分析技术也获得了相应更新。此项技术的核心是将信号转化为数据进行分析和处理,深入海量的数据中寻找潜在的规律并提取出关键信息,帮助企业管理者制定科学的决策,全面提升企业发展活力。例如德国电网就曾利用此项技术,在推广太阳能的决策制定中起到了关键的作用,太阳能的大量使用使得普通用户把富余的电能输送到智能电网中,优化了电力系统的调度分配。

2.3 数据展现技术

在智能电网电力大数据分析中,有两种分析方法被广泛应用,即可视化技术和空间信息流展示技术。这两种方法可以协助电网运行人员正确认识电力数据的意义以及系统运行情况。可视化技术具有监测的功能,可以实时监测和控制智能电网的运营情况,使电力系统中故障发生率显著降低。空间信息流展示技术具有计算的功能,可以实时分析和计算电网的运行参数,并且空间信息流展示技术可以与 GIS 技术协同作用,使电网运行人员对电力系统整体运行情况有更加直接的了解,有助于企业制定发展战略决策。

3 结语

目前我国的智能电网建设日趋成熟,电力大数据与智能电网相辅相成,其相互关系密不可分。智能电网正常运营中产生的电力大数据无法使用传统的数据分析技术来分析,在智能电网不断发展的背景下,运用电力大数据分析方法,提升了数据处理效率,符合电力企业经济利益,增强了企业核心竞争力。

参考文献

[1] 吴凯峰,刘万涛,李彦虎,等.基于云计算的电力大数据分析技术与应用[J].中国电力,2015,48(02):111-116,127.

[2] 金海东.PI系统在县级电网数据中的应用[D].北京:华北电力大学,2016.

[3] 彭小圣,邓迪元,程时杰,等.面向智能电网应用的电力大数据关键技术[J].中国电机工程学报,2015,35(03):503-511.

基于特征识别的台区出口低电压成因诊断模型

Diagnostic Model for Low Voltage Cause of Transformer Region Based on Feature Identification

吴栋梁

国网安徽省电力有限公司芜湖供电公司，安徽芜湖，241000

摘要：本文提出了一种基于特征识别的台区出口低电压原因诊断模型，通过对低电压数据的分析，捕捉业务数据特点，形成低电压原因特征库，挖掘同类型低电压的共同模式，实现无效异动的准确区分和低电压根因的自动诊断。以国网芜湖供电公司 2017 年数据作为训练集完成模型优化，以 2018 年春节期间数据进行验证测试，准确率达 96.05%，高于专业部门核查反馈结果 17 个百分点，在诊断时效性和准确性方面均达到实际应用水平。

关键词：配电网；特征识别；公变台区；低电压；诊断模型

Abstract: A diagnostic model of public transformer low-voltage based on feature identification is proposed. By analyzing the low voltage data, the characteristics of service data are captured, a feature library of low voltage causes is formed, and the common modes of the same type of low voltage are excavated to realize the accurate discrimination of invalid abnormalities and the automatic diagnosis of low voltage causes. Taking the 2017 data of Wuhu Power Supply Company of State Grid as the training set, the model is optimized. Taking the data of Spring Festival in 2018 as testing set, the accuracy rate reaches 96.05%, which is higher than 17 percentage points of the feedback results of the professional departments. The diagnostic timeliness and accuracy reach the practical level.

Key words: distribution network; feature identification; public transformer region; low voltage; diagnostic model

提高电能质量是供电企业的重要任务，直接关系到广大客户的用电体验。由于大功率家用电器的不断普及，一些配电网(以下简称配网)网架薄弱、设备陈旧的地区仍然存在广泛的低电压现象[1]。目前，对于台区出口低电压产生原因的确定，需要人工调取多个系统数据、结合现场实测和工作经验给出综合判断，存在以下不足：

(1) 数据失真干扰严重。由于公用变台区(以下简称公变)总量大，极小比例的采集设备缺陷会导致大量的数据质量问题，这些“虚假低电压”并未对用户正常用电造成影响，但要准确识别却要现场实测，存在劳动强度大、人力资源浪费等问题。

作者简介：

吴栋梁(1987—)，男，安徽泾县人，工程师，主要从事电网运营监测研究。

（2）原因核查难度较大。低电压形成机制复杂，原因种类多[1,2]，当前的人工核查方式需要多个专业相互配合，不仅业务链条冗长耗时，而且由于人员综合能力存在差异，判断准确性参差不齐。

当前已有较多的文献论述低电压原因，但仅限于定性或典型案例的具体分析，尚没有利用数据挖掘开展低电压综合诊断分析的相关研究。针对上述问题，有必要充分发挥数据资产价值，利用大数据挖掘方法，通过数学建模，将传统的人工核查管理模式提升到在线诊断水平，提高供电企业主动服务能力，提升客户用电体验并减少低电压类投诉的发生。

1　建模方案

1.1　数据特征

人工低电压成因核查基于长期形成的业务经验和电气工程原理，这些朴素的经验原理隐含了不同类型的低电压数据特征。例如，当出现单相低电压时，若满足以下条件：在低电压发生点位，同相出现三相负荷不平衡；在低电压发生点位，公变具有一定的负载水平；在非低电压发生点位，公变未出现明显的三相负荷不平衡，则根据业务经验可判断该低电压产生原因为三相负荷不平衡[3]。当出现两相低电压时，若满足以下条件：在低电压发生点位，低电压相的电压之和约等于正常相；在低电压发生点位，负荷波动正常，则根据电气工程原理可判断该低电压产生原因为 10 kV 中压断线[4]。

1.2　模型架构

1.2.1　四层诊断模型

为了识别各类低电压数据特征，实现低电压产生原因的数据研判，本文搭建了基于“数据层、参数层、指标层、规则层”的四层诊断模型，如图 8-5-1 所示。

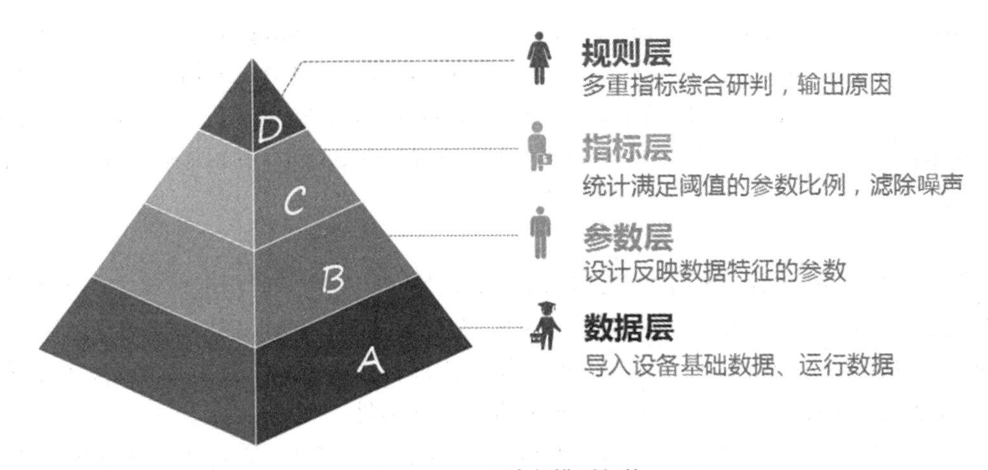

图 8-5-1　四层诊断模型架构

1.2.2　数据层

各类低电压特征隐藏在设备基础及运行数据中，为了实现特征识别，需要搜集模型需要且当前能够取得的相关数据。其中，配网设备台账数据可从 PMS2.0 系统中获取，公变台区的三相电压、电流等96点运行数据由用电信息采集系统负责采集和存储，而对于10 kV母线、10 kV配电线路运行数据，则可从SCADA系统中取得，见图8-5-2。

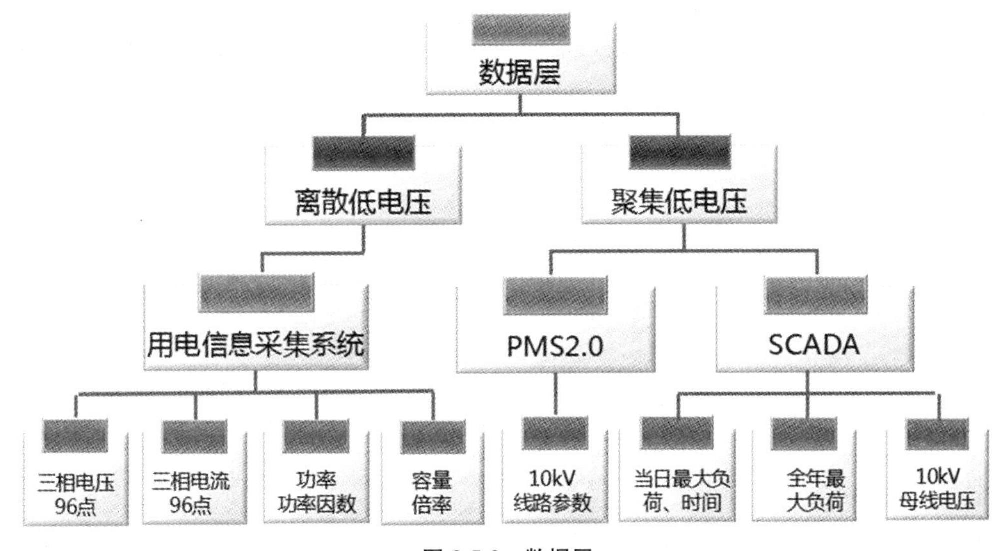

图8-5-2　数据层

1.2.3　参数层

为了提取数据特征，需要对原始数据进行多维度关联组合，设计可以表征数据特征的参数，主要有：

参数1　负载率＝视在功率×倍率/容量

设计依据：配变重过载导致配变本体压降大，易导致出口三相低电压。

参数2　电流三相不平衡率＝$I_{低电压相}-I_{AVE(三相)}/I_{AVE(三相)}$

设计依据：电流三相不平衡时，中性点偏移，不平衡相压降大，易导致出口低电压。

参数3　低电压相与正常相差值＝$U_{低电压相}-U_{AVE(正常相)}$

设计依据：电压采集松动时，松动相电压长期低于正常相，且差值较为稳定。

参数4　低电压相之和与正常相差值的绝对值＝$\mathrm{abs}(U_{sum(低电压相)}-U_{正常相})$

设计依据：当10 kV中压侧断线导致非全相运行时，受影响的配变低压侧两相电压低，且两相电压之和接近于正常相。

参数5　电压差绝对值均值＝$\sum \mathrm{abs}(U_i-U_j)/6$

设计依据：配变挡位过低时，出口侧三相电压曲线整体下移。

1.2.4　指标层

考虑到参数层存在不同程度的噪声，为滤除噪声干扰，统计满足一定阈值的参数比例，形成指标层，主要有：

指标1　中压断线指数＝(参数4＜阈值)&(三相电压＞阈值)点数比例

指标2　采集松动指数＝(参数3＜阈值)点数比例

指标3　档位异常指数＝(参数5＜阈值)点数比例

指标4　功率因素指数＝(功率因素＜阈值)点数比例

指标5　负载指数＝(参数1＞阈值)点数比例

指标6　重过载指数＝(参数1＞阈值)点数比例

指标 7 三相不平衡指数=(参数 2>阈值)点数比例

注:牵涉技术保密,所以未列出每项阈值具体数值,下同。

1.2.5 规则层

分析不同类型低电压的指标特征,根据多重指标研判,形成低电压成因诊断规则,见图 8-5-3。

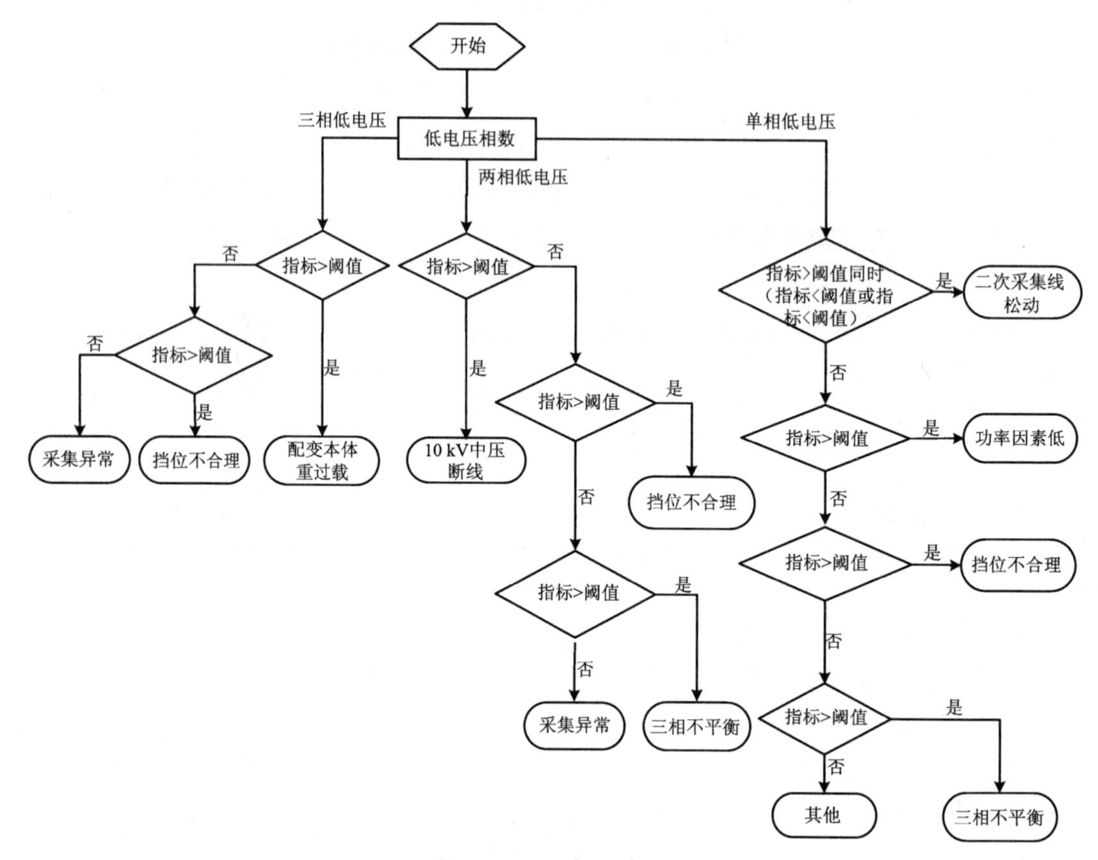

图 8-5-3 规则层逻辑图

2 验证测试

2.1 实例分析

通过 MATLAB 工具实现模型的代码开发,以国家电网芜湖供电公司(以下简称公司)2017 年数据作为训练集,优化得到模型中参数层、数据层涉及的大量阈值。以公司 2018 年春节期间低电压数据为测试集,分析模型诊断准确性。期间,累计发生低电压 76 天·次。模型诊断结果为:二次采集线松动 26 天·次,采集异常 3 天·次,三相负荷不平衡 33 天·次,挡位不合理 3 天·次,10 kV 中压单相断线 9 天·次,其他原因 2 天·次;专业部门人工核查反馈原因为:采集异常 27 天·次,二次采集线松动 9 天·次,三相负荷不平衡 36 天·次,10 kV 线路末端电压低 4 天·次。

对于模型诊断与人工核查不一致的台区,逐个开展明细数据分析,确定模型诊断准确率为 96.05%(73 天·次),高于人工判断准确率 17 个百分点。

2.2 无效异动识别情况

在以往的监测分析中,各专业通过划定阈值(170 V 或 150 V)进行数据清洗,由于较为粗放,难以有效甄别"真假低电压",一方面会造成部分"虚假低电压"未被有效清洗,而同时一些较为严重、最应及时关注解决的"真实低电压"却被误清洗。如图 8-5-4 所示,在二次采集线发生松动,松动相出现"虚假低电压",当电压在 160 V 左右波动时,以 170 V 为阈值能够有效剔除,但当电压在 185 V 左右波动时,则无法准确区分。而采用本文提出的特征识别方法,可有效提取数据特征,均能实现准确分类。

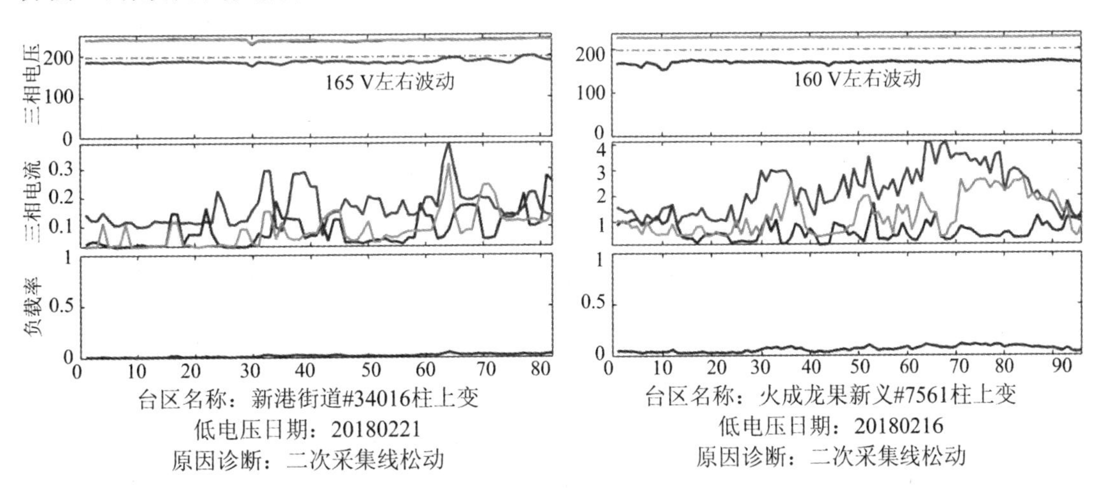

图 8-5-4 虚假低电压的模型识别效果

2.3 低电压成因诊断情况

图 8-5-5 为模型自动诊断结果举例。对于"井边台区""华北台区",在低电压点位,低电压相均出现了明显的三相负荷不平衡,配电变压器(以下简称配变)负载率达到了 50%左右水平;同时,对于非低电压点位,公变未出现明显的三相负荷不平衡。对此,模型研判为三相负荷不平衡导致,诊断准确。

"红杨坝头台区"出现两相低电压,低电压相数据波动呈现对称性,这种对称性产生的内部机制是两相电压之和约等于正常相,产生原因为 10 kV 中压断线,模型诊断准确。

对于"土桥金桥花园 45870 号柱上变",该台区在晚 20:00 左右虽为单相低电压,但三相电压同步降低,该台区日最高电压仅为 227 V,而邻近台区"土桥菜市场 44122 号柱上变"当日最高电压为 241 V,同时段未出现低电压。因此,产生原因为配变挡位不合理,模型诊断结果准确。

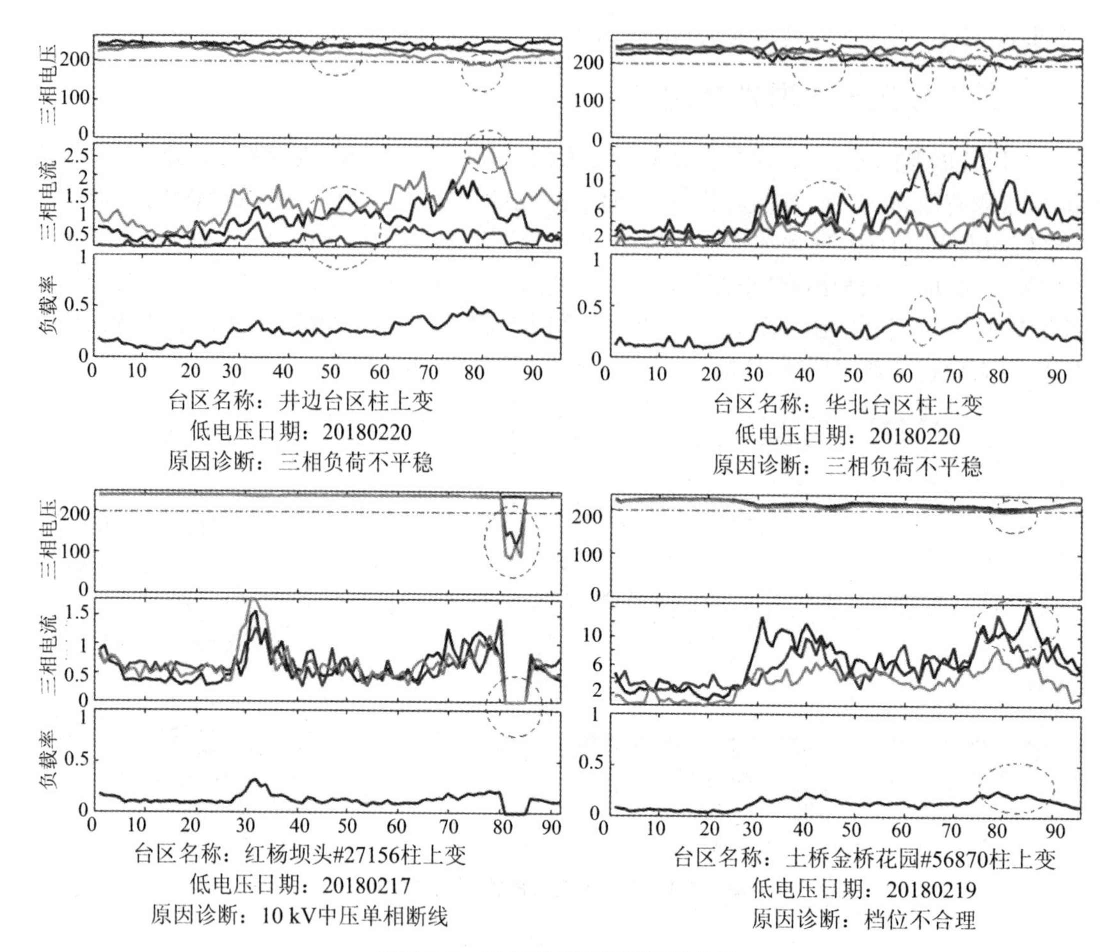

图 8-5-5　低电压成因模型诊断效果

3　结语

基于特征识别搭建的四层诊断模型，可实现精准的数据清洗和低电压成因研判，为运监中心开展独立的低电压监测和分析提供手段；为运检部快速定位问题，及时消除运维低电压提供支撑；为科学规划电网，消除网架薄弱造成的集中低电压提供依据；为准确识别用采设备异常，及时现场消缺提供信息。模型具有可扩展性，根据基层单位反馈，对于实际应用中出现的新情况、新问题，可不断修正和完善模型中设计的参数、指标、规则，实现持续的知识更新。

需要注意的是，虽然模型能够识别采集数据异常，但当系统中录入的公变容量、倍率等台账数据与现场不一致时，会造成模型误判。这种情况常常发生在现场配变、电流互感器更换后未在系统中及时更新的情况下。因此，需要设备主人加强系统运维，确保台账数据与现场保持一致。

参考文献

［1］ 许宏洋. 电力企业配网台区低电压根本原因分析及对策研究[J]. 电力科技，2017(2).

［2］ 李妙. 公变台区低电压产生的原因及治理措施[J]. 电力讯息，2016,5.

［3］ 段绪金,万代,齐飞,等. 三相有功功率平衡装置在台区低电压治理中的应用[J].科技创新与应用，2017(29):149-150.

［4］ 戈宝军,梁艳萍. 电机系[M]. 北京：中国电力出版社，2016.

电力大数据预处理

Power Big Data Preprocessing

杨凡凡[1]　肖诗意[1,2]
1. 国网安徽省电力有限公司安庆供电公司，安徽安庆，246003
2. 湖北工业大学，湖北武汉，4300681

摘要：随着电网的高速建设，特别是全业务数据中心的落地实施应用，电力生产经营中产生了PB级大数据。但由于各种各样的原因，数据中会存在不正确、不一致或缺失某些重要数据、含有噪声等问题，如何高效利用这些数据推动再电气化、构建能源互联网是当前的研究重点。电力数据质量的三个要素是正确性、完整性和一致性，结合电力大数据应用实例，本文从数据清洗、数据集成、数据归约和数据变换4个方面，阐述了提高数据质量、满足数据挖掘需要的数据预处理方法。

关键词：电力大数据；预处理；数据质量；关键技术

Abstract: With the rapid construction of power grids, especially the implementation of the full-service data center, PB-level big data is generated in power production and operation. However, due to various reasons, there are problems in the data that are incorrect, inconsistent or missing some important data, including noise. How to use these data efficiently to promote re-electrification and build an energy Internet is the current research focus. The three elements of power data quality are correctness, integrity and consistency. This paper combines power big data application examples to improve data quality and data mining from four aspects: data cleaning, data integration, data reduction and data transformation. The required pre-processing method.

Key words: power big data; preprocessing; data quality; key technology

大数据时代下，电力数据类型多、体量大，但由于数据质量不佳，往往不能够被直接利用。在电力生产经营中，不正确、不完整、不一致数据产生的原因，一是采集数据的设备出现故障；二是在传输过程中受技术限制；三是工作人员录入错误；四是数据代码不一致、输入字

作者简介：
杨凡凡(1988—)，男，湖北武汉人，电力系统及其自动化专业硕士，工程师，从事计划预算、核心资源、关键流程等运营状况监测、分析和协调控制工作，研究方向为运营数据质量管理、核心业务数据挖掘及应用。
肖诗意(1990—)，女，湖北武汉人，电气工程在读研究生，助理工程师，从事电网发展类和技改大修类项目工程可研及初步设计、电源接入系统方案等变电电气部分评审及造价咨询工作，以及变电站二次系统设计工作，研究方向为变电评审、继电保护、变电站二次设计。

段(如日期)的格式不一致或不同的命名约定引起。可解释性和可信性是电力数据质量的另外两个要素。可解释性(interpretability)反映数据是否容易理解,如使用了许多编码方式,不知道如何解释它们。而可信性(believevability)反映有多少数据是值得信赖的,假设在某一时刻电力数据有一些错误,之后都被更正,然而过去的错误已经给电力企业造成了不良影响,因此不再相信该数据[1]。

目前,电力数据质量很难满足电力企业的生产经营。而大数据时代的正确决策必然源于高质量的数据,为了提高数据质量和使用效率,使用前需对数据进行预处理。电力数据预处理工作分为数据清洗、数据集成、数据归约和数据交换,这 4 个方面是使电力大数据发挥作用的重要环节;它们之间并不是互斥的,例如数据清洗和数据归约都可以使用冗余数据删除的方法[2]。

1 数据清洗

数据清洗的主要任务是通过填充缺失值、平滑噪声、识别或删除离群点并解决不一致性等方式来清洗数据[3]。

1.1 缺失值处理

1.1.1 删除法

删掉缺失值所在的记录是处理缺失值最简单有效的方法,由于删除了非缺失信息,使得样本总量减少,进而削弱了统计功效;但当样本量很大而缺失值所占样本比例较小(<5%)时就可以考虑使用此法[4]。

1.1.2 插补法

电力企业的数据属性有几十个甚至几百个,若由于缺失某个属性值而删除大量的其他属性值,这是对数据的极大浪费。最可能值填充缺失值进行插补很好地解决了这个问题,相较删除法,插补法无信息丢失。

均值插补是用数据属性的众数补齐非定距型的缺失值,或者用均值插补定距型的缺失值,当数据符合较规范的分布规律时还可以用中位数插补缺失值。

回归插补,即以利用线性或非线性回归技术得到的数据来对某个变量的缺失数据进行插补,包括回归插补、平均值插补、中值插补等几种方法,采用不同的插补法插补的数据略有不同,还需要根据数据的规律选择相应的插补方法。

在正确完整的样本模型中,当发生随机缺失时,运用挖掘数据边际分布的方法,对未知参数进行极大似然估计。若样本足够大且极大似然估计服从正态分布并渐近无偏,就可以采用期望值最大化的计算方法[5]。

电力企业常用系统如 PMS、SG186、SCADA 中,若每个属性都设计一个或多个关于空值的明确规则来说明是否允许空值以及如何处理或转换空值,则可以很好地规避缺失值带来的负面影响[6]。

1.2 噪声过滤

数据中的噪声(noise)主要成分是随机误差,其存在会影响真值的使用,故需要对其进行过滤。当变量具有序列特征时,采用均值平滑法即若干邻近数据的平均值来替换原数据中的噪声数据,从而去除噪声;或运用回归法先对数据进行可视化,若数据的趋势及规律符合线性趋势,则可以用函数拟合出来的数据去除噪声;也可运用离群点分析法通过算法来检测显著不同于簇集合的值,并将其删除而去噪;亦可运用函数逼近的思想,采用小波去噪进行信号滤波,以区分原信号和噪声信号[7]。

2 数据集成

数据集成通过数据交换把不同性质、格式、来源的数据逻辑地或物理地集成在一起,以便大数据应用。数据集成是电力大数据预处理的基础和关键。中间件集成、联邦数据库和数据仓库是数据集成常用的方法,这些方法都倾向于数据库系统的构建。当然数据库系统集成度越高,数据挖掘的执行也就越方便。对于电力行业某个大数据预处理工作,数据集成主要是数据的融合,即数据表的集成。对于数据表的集成,主要有内接和外接两种方式,究竟如何拼接,则需要具体工作任务具体分析[8]。

3 数据归约

电力大数据集往往包含数百属性,其中大部分属性可能不相关或者是冗余的。运用不相关属性或遗漏相关属性都可能导致大数据预处理质量得不到保证。数据归约得到数据集的简化表示,虽小得多,但能够得到数据量较少的数据集,产生与原始数据集近似等效甚至更好的分析结果。数据归约策略包括数量归约和维归约。

在数量归约中,主要通过样本逐渐筛选、逐级抽样减少数据量,这也是常用的数据归约方案。在维度归约中,为了使数据集的概率分布尽可能地逼近原分布,通常去掉冗余及不相关属性,达到数据维度减少的效果,找出原始数据的"压缩"或简化表示。究竟如何选择属性,主要看属性与预处理目标的关联程度及属性本身的数据质量,根据数据质量评估的结果,可以删除一些属性。

在数据收集和准备阶段,数据归约通常用最简单直观的方法,如直接抽样或直接依据数据质量分析结果删除一些属性。在数据监测分析阶段,随着对数据理解的深入,将更细致地抽样,这时用的方法也会复杂些,可以利用数据相关性分析、数据统计分析、数据可视化和主成分分析技术选择性地删除一些属性,最后剩下更好的属性。比如,采用主成分分析技术减少变量,或通过相关性分析去掉相关性小的变量[9]。

4 数据变换

4.1 对数据进行转换

电网大数据应用与研究中各个变量的标准往往不同,数据的数量级差异比较大。在这种情况下,如果不对数据进行转化,显然模型反映的主要是大数量级数据的特征,故通常根据需要灵活地对数据进行转换。数据变换先将待分析的数据按比例映射到一个较小的区间(例如[0.0,1.0]),运用诸如最近邻分类、ANN 或聚类等基于距离的挖掘算法得到更好的结果。常用方式是数据的标准化和离散化[10]。

4.2 数据的标准化

4.2.1 数据标准化处理

在指标比较和评价的处理过程中，经常会用到数据标准化，即把数据按比例缩放至特定区间，从而将数据转化为无量纲的量。经过标准化处理后，不同单位或量级的指标能够进行比较和加权，通常采用的方法是 0—1 标准化和 Z 标准化[11]。

4.2.2 0—1 标准化

0—1 标准化（离差标准化）通过对样本的线性变换，使结果转化到[0,1]区间，转换函数如下：

$$x=\frac{x-x_{\min}}{x_{\max}-x_{\min}} \tag{8-6-1}$$

式中，$x_{\min}$为样本数据的最小值，$x_{\max}$为样本数据的最大值。这种方法的不足是当有新数据加入时，可能导致 $x_{\min}$和 $x_{\max}$的变化，需要重新定义。

4.2.3 Z 标准化

当数据服从标准正态分布时，可采用 Z 标准化，其转换函数为

$$z=\frac{X-\mu}{\sigma} \tag{8-6-2}$$

式中，μ 为所有样本数据的平均值，σ 为标准差。

4.3 数据的离散化

数据离散化通常是将连续变量的定义域根据需要按照一定的规则划分为几个区间，同时对每个区间用一个符号来代替。有些数据挖掘算法，尤其是某些分类算法，需要将数据的属性转化为分类属性形式。在电力大数据应用中，某些算法必须将连续型数据离散处理后才能应用，这些算法包括决策树、NaiveBayes 等。离散化可以增强模型的稳定性，克服掉数据中的隐含缺陷。如数据中的极端值可能导致模型把原来不存在的关系作为重要模式来学习，或导致模型参数过高或过低，而等距离散化可以有效地减弱极端值、异常值的影响[12]。对连续型数据进行离散处理后，有利于对非线性关系进行描述和诊断。若两者是非线性关系，可用 0、1 重新定义离散后的变量，将每段的取值由一个变量派生出多个因变量，分别确定每段和因变量之间的联系。这种方法虽然减少了模型的自由度，但可以大大提高灵活度。

离散化处理不可避免要损失一部分信息。很显然，对连续型数据进行分段后，同一个段内的观察点之间的差异便消失了，所以是否需要进行离散化还需要根据业务、算法等因素的需求综合考虑。对于某些属性，其属性值是字符型的，如属性为“设备状态”，其构成元素是{好、一般、差}，则对于这种变量，数据挖掘过程中处理起来非常不方便，且会占用更多的计算机资源，所以通常用整数来表示原始的属性值含义，如可以用{1,2,3}来同步替换原来的属性值，从而完成这个属性的语义转换[13]。

5 实例分析

安徽地区设备运营效率宽表(见图 8-6-1)共 44 个属性,从系统中取到近 38 万条有效设备,在进行分析前先进行数据预处理。44 个属性来自于 PMS、用电采集系统、SCADA 等系统中,通过设备 ID 这个主键采用外接方式将上述多个系统数据集成到一个数据表中。由于截面、材质等属性对非输电设备运营效率无明显影响,不能关联分析,可以采用维规约方式将这两个属性去掉,达到数据维度减少的效果,得到原始数据的简化表示。对额定容量、最大负荷、最小负荷、平均负荷等属性采用标准化方法进行数据变换,得到最大负荷率、最小负荷率和平均负荷率。

A	K	L	N	P	AL	AM
设备ID	额定容量(kVA)	最大负荷(kW)	最小负荷(kW)	平均负荷(kW)	截面(mm2)	材质
3.407E+12	10000	3439.52	5.074	1235.079		
3.407E+12	10000	3427.68	5.074	1231.537		
3.407E+12	12500	7470	778	3966.78		

图 8-6-1　安徽地区设备运营效率宽表(示例)

5 结语

数据预处理是电力数据应用的重点和主要的工作,从电力企业的系统里导出的数据总是有这样或那样的问题,所以总是需要做数据预处理工作。虽然数据预处理的方法多种多样,但由于“脏”数据的数量巨大、噪声或数据不一致以及问题本身的复杂性,数据预处理的过程非常灵活,不同应用场景的经验可以借鉴,但基本不会完全相同,所以说数据预处理本身也是一个科学与艺术相结合的过程。

参考文献

[1] 邱东.大数据时代对统计学的挑战[J].统计研究,2014,31(1):16-22.
[2] 张沛,杨华飞,许元斌,等.电力大数据及其在电网公司的应用[J].中国电机工程学报,2014,34(z1):85-92.
[3] 张素香,赵丙镇,王风雨,等.海量数据下的电力负荷短期预测[J].中国电机工程学报,2015,35(1):37-42.
[4] 刘永楠,李建中,高宏.海量不完整数据的核心数据选择问题的研究[J].计算机学报,2018,41(04):915-930.
[5] 苗晓降.缺失数据查询处理技术研究[D].杭州:浙江大学,2017.
[6] 李芳,肖依,刘芳,等.重复数据删除预测技术研究[J].计算机研究与发展,2014(s1):169-174.
[7] 朱蔚恒,印鉴,邓玉辉,等.大数据环境下高维数据的快速重复检测方法[J].计算机研究与发展,2016, 53(3):559-570.
[8] 许必宵,陈升波,韩重阳,等.改进的数据预处理算法及其应用[J]. 计算机技术与发展,2015,25(12):143- 151.
[9] 王成彬,马小刚,陈建国.数据预处理技术在地学大数据中应用[J].岩石学报,2018,34(2):303-313.

[10] 张东霞,苗新,刘丽平,等.智能电网大数据技术发展研究[J].中国电机工程学报,2015,35(1):2-12.
[11] 刁嬴龙,盛万兴,刘科研,等.大规模配电网负荷数据在线清洗与修复方法研究[J].电网技术,2015,39(11):3134-3140.
[12] 严英杰,盛戈,陈玉峰,等.基于时间序列分析的输变电设备状态大数据清洗方法[J].电力系统自动化,2015,39(07):138-144.
[13] 杨东华,李宁宁,王宏志,等.基于任务合并的并行大数据清洗过程优化[J].计算机学报,2016,39(01):97-108.

基于大数据监控技术管控电网工程施工安全

Safety Management of Power Grid Construction Based on Big Data Monitoring Technology

董　亮　吕业好
国网安徽省电力有限公司霍山供电公司，安徽霍山，237000

摘要：传统人工监督越来越无法满足现代化高负荷的供电安全需求和管理需求。在电网安全生产工作中，霍山供电公司创新运用大数据监控技术，以施工人员作业安全风险管控平台软件实现智能信息化事先监督，保障电网工程的生产和施工安全，为电力企业实现智能化管理及建设提供了重要参考。

关键词：供电企业；电网安全；大数据监控；事先分析预警；信息化管理创新

Abstract: Traditional manual supervision has failed to meet the needs of modern high-load power supply security and management. Huoshan Power Supply Company innovatively uses big data monitoring technology to implement pre-supervised intelligent informationization based on the risk management and control platform software for construction personnel operation safety, to ensure feasibility and advantages of the intrinsic safety of power grid. It provides an important reference for the intelligent management and construction of power grid enterprises.

Key words: power supply company; grid security; big data monitoring; pre-analysis and early warning; information management innovation

党和国家高度重视安全生产，把安全生产作为民生大事，纳入全面建设小康社会的重要内容。十九大报告明确指出，要树立安全发展理念，弘扬生命至上、安全第一的思想。

“安全重于泰山，生命高于一切。”作为关乎国家安全和国民经济命脉的国有重点能源企业，国家电网霍山县供电公司（以下简称公司）认真深入学习，有效贯彻落实国家电网公司（以下简称国网公司）关于安全生产工作相关部署要求，坚持“安全第一、预防为主、综合治理”的方针，探索智能时代下的创新式管理管控模式。

大数据智能监控分析技术，在电网事前风险管控中具有超越人工监控的优势，其即时性、低失误率、可学习升级性、可回溯性有力推动着电网安全管理水平全面提升。公司率先采用大数据分析管控平台技术，对数据进行智能实时监控分析，通过事前防范，强化本质安

作者简介：
董亮（1974—），男，安徽寿县人，硕士，政工师，国网安徽省电力有限公司霍山供电公司总经理、党委副书记。
吕业好（1980—），男，安徽霍山人，助理工程师，国网安徽省电力有限公司霍山供电公司安全总监。

全，全面提高安全管控能力和安全生产水平，为霍山县经济社会发展提供了可靠的电力保障。

1　电网工程安全隐患监管手段需探索创新

电网工程具有建设量大、施工场地点多面广的特点，同时施工方监管存在二次监管等难度。国网公司突出强调各单位要把“安全生产月”和“安全生产万里行”活动纳入全年安全生产重点工作，与业务工作同谋划、同部署、同检查、同落实、同考核，强化各级人员安全生产意识，筑牢安全生产防线，提高应急处置能力和水平，有效防范各类生产安全事故。

传统人工监督，已越来越无法满足越来越大的供电需求和服务需求。在规范管理方面，对施工单位、施工人员管理、规范管理方面需推进施工安全管理规范化；在高质量工作要求方面，面临基础管理薄弱、市县一体化管理存在较大差距等，需要进一步加强施工安全风险管理；因农网工程施工任务重，在施工过程中，施工人员经常出现临时协助、串岗等情况，带来施工风险，缺乏监控反馈考核平台；在重点工作成效方面，重点工作考核和管理提升活动延伸到县供电公司，需要建立过程管控机制，切实保障重点工作和管理提升工作推进有力，形成过程记录，建立长期考核监控机制，动态监控施工单位及施工人员。

在当前监管形式下，存在以下困难：在项目前期，公司人员收集施工单位及施工人员的相关资质信息，人工审核，费时费力，并且每年重复工作，难以与历史数据比对分析，缺乏统一数据库及审核平台。在项目施工过程中，针对施工单位及施工人员出现的施工环节安全隐患，安质部与农网办管理人员到现场查看，用纸质记录并拍照保存，并电话通知相关施工单位及施工人员解决安全隐患，记录环节繁琐，难以直观地统计并评价考核打分。在项目后期，针对整个项目施工过程安全管控，安质部与农网办管理人员只能查找施工过程的电子记录单或原始单据，人工统计分析施工单位及施工人员的情况，去评价施工单位及施工人员是否满足公司农网施工需求，难以直观统计施工单位及施工人员情况和建立施工单位及施工人员动态考核。

智能发展时代，新的监管手段值得探索与创新。为进一步完善安全生产反违章工作机制，公司在坚持反违章管理刚性原则的基础上，发挥企业文化优势，增加正向激励和借力亲情转变全员安全理念，构建综合反违章工作体系，建立行之有效的预防违章、查处违章的工作奖惩机制。并凭借智能大数据管控，激励员工认真履行岗位安全职责，避免因人员违章造成的人身伤亡和人员责任的电网、设备事故，保证员工在电力生产活动中的人身安全，保证电网安全稳定运行和可靠供电，保证公司资产免遭损失。

2　安全数据建模以数据智能比对实现宏观事前预警

电力人身伤亡事故触及人心，每一件事故的背后，都是一个家庭的悲剧。面对人员用工事故、设备故障引发的事故等问题，公司以企业使命感与社会责任感，牢固树立“以人为本、生命至上”的理念，组织人员认真学习《国家电网公司关于开展基建安全事故反思教育活动的通知》，针对事故及处理情况进行再学习、再反思，围绕“确保每个作业点安全可控、实现基建安全零死亡”这一目标，主动组织各级人员结合各自岗位职责和所管基建现场管理情况，排查自己是否有不重视安全、不落实责任、无安全习惯等问题，注重解决思想意识问题，以此推动安全管理工作落实。

在扎实贯彻传统安全防范举措的基础上，公司引入开发了“施工人员作业安全风险管控平台”（以下简称管控平台）软件。管控平台可通过 APP 系统收集分析被考核对象的大数据，通过建立“三位一体”管控考核机制模式，即安质部管理人员、农网办管理人员与监理人员在统一的考核平台对施工单位及施工人员进行考核打分，建立施工单位、施工人员黑名单；建立施工单位、施工人员大数据库，利用大数据技术，智能识别分析施工单位、施工人员情况，在电脑及手机上形成数据化显性对比分析；同时，依据安全数据建模智能比对，从宏观上预判异常结点，在事前便分析提出安全预警，有效降低作业安全风险。

在日常管理考核中，管控平台采用信息更新迭代录入技术，动态依据国网公司下发文件，整理考核标准、扣分依据、管理举措等信息，将安全风险管控融入手机 APP，进而直接地落地贯彻至员工日常工作之中。

采用大数据智能管控，对施工人员智能提醒，对危险节点动态预警，有效防止人员因自身状态产生的麻痹大意、顺序错误等导致的安全事故，性能更为可靠。

3 管控平台原理

3.1 管控平台软件的五个模块

管控平台软件分为监督考核管理、考核报表管理、考核人员管理、基础数据管理、系统管理设置五个模块，从监管全流程上把控至每一个环节，严守安全风险事前防控底线，有效推动了公司信息化管理水平提升。管控平台功能模块见图 8-7-1。

3.2 考核管理征信化

管控平台针对电力公司、施工单位、施工人员在作业过程中违反国网公司对于安全作业的规定产生的管理违章、行为违章、装置违章进行即时录入。分设低级违章，“四防”“反六不”未落实到位的严重违章和一般违章多种层级，实施分级管控。

内部人员与施工人员产生违章情况时，平台系统录入相应单位，责任到人，依据违章类型与违章情形自动获取对应的扣分值，并自动记录下被考核时间生成考核记录。有利于各级安全监督部门组织开展工程安全检查、稽查工作，系统自动定期统计汇总各外包单位违章记分，提出“黑名单”“重点关注名单”，实现人员信息的征信化管理。

3.3 考核管理奖惩化

在反违章工作中，实施“重罚轻奖”，坚持“分层管理，落实责任，查防结合，以防为主”的基本原则，坚持“谁主管，谁负责”“谁实施，谁负责”的原则，坚持“四不放过”闭环管理的原则。

管控平台以违章个人和基层集体为管理对象，通过大数据收集被考核对象的违章数据，对违章记录做统计和监督，并对违章次数和扣分值做监控，当达到一定次数或者扣到一定分值时，系统自动对被考核对象发出提醒，采取相应的措施。在日常工作中，发挥安全保证体系和安全监督体系的作用，构建综合反违章工作体系，建立行之有效的预防违章、查处违章的工作奖惩机制。

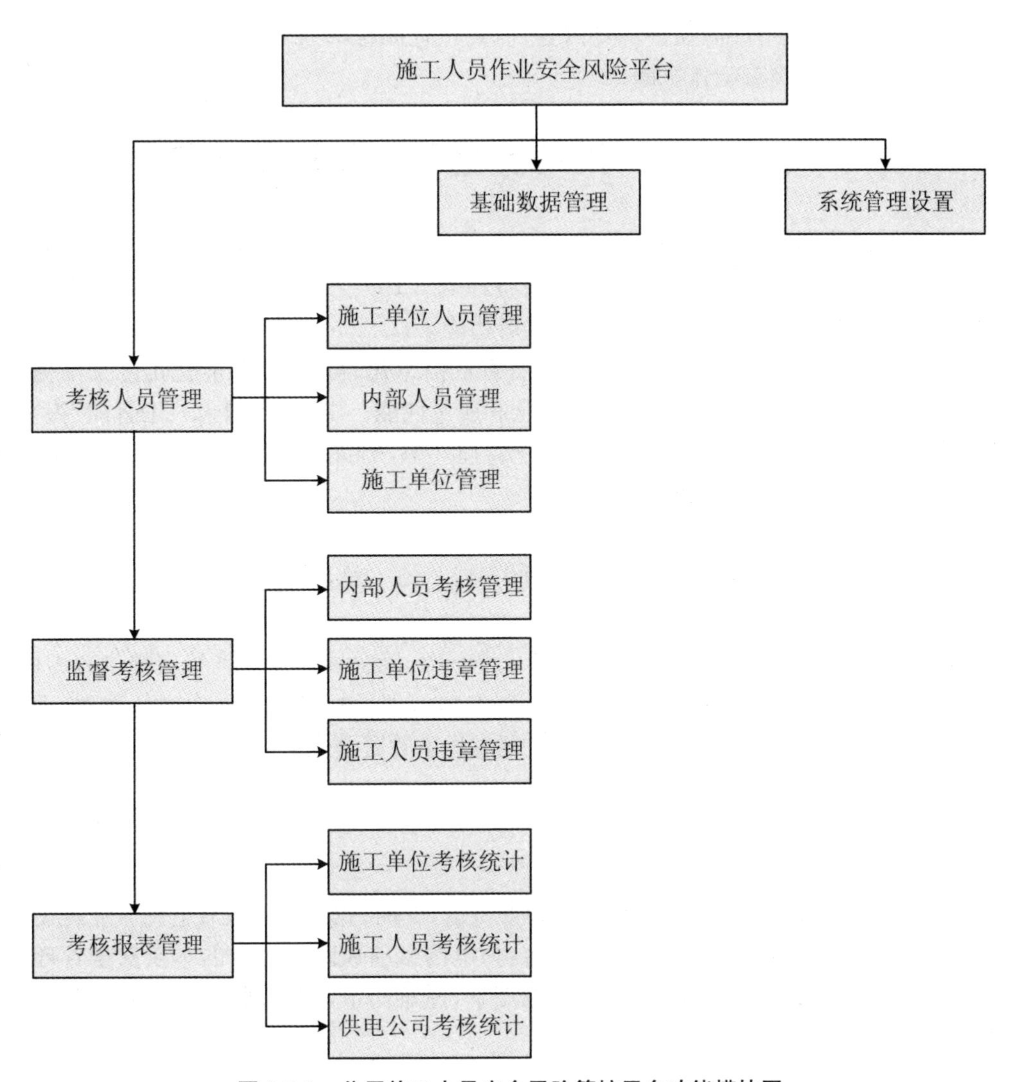

图 8-7-1　公司施工人员安全风险管控平台功能模块图

3.4　考核管理信息化

针对安检、客服、调控、规划、设计、发建、物资、基建等安全生产保证体系（部门）的各责任主体，录入被考核对象基本信息，建立完备的平台基础数据库。在施工单位人员管理过程中，按照“谁组织、谁负责”“谁实施、谁负责”原则，责任到人。

在内部人员管理中，可一键导入内部人员信息最新数据，下载并查看考核成绩和补考成绩，实现内部人员管理智能化。促使员工深刻认识“违章就是事故之源，违章就是伤亡之源”，自觉遵守安全工作规程和各项安全规章制度。同时，智能录入施工单位资质附件，资质管理及审查、监督、筛选更直观化、便捷化。

3.5　考核管理标准化

管控平台设计依据公司考核标准管理内容和施工单位考核标准管理表，导入最新考核标准数据，生成可更新迭代的基础管理数据库，为日常管理的高效化、规范化奠定坚实基础。

其反违章监督检查标准、监督检查内容、监督检查流程均为规范化录入，利于建立标准化及正向激励的监督检查工作机制。

4 “互联网＋人工智能”推动安全工作生产管理创新

大数据智能化在电力等能源行业的未来想象和发展空间辽阔，国际数据公司(IDC)预计，AI撬动的智慧能源市场，到2020年市值将达到5 160亿美元(约3.3万亿元人民币)。“互联网＋人工智能”已成为全球能源企业发展趋势。

“互联网＋人工智能”在电力企业的运用，将从信息化、自动化、智能化角度全面提升运行效率，降低能耗、节约成本，大幅度提升安全和质量性能。以“互联网＋人工智能”为牵引，利用大数据AI能力，监管覆盖电力企业安全管控环节，将大大减少人为安全隐患，提高能效，实现电力信息化管理的全面智能升级。

管控平台在认真贯彻落实好安全生产各项要求、细化措施、完善管理的基础之上，狠抓本质安全建设，加强现场风险防控方面，对电力公司、施工单位和施工人员安全作业规范提供有效监督与规范。

奖惩制度的施行亦能有效促进减少作业安全风险，为公司安全生产稳定提供有力保障。利用大数据监控，对于过程中发现的问题，开展专项治理，举一反三，形成闭环管理，于事前预防、消除危险点，最大限度减少电网生产管理过程中的安全隐患。

5 结语

信息化时代，更快的响应速度、更高的服务质量、更强的安全保障，对电网企业提出更高要求。以大数据监控为基础的智能管控平台，为电网事前风险管控中的本质安全管理提供了新的信息化管理思路。在新时代智能化浪潮下，迎难而上，为电网企业的创新化、信息化发展打开崭新局面。

参考文献

[1] 黄天恩，孙宏斌，郭庆来，等.基于电网运行大数据的在线分布式安全特征选择[J].电力系统自动化，2016(04).
[2] 黄天恩，孙宏斌，郭庆来，等.基于电网运行仿真大数据的知识管理和超前安全预警[J].电网技术，2015(11).

第九篇

信息与通信

"互联网+"安全管理新体系在电力企业的应用

Application of "Internet+" Security Management System in Power Enterprises

刘　浩

国网安徽省电力有限公司定远供电公司，安徽定远，233200

摘要：随着"互联网+"时代的到来，互联网与各行业的融合发展成为大趋势。在移动终端高度普及的今天，移动互联网技术不可避免地要和传统电力行业融合，给传统电力企业的管理模式带来了许多新的思路、新的变革，也构建了新的管理体系，对管理人员提出了新的要求。本文以运用互联网技术构建安全管理新体系为背景，对新体系如何构建，新的管理模式如何实施进行了阐述，通过提炼总结新体系的特点和运用效果，对互联网技术在安全管理中的应用进行展望。

关键词：电力系统；互联网+；安全管理体系；现状；发展

Abstract: With the advent of the "Internet +" era, the integration of the Internet and various industries has become a major trend. With the popularity of the mobile terminal, the mobile internet technology inevitably combines with the traditional power industry. It has brought many new ideas, new changes and new management system to the traditional power enterprise management model, and put forward new demands for the managers. In the context of using internet technology to build a new security management system as the background, this paper describes how to construct a new system and to implement a new management model. The application of internet technology in security management is prospected by refining and summarizing the characteristics and application effects of the new system.

Key words: power system; Internet +; security management system; current situation; development

当前社会正处于移动互联网时代。移动互联网将移动通信和互联网二者结合起来，使之成为一体。随着互联网技术、平台、商业模式和移动通信技术的不断发展以及移动终端设备的日益普及，移动互联网技术的发展进步被注入了源源不断的动力。传统电力行业在移动互联网时代也迎来了新的发展契机。特别是在"互联网+"概念提出以后，移动互联网领域已经不单是寻求技术上的突破，也更加注重于与传统行业的融合发展。

作者简介：

刘浩(1986—)，男，安徽定远人，工程师，从事配电网规划、项目管理、安全管理等方面的工作。

电力行业作为关系民生的基础性行业，许多安全方面的管理办法和管理手段也亟待变革，需要加深与移动互联网技术的融合，运用新的技术，创造新的管理体系，通过移动终端操作的便捷和高效，发挥互联网技术大数据统计分析作用，以适应当前的新形式，加强安全风险管控力度，提高安全管理水平。

1 “互联网十”安全管理体系的内涵和做法

1.1 内涵

“互联网＋”的安全管理新体系，是指在传统安全管理模式的基础上运用互联网思维，利用信息通信技术以及互联网平台，将作业计划管控、现场作业文本审查、到岗到位监督、现场星级评定等安全管理内容与互联网技术有机结合，发展出的新形态。安全监督管理人员，通过手机 APP“作业信息”登录现场作业安全信息实时管理系统，即可随时随地实时监管施工作业现场的全过程安全信息，节省了大量的人力物力。管理人员严格按照公司作业计划、到岗到位监督计划对各施工单位进行管理考核，要求各施工班组必须将现场施工的“三交站队”、现场使用的安全工器具、现场设置的围栏和警示牌、现场装设的接地线等关键照片发至微信群及手机 APP 软件，作为施工单位现场落实工作票卡内安全措施的证明。施工单位必须将现场作业的地理位置图发至微信群内，为公司各级人员现场督察提供精确的路线支持。通过微信辅助方式，扩大了现场监督的及时性和覆盖面，强化了作业风险预警机制，对施工单位落实现场安全措施起到了良好督促作用。如图 9-1-1 所示。

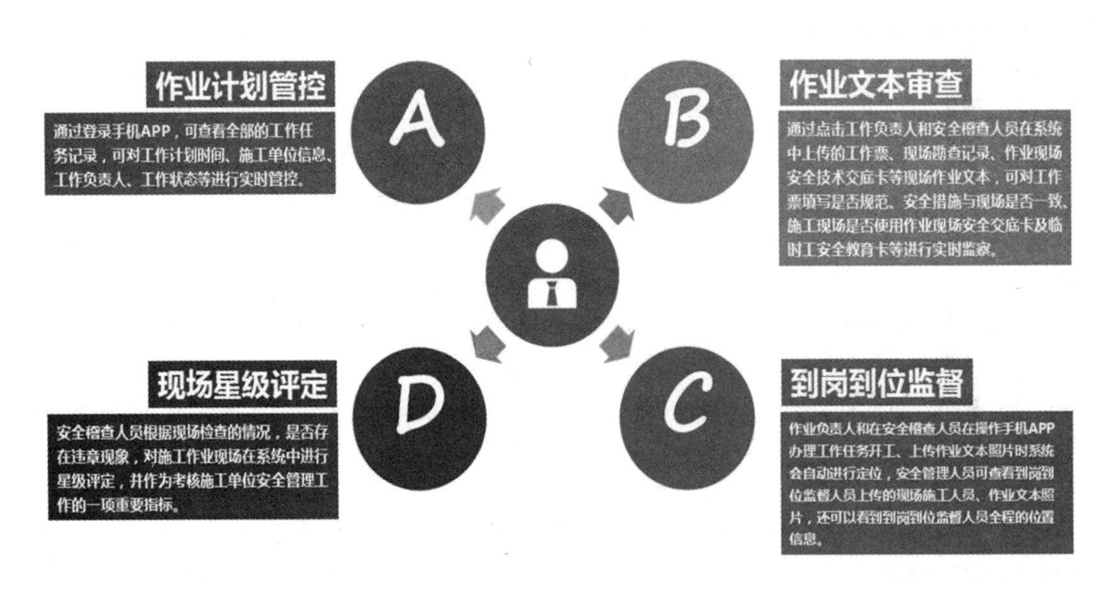

图 9-1-1 “互联网十”安全管理新体系的内涵

1.2 主要做法

1.2.1 建立专业化组织结构

通过建立针对不同使用角色采用新型“扁平化”的组织机构(如图 9-1-2 所示),减少层级关系,增强工作效率。操作人员取消专业、职能分类,按照使用的角色进行分类,使管理更加简洁、高效。安监部门负责统筹管理手机 APP 的使用、考核等工作,系统管理员负责对各操作人员进行培训、指导和管理,协调各操作人员间的逻辑关系,并将其使用情况及时进行整理上报安监部门作为考核的依据。各类操作人员各司其职对应其角色职责,严格按照操作规范进行相关操作。

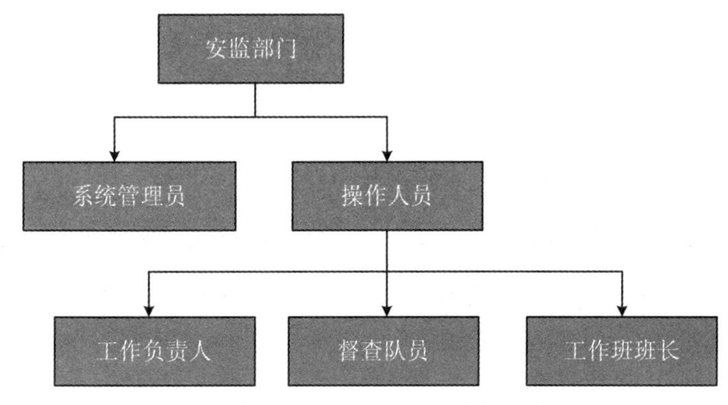

图 9-1-2 “互联网+”安全管理新体系组织结构

1.2.2 全面组织培训

为全面推进手机 APP 的使用,对施工作业单位工作负责人、工作班班长、到岗到位监察人员组织全面培训工作。从手机 APP 下载,到使用方法、注意事项等,培训人员逐一进行了详细讲解,并根据每个人不同的角色明确了各自的操作步骤,现场进行演示说明。随后,按照各类人员的角色规范了其对应的职责、注意事项以及考核办法。

1.2.3 明确操作规范

根据使用手机 APP 人员的角色不同、分工不同、使用时间节点和频率的不同,一一对应地为其设置操作规范,指导其在手机 APP 中的每一步操作,规范其操作顺序,明确其操作规范,做到专业化、精细化管理。

1.2.4 加强日常管控

设立专人对手机 APP 系统进行管控,由其负责系统的全面管理、维护、考核工作。建立专业微信群,在微信群中解答各类人员操作疑问,并对发现的问题进行提醒、警告和处理,如图 9-1-3 所示。

1.2.5 强化监督考核

为进一步促进各级保证体系切实履行安全工作主体责任、各级安监体系切实履行安全生产监督责任,强化各级人员对现场作业安全信息实时管理系统使用水平,将手机 APP 操作不符合规定的行为以违章论处,并制定了《现场作业安全信息实时管理系统应用考核办法》,对各类使用人员进行月度考核、通报。

图 9-1-3　通过微信群进行日常管控

2　取得的成效

2.1　安全生产管理水平大幅提升

始终牢固树立安全发展理念，弘扬生命至上、安全第一的思想，牢牢守住“发展决不能以牺牲安全为代价”这条红线和遏制重特大事故这条底线，以不发生人身事故为首要目标；通过建立专业组织结构、全面组织培训、明确操作规范、加强日常管控、强化监督考核等管理手段，建立“互联网＋”安全管理新体系，大力弘扬努力超越、追求卓越的企业精神和精益求精的工匠精神，增强作业人员的业务素质，促进安全监管有效落实，提升安全管理的科技含量，督促各级安全管理人员履责到位。实行公司网页、内网现场管控系统、手机APP计划同步，规范作业计划变更手续，杜绝无计划施工，确保作业计划刚性执行，强化安全风险预警机制，有效保障作业现场人身安全，公司安全生产管理水平得到大幅提升。

2.2 增强业务素质，提高安全意识

为各级人员现场督察提供精确、快捷的技术支持。通过微信群等辅助方式，扩大了现场监督的及时性和覆盖面，对施工单位落实现场安全措施起到了良好督促作用。公司农网施工现场基本实现了全方位管控，规范了施工现场安全管理，通过督促施工单位在手机APP上的规范操作，增强业务素质，促使施工单位提高安全意识，使农网施工现场走向规范化、秩序化。

2.3 加强监督管理，促进监管落实

“互联网＋”安全管理新体系与公司领导带队督察、监督体系和管理人员到岗到位现场稽查等管理制度相结合。有了便利的手机APP，使安全稽查工作深入到施工现场每个角落，施工现场的安全措施是否齐备、现场作业文本填写是否规范、作业人员的劳动防护用品是否合格，同时，监督体系的行动轨迹也在手机APP中实时显示、一目了然，解决了监督体系无人监督的问题。

2.4 依托科技进步，提升管理手段

“互联网＋”安全管理的新体系，其核心就是在科技进步下，互联网技术对传统安全管理工作进行了新的改进提升，在大大提高安全管理工作效率的同时，节约了大量的人力物力，降低了安全管理工作的成本。监督各级领导体系是否履责到位，保证体系是否主动作为、现场人员是否遵章守纪，监督体系是否到岗到位。

2.5 建立管理体系，督促履责到位

“互联网＋”安全管理新体系与公司领导带队督察、监督体系和管理人员到岗到位现场稽查等管理制度相结合，深入到每个施工现场进行安全稽查，监督各级领导体系履责到位，按照“党政同责、一岗双责、齐抓共管、失职追责”的要求，压紧压实各级领导安全责任，推进安全管理重心下移。通过建立和完善一整套的安全管理体系，督促各级保证体系积极主动抓好安全工作的落实，将安全要求转化为具体措施，落实到管理过程和作业行为之中。重点加强对农网外包工程现场的安全稽查，加大对违反省公司农配电现场作业安全禁令的查处，加强安全稽查和反违章工作，加重违反省电力公司禁令行为的处罚，形成了安全监督的高压态势，督导检查工作组织、作业秩序、安全措施、风险管控德国工作开展情况，防范安全生产风险，减少作业人员现场违章，规范了现场作业行为。

3 对未来安全管理模式的展望

伴随着科技的日益进步，互联网技术的高速发展，随着“作业信息”“掌上电力”“企业微信”“e充电”等应用的推广使用，在传统电力行业中互联网技术已经大量运用到安全管理、电费充值、故障报修、互动服务等业务领域。未来随着人工智能和大数据分析技术的日益完善，上述应用将对采集到的数据进行智能分析，并及时反馈给管理员，真正做到全天候全方位的服务和监管。

就安全管理而言，手机APP“作业信息”未来将会实现与调控系统、现场作业安全管控系统等系统的智能互联，自动判别安全措施是否完备、上传的照片中是否存在违章现象、作业信息是否与作业计划匹配，以强化安全风险预警机制，确保作业计划刚性执行。

4 结语

互联网技术正在逐步改变我们的生活工作的方方面面，小到无线通信，大到政策制定，“互联网＋”模式屡见不鲜。在传统的电力行业，越来越多的新技术、新应用也在改变着电力企业员工和管理者的工作方法和工作思路。顺应时代的发展，坚持正确的理念，我们在享受新技术带来的便捷和效率时，也要始终坚持以人为本、安全发展的理念，强化责任担当，认真履行安全生产责任，不忘初心，方可前进。

参考文献

[1] 纪晓康.基于移动互联网技术的电力交易与服务应用[C]//2016电力行业信息化年会论文集.2016.

[2] 王继明.移动互联在电力安全管理中的应用[J].云南电力技术，2014(S1).

[3] 郭昌华.互联网时代的电力施工安全管理[J].电工技术：理论与实践，2015(005).

[4] 王文泽，王强，甘涛.论移动电力安全管理平台模型[J].云南水力发电，2013(003).

LoRa 无线网络技术在电力系统中的应用

Application of LoRa Wireless Network Technology in Power System

范 恒 陆 俊 丁 健 王 韬
国网安徽省电力有限公司信息通信分公司，安徽合肥，230041

摘要：针对目前电力系统运行监测困难的问题，本文通过对比几种主流的无线物联网技术，分析 LoRa 技术的特点和优势，提出将 LoRa 技术应用在电力系统中，对电力系统中设备运行状态及其运行环境进行监控，提高了电力系统的安全性和可靠性。最后探讨了 LoRa 技术在电力系统中的应用前景。

关键词：电力系统；物联网；LoRa

Abstract： Aiming at the difficult problems of power system operation monitoring at present，through the comparision of several mainstream wireless IoT technologies，analyze the features and advantages of LoRa technology，It is proposed to apply LoRa technology to monitor the running status of the equipment and its operating environment in the power system，it improves the security and reliability of power system. Finally，the application scenarios of LoRa technology in the power system is discussed.

Key words： power systems；internet of things；LoRa

随着智能电网的发展，物联网技术广泛地应用在电力系统各个环节中，在电力安全生产、经营和管理中发挥着重要作用。但是目前还有许多亟待解决和改进的问题，例如输电线路大部分架设于人迹罕至的地方，分散性大，距离长，难以巡视及维护，靠人工巡视费时费力；变电站电力设备以及设备运行环境监测困难等。

针对上述问题，刘捷等人[1]提出了基于 ZigBee 技术的输电线路覆冰在线监测系统，该系统监测终端采用称重法对覆冰厚度监测，通过 ZigBee 技术将数据传送到远程监控中心分析处理。Yu Tian 等人[2]设计了基于 ZigBee 技术的变电站监控系统，实现对变电站温湿度、气体以及烟雾等运行环境的监控。Yuke Li[3]等人提出将窄带物联网 NB-IoT 技术应用到智能电网的建设中。但是上述物联网技术因其自身特点的限制，只适合应用在电力系统特定

作者简介：
范恒（1992—），男，安徽淮北人，研究方向为无线通信、室内定位。
陆俊（1983—），男，安徽合肥人，高级工程师，安徽省电力有限公司信息通信分公司。
丁健（1981—），男，安徽六安人，高级工程师，安徽省电力有限公司信息通信分公司。
王韬（1989—），男，安徽安庆，工程师，安徽省电力有限公司信息通信分公司。

场景运行监测中。LoRa 技术是 LPWAN(low power wide area network,低功耗广域网)通信技术的一种,具有覆盖范围广、功耗低、成本低等特点,将 LoRa 技术应用于电力系统的监测,可提高电力系统运行监测水平。

1 几种无线物联网技术对比

蓝牙技术是一种低功率近距离无线通信的技术,蓝牙工作在 2.4 GHz 频带,具有很好的抗干扰能力,特点是低功率、低成本、传输速率高,但是传输距离近。低功耗蓝牙协议[4]是近年提出的新的蓝牙协议,相比于传统蓝牙技术,蓝牙 4.0 技术功耗降低了 90%,大大减小了耗能,传输距离增加到 100 m。WiFi 是一种基于 IEEE802.11 标准的无线局域网传输技术,是目前应用非常广泛的技术。WiFi 技术的特点是传输速率高、应用广泛,但是功耗高,成本高,传输距离近,大约 100 m。ZigBee 技术是一种低功耗、短距离、低成本的基于 IEEE 802.15.4标准的无线通信技术,主要应用于小范围且传输速率要求不高的场合。ZigBee 技术的特点是功耗低、成本低、网络容量大,但信号穿透障碍物后衰减严重,信号传输距离近,只有约 100 m,可通过 ZigBee 路由转发扩展距离。

表 9-2-1 为几种无线物联网技术对比,蓝牙、WiFi 和 ZigBee 技术由于信号穿透能力和绕射能力弱,传输距离短[5],只适合小范围地应用于电力系统中,不能大规模应用。LoRa 和 NB-IoT 技术覆盖范围广、功耗低,满足电力系统监测绝大部分场景。

表 9-2-1 几种物联网技术对比

物联网技术	频段	传输速率	典型传输距离	功耗
蓝牙	2.4 GHz	1—24 Mbps	1—100 m	中低
ZigBee	2.4 GHz	<250 kbps	10—100 m	低
WiFi	2.4 GHz	<600 Mbps	50—100 m	高
LoRa	SubG 免授权频段	0.3—50 kbps	1—20 km	低
NB-IoT	SubG 授权频段	<100 kbps	1—20 km	中低

1.1 LoRa 的特点

LoRa 技术[6,7]是 LPWAN 通信技术的一种,由 Semtech 公司于 2013 年发布,是一种新型的基于线性调频扩频调制技术。LoRa 技术有以下特点:

(1) 覆盖范围广,绕射能力强。LoRa 技术基于线性 Chirp 扩频调制,保持了频移键控(frequency shift keying,FSK)调制相同的低功耗特性,并增加了通信距离,抗干扰能力强。LoRa 波长长,绕射能力强。在空旷的郊区,其传输距离能达到 20 km,在建筑物密集的市区环境,也可以覆盖 2 km 左右。

(2) 可连接大量终端。LoRa 采用星形网络结构,具有延迟低、结构简单等特点,其 LoRa 网关能够并行接收多个频道的终端节点发送的数据,大大提高了系统容量,增强了网络稳定性。

(3) 低功耗。LoRa 采用自适应数据速率策略,其接收电流最低可达 10 mA,休眠电流低于 200 nA,大大延长了电池的使用寿命。

1.2 NB-IoT 的特点

NB-IoT 是一种基于 LTE 架构的窄带物联网技术[8]，和 LoRa 技术的区别在于，NB-IoT 采用的是运营商统一部署覆盖全国的网络进行收费运营的方式，不需要考虑基站部署。

NB-IoT 技术的特点：

(1) 覆盖范围广，信号传输距离远，可达 20 km，授权频段。

(2) 海量连接。

(3) 功耗低。NB-Io T 借助 PSM 和 e DRX 可实现超长待机，电池使用寿命可达 5 年。

1.3 LoRa 和 NB-IoT 的区别

LoRa 和 NB-IoT 的主要区别在于：

(1) 成本。LoRa 和 NB-IoT 模组成本差别不大。但是由于 NB-IoT 是授权频段，运营商要收取流量费用。例如中国电信的物联网 NB-IoT 卡通道连接服务费为 20 元/年，连接频次在 20 000 次/年，超过 20 000 次需交 20 元高频功能费。LoRa 除了模组费用还需要购买网关和 LoRa 服务器。NB-IoT 在区域广、联网设备少的场合总成本较低，LoRa 在一定区域范围内有大量设备联网的场景下总成本较低。LoRa 和 NB-IoT 均适用于无线抄表、农场动物监控、城市路灯监控、公共设施监控等。

(2) 数据获取方式。LoRa 使用的是非授权频段，用户可以搭建自己的私有网络，数据传送至用户自己的服务器。而 NB-IoT 是运营商主导，用的是运营商频段，接入运营商网络，如果采用 NB-IoT 技术，终端数据先上传到运营商处，用户再从运营商处获取数据。

综上所述，LoRa 技术和 NB-IoT 技术均可应用在范围广、低速率、低功耗的场景。LoRa 技术在搭建私有网络以及有小范围大量终端设备联网的情况下比 NB-IoT 更具优势。

2 基于 LoRa 技术的物联网系统结构

如图 9-2-1 所示，LoRa 物联网系统主要由终端(可内置 LoRa 模块)、网关(或称基站)、网络服务器和应用服务器四部分组成。

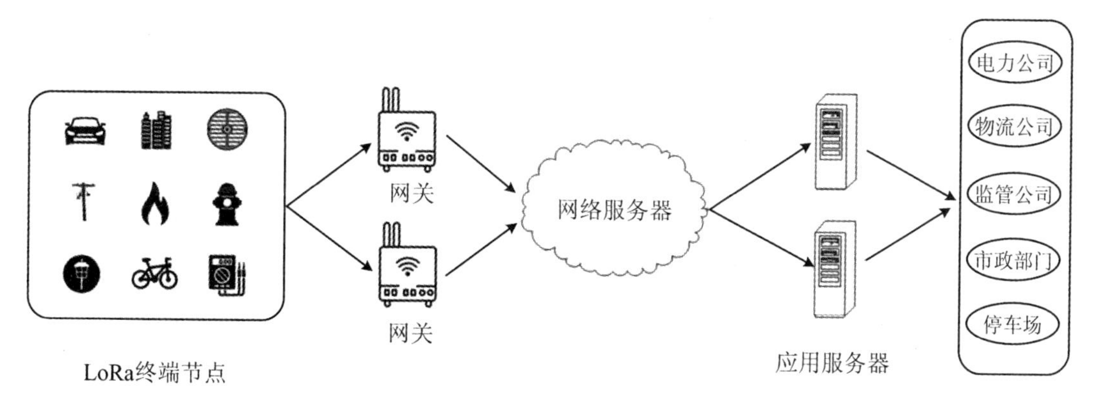

图 9-2-1 LoRa 系统结构

(1) LoRa 终端。终端主要结合各种传感器采集水位、烟雾、气体等信息，应用在不同的行业领域中，将数据发送至 LoRa 网关。

（2）LoRa 网关。主要负责接收若干 LoRa 终端发送的数据，并将数据通过 3G/4G 等网络发送至服务器。

（3）网络服务器。网络服务器主要负责终端信息存储、自适应速率选择、网关管理和选择、安全管理以及和后端应用层服务器通信。

（4）应用服务器。从网络服务器获取数据，管理和分析数据，并将信息状态展示给用户。

3 LoRa 物联网技术在电力系统中的应用场景

电力系统的稳定取决于电力设备稳定正常的运行，在电力设备发生故障时，能否及时地发现这些故障关系着局部电力系统的运行。将 LoRa 物联网技术应用到电力系统中，实现电力系统各个环节万物互联、人机交互，实时获取电力设备的运行状态，改变了以往故障发生后先由抢修人员到现场排查事故的情况，提高了解决故障的效率。物联网技术可为电网安全经济运行、提高经济效益提供强有力的数据资源支撑。

3.1 LoRa 技术在输电环节中的应用

输电线路具有分散性大、距离长、难以巡视及维护等特点，对输电线路以及输电线路所处环境进行监测，随时获取输电线路运行状态，能提升检修管理效率以及提升生产运行精益化水平。LoRa 技术适用于低功耗、远距离、数据量不大的场景，将 LoRa 技术应用到输电环节中，保障输电线路良好的运行环境会延长电力设备的使用寿命以及保证设备的安全可靠。

3.1.1 输电线路设备运行状态监测

输电线路设备运行状态监测主要监测导线接头和线夹温湿度等信息。输电线路部署在户外，受外界环境腐蚀等因素影响，会导致导线接头、线夹等部位发热严重。采用基于 LoRa 技术的监测终端对导线温湿度进行监测，及时反映温湿度信息，达到警戒值时，及时发出警报信息，方便运维人员采取应对措施。

3.1.2 输电线路运行环境状态监测

输电线路运行环境状态监测主要监测导线覆冰情况、风速风向、温湿度等环境参数。输电线路覆冰可能会引起绝缘子串冰闪跳闸、相间闪络跳闸和导线大幅度舞动等重大事故，甚至导致杆塔倒塌、导线脆断等特大事故，通过对输电线路覆冰情况进行全天候监控，采集输电线路运行状态下绝缘子串拉力、风偏角、倾斜角、风速风向、温湿度等参数，运维人员可根据数据判断输电线路覆冰情况以及是否需要实施预防措施；通过对输电线路杆塔的监测，可以监测出杆塔、拉线的倾斜角度以及环境风速、风向、温湿度等参数，服务器获取这些数据并进行分析，可以显示杆塔的倾斜状况，根据杆塔倾斜情况可采取相关措施预防事故的发生。

3.2 LoRa 技术在变电环节中的应用

在电力系统中，将电压升高变为高电压可以传得更远，而到了用户附近再将电压按需求降低。变电站就是变换电压、接收和分配电能、控制电力流向的电力设施，它通过变压器将各级电压的电网联系起来。变电站若管理不到位就可能发生事故，对变电环节中的设备进行有效的监督管理，能够提高电网安全管理水平，为电网安全生产提供保障。将 LoRa 技术应用到变电环节中，可以在线监测变电环节运行情况，提高变电环节管理水平。

3.2.1 变电环节设备运行状态监测

通过 LoRa 终端对一次设备、二次设备运行状态的监测，获取设备运行数据如绕组热点温度、绕组变形量、油位、变压器油箱油面温度、变压器油色谱各气体含量、避雷器电流、网络通信设备等设备的运行数据，并将数据发送至服务器，服务器根据运行数据分析设备运行正常与否并将数据显示给工作人员，保障设备运行正常。

3.2.2 变电环节设备运行环境状态监测

通过 LoRa 终端对变电站和柜内温湿度、气体、烟感、电缆沟水位等环境信息的监测，可以判断变电站设备是否运行在合适的环境中，实现对变电环节运行环境的监测。

3.2.3 LoRa 技术在配电环节中的应用

配电网作为电力系统中的重点环节，设备多，运行环境复杂，承担着向社会各种用户提供电能的重任。采用物联网技术对配电网进行监测，有效获取其运行状况信息，提高配电网的供电可靠性和供电质量，提升配电网运行的管理水平。

3.2.3.1 配电网设备运行状态监测

配电网设备运行状态监测主要基于设备的温度、电压电流、功率因数等特征量。采用 LoRa 终端对配电网变压器、光缆、通信设备以及配电线路的温度、电压电流、功率因数等设备状态信息进行监测，并将数据通过 LoRa 网关发送至服务器进行分析处理，实现对配电环节设备的运行监测。

3.2.3.2 配电网设备运行环境状态监测

配电网设备运行环境监测基于设备所处环境温湿度、烟感、水位水浸等状态量，主要监测配电站所内温湿度、烟感、光缆管沟水位水浸、气体等环境状态信息，实现对配电网设备运行环境的监测。

3.2.4 LoRa 技术在用电环节中的应用

3.2.4.1 用电设备运行状态监测

用电环节是电力系统的最后节点。将 LoRa 物联网技术应用于用电环节，监测用电环节设备如电表、电器的运行状态如运行温度、电流电压、用电量等信息。LoRa 终端在采集这些信息后，将数据通过 LoRa 网关发送至服务器端，服务器分析数据并判断用电设备运行状况，在用电设备发生故障时，发送报警信息，提醒使用人员故障发生。

3.2.4.2 用电环境状态监测

用电环境状态监测主要监测用电设备所处环境温湿度、烟感、气体等环境信息，保障用电设备处于良好的运行环境中。

4 结语

本文针对目前电力系统运行监测困难的问题，对几种主流的无线通信技术进行对比分析，提出采用低功耗、覆盖范围广、低成本的 LoRa 物联网技术对电力系统中设备运行状态以及运行环境进行监控，提升了电力系统的信息化、智能化水平，提高了电力系统各环节的稳定性和安全性。

参考文献

[1] 刘捷，戴睿，马枚，等. 基于 ZigBee 技术的输电线路覆冰在线监测系统设计[J]. 上海电力学院学报，

2017,33(6):568-572.

[2] Tian Y, Pang Z, Wang W, et al. Substation sensing monitoring system based on power Internet of Things[C]//Technology, Networking, Electronic and Automation Control Conference (ITNEC), 2017 IEEE 2nd Information. IEEE, 2017: 1613-1617.

[3] Li Y, Cheng X, Cao Y, et al. Smart choice for the smart grid: Narrowband Internet of Things (NB-IoT)[J]. IEEE Internet of Things Journal, 2018, 5(3): 1505-1515.

[4] Varela P M,Ohtsuki T. Discovering Co-Located Walking Groups of People Using iBeacon Technology [J]. IEEE Access, 2016, 4(99):6591-6601.

[5] 胡小平.基于物联网的监控系统的应用研究[D].上海:东华大学,2016.

[6] Vangelista L, Zanella A, Zorzi M. Long-Range IoT Technologies: The Dawn of LoRa™ [C]// Future Access Enablers of Ubiquitous and Intelligent Infrastructures. Springer International Publishing, 2015.

[7] Georgiou O,Raza U. Low Power Wide Area Network Analysis:Can LoRa Scale[J]. IEEE Wireless Communications Letters,2017,6(2):162-165.

[8] 王计艳,王晓周,吴倩,等.面向 NB-IoT 的核心网业务模型和组网方案[J].电信科学,2017,33(4):148-154.

第十篇

管理综述

变电站工程消防验收备案的重要性和必要性

Importance and Necessity of Fire Protection Acceptance Record for Substation Projects

杜 增

安徽省电力工程质量监督中心站,安徽合肥,230022

摘要:本文针对变电站工程建设中如何满足法律法规要求,贯彻执行“预防为主、防消结合”的消防工作方针,保障电网安全运行,进行消防验收备案工作进行了深入探讨,并提出建设性意见。

关键词:变电站;消防系统;消防设计审核;施工许可;消防验收;备案

Abstract: In view of how to meet the requirements of laws and regulations in the construction of substation projects and implementation of "prevention first, prevention and elimination combination" fire control work policy, to guarantee the safe operation of power grid, the paper has conducted in-depth discussion on several aspects of fire protection and acceptance work, and proposed constructive suggestions.

Key words: substation; fire fighting system; fire control design review; construction permit; fire control acceptance; record

当前,国家电网公司(以下简称国网公司)正在建设以特高压为骨干网架的坚强智能电网,加快建设具有卓越竞争力的世界一流能源互联网企业,电网的安全可靠运行是实现这个奋斗目标的坚实基础,因此变电站的安全可靠性尤为重要。从近年来电网火灾事故中可以看到,变电站的消防设施成为软肋,饱受诟病,教训极其深刻。对于变电站工程,如何在建设过程中贯彻执行“预防为主、防消结合”的消防工作方针,满足法律法规要求,保障电网安全可靠运行,特别是在变电站一旦发生火灾时,消防系统能够及时、有效发挥作用,防止事故的扩大,同时又能统筹兼顾节省用地、控制造价以及与城建规划相协调等外部条件,本文进行了有关探讨,供参考。

1 概述

变电站的消防系统是一个立体的综合性系统。在变电站建设中,从总平面布置、电气设备选型直至投入运行,都要始终将消防安全贯穿其中,坚持“三同时”。在施工过程中,建筑、

作者简介:

杜增(1967—),男,高级工程师,国家一级建造师,国家监理工程师,电力工程质量监督工程师,长期从事电力工程建设管理与电力工程质量监督工作。

结构、电气、给排水、采暖空调等各个专业要协同配合，共同努力，才能使变电站消防系统做到安全可靠、经济合理、运维便捷。

变电站消防系统通常可分为火灾自动报警、灭火和防火封堵等几部分内容。火灾自动报警部分用于尽早探测初期火灾并发出警报，以便采取相应措施。具有疏散人员、呼叫消防队、启动灭火系统、操作防火门、防火卷帘、防烟、排烟风机等功能，一般分为区域报警系统、集中报警系统、控制中心报警系统。灭火部分通常设置有水喷雾灭火系统、气体灭火系统、移动式灭火系统等多种形式。防火封堵部分由防火门、防火阀、防火隔板、防火堵料和防火涂料组成。封堵的主要目的是防止火灾沿电缆或建筑物通道燃烧，阻止火势蔓延，尽可能地降低火灾损失。

2 法律法规依据

《中华人民共和国建筑法》第二条对监督管理的范围做出规定。第七条对申请领取施工许可证以及开工报告做出规定。第八条明确了申请领取施工许可证应当具备的条件："已经办理该建筑工程用地批准手续；在城市规划区的建筑工程，已经取得规划许可证等条件"。

《消防法》第十一条规定哪些建设工程、建设单位应当将消防设计文件报送公安机关消防机构审核。第十二条主要针对未经公安机关消防机构进行消防设计审核、审核不合格和取得施工许可后经依法抽查不合格的工程，规定分别给予不得给予施工许可、不得施工、停止施工等处理。第十三条主要规定哪些工程需要消防验收，哪些工程需要备案，以及未经消防验收或者消防验收不合格的、依法抽查不合格的建设工程，分别采取禁止投入使用、停止使用等处理。

《建设工程消防监督管理规定》(公安部令第119号)第十四条主要规定大型变电工程的消防设计审核、消防验收等管理程序。第十五条主要是设计审核的前置条件规定，建设单位应提供规划许可证明文件。第二十一条规定建设单位申请消防验收应当提供的有关材料。第二十四条规定建设单位在进行建设工程消防备案时，应向消防机构提供的相关材料。

《消防法》中对于违反法律的罚则十分严厉，其中第五十八条规定较为详细，既有责令停止施工、停止使用或者停产停业，又有三万元以上三十万元以下罚款。

《建设工程消防监督管理规定》(公安部令第119号)第四十一条也有规定，依法未经消防设计审核和消防验收，擅自投入使用的，分别处罚，合并执行。

《电力设备典型消防规程》6.1.1中规定："按照国家工程建设消防标准需要进行消防设计的新建、扩建、改建工程，建设单位应当依法申请建设工程消防设计审核、消防验收，依法办理消防设计和竣工验收消防备案手续并接受抽查"。

此外，根据国网公司优质工程评选及优秀设计要求，明确提出220 kV以上工程需提供消防验收批复，作为申报材料的需要条件。安徽省电力公司对省内35 kV及110 kV工程优秀设计申报也有消防验收相关要求。

3 消防验收备案流程

消防验收备案流程如图10-1-1所示。

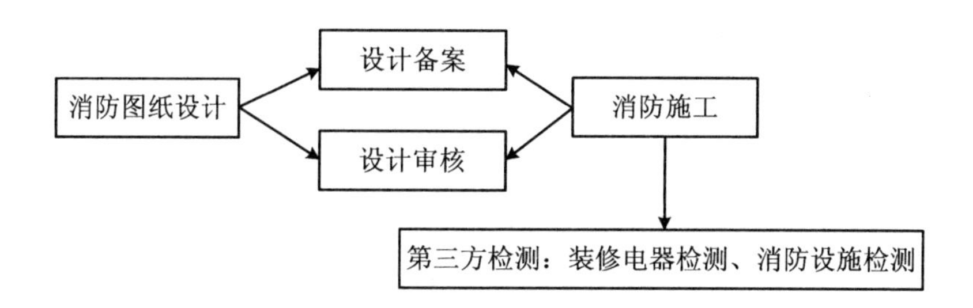

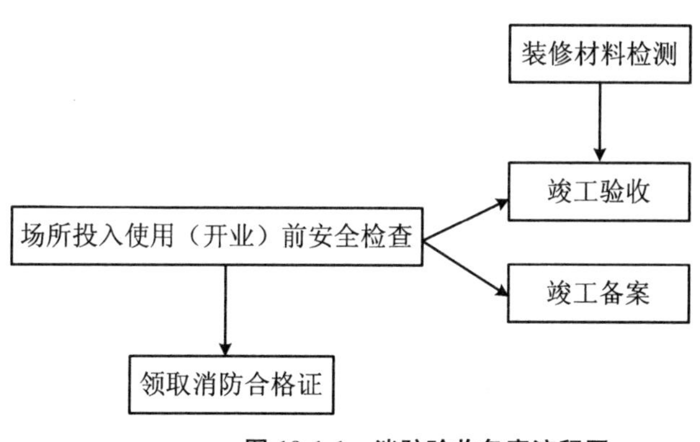

图 10-1-1　消防验收备案流程图

4　消防验收备案存在的问题

4.1　输变电工程建设许可的尴尬

目前，安徽省境内变电站工程绝大多数未办理住建部门规划许可证和施工许可证。究其原因，十分复杂。本文分析主要有以下几点：

(1) 住建部门不予监管输变电工程许可事项。按照《建筑法》和《消防法》的规定，办理工程施工许可证、规划许可证是消防验收备案的前置条件，但从全国的输变电工程实践看，有的省(直辖市)已经出函告知输变电工程不属于住建部门行政许可的范围，部分省住建部门虽未正式函告，但也明确表态，不会监管输变电工程许可事项。问题的症结在于对《建筑法》适用范围的理解存在差异。全国人大常委会法制工作委员会编写的《中华人民共和国建筑法释义》中明确本法所称的各类“房屋建筑”，是指具有顶盖、梁柱和墙壁，供人们生产、生活等使用的建筑物，包括民用住宅、厂房、仓库、办公楼、影剧院、体育馆、学校校舍等各类房屋。“附属设施”是指与房屋建筑配套建造的围墙、水塔等附属的建筑设施。“配套的线路、管道、设备的安装活动”，是指与建筑配套的电气、通信、煤气、给水、排水、空气调节、电梯、消防等线路、管道和设备的安装活动。按照此解释，《建筑法》适用范围应未包含输变电工程，由此是否可以推论：变电站工程建设相关许可，住建部门不予监管办理是符合法律规定的。但是如果输变电工程的相关许可职责不在住建部门，又在何处?

(2) 配套法规亟待完善。《建筑法》第七条第二款规定，按照国务院规定的权限和程序批准开工报告的建筑工程可以不再领取施工许可证。《中华人民共和国建筑法释义》中解释，开工报告是建设单位依照国家有关规定向计划行政主管部门申请准予开工的文件。为了避免出现同一项建筑工程的开工由不同的政府行政主管部门多头重复审批的现象，本条规定对实行开工报告审批制度的建筑工程，不再领取施工许可证。但是，对于哪些建筑工程实行开工报告审批制度，由哪个行政主管部门实施对开工报告的审批权限和审批程序，则没有相关配套法规。这就直接导致输变电工程的许可“无处可寻”。

(3) 建设前期工作准备不足。随着电网建设规模的不断扩大和建设速度的加快，我们的建设前期工作滞后，相关手续不完善，即使经过政府协调，住建部门“开绿灯”，同意办理相关建设许可，也会因我们自身建设手续不齐全的原因，无法批准许可。比如变电站的用地、规划等核准，几乎都是边施工、边办理。

4.2 消防机构拒绝办理

安徽省境内变电站工程建设，由于绝大多数未办理住建部门施工许可证以及无法提供施工图审查机构出具的审查合格文件，导致在很多地市公安机关消防机构拒绝变电站新建工程消防设计审核申请。很多工程因前期工作未完善，如土地证仍未取得、消防设计未审核，直至工程已投产，也会导致因前期手续不全，消防验收、备案无法开展。

4.3 对消防工作重视不够

电网系统内建设的 500 kV 及以上变电(换流)站，特别是创优工程项目，建设单位会积极主动去做消防验收、备案，但 220 kV 及以下变电站工程，很少会申报消防验收备案。充分说明大家对变电站的消防重视程度不够。

4.4 安全隐患多

大部分申报消防验收备案的工程，也都是变电站建成投运在即，再回头补充第三方机构图纸审查，补报消防部门备案。相当于设计备案与消防验收同步开展，完全在搞形式、走过场，一旦现场验收发现问题，返工难度大；若不返工，给生产运行又带来极大的安全隐患。

4.5 消防法规未明确

《建设工程消防监督管理规定》(公安部令第 119 号)第十四条中规定特殊建设工程“大型发电、变配电工程”应当申请消防设计审核和验收备案。何为“大型变配电”工程？界定不清。是按照规模？还是主变压器容量？还是重要性？有无区域性差别？

《关于明确适用消防设计审核和消防验收的发电、变配电工程规模的答复意见》(公消〔2013〕259 号)中对“枢纽变电站、区域变电站”也没有具体量化描述。同时，因各地区电网发展程度不同，同一电压等级的变电站在不同地区可能功能定位不同，甚至出现歧义。

5 意见和建议

5.1 高度重视消防验收备案工作

各单位应高度重视变电站工程建设的消防验收备案工作。一是要提高消防法律法规意识，牢固树立“预防为主、防消结合”的消防工作方针，在建设中严格落实法律法规要求。二是尽快出台有关消防验收备案的管理细则，细则应明确各单位消防工作的主体责任，进一步明确哪些项目需要验收，哪些项目需要备案，因地制宜，因站施策，分级实施。

5.2 加强与政府部门沟通协调

当前,制约电力工程的外部因素较多,特别是前期工程用地批准手续、建设工程规划许可证和施工许可证等问题,一环套一环,如不加强沟通协调,易给后期的各项建设管理带来被动,消防验收备案只是其中之一。

电力工程建设的安全质量监督管理属于国家能源局系统,建议省电力公司将有关问题提请能源局牵头协调,逐步理顺电力工程项目中涉及住建部门、规划部门以及消防部门的相关业务。

5.3 密切跟踪有关审批制度改革

2018 年 5 月 18 日,国务院办公厅正式公布《国务院办公厅关于开展工程建设项目审批制度改革试点的通知》(国办发〔2018〕33 号),主要内容有:将消防设计审核、人防设计审查等技术审查并入施工图设计文件审查,相关部门不再进行技术审查;将工程质量安全监督手续与施工许可证合并办理;建设工程规划许可证核发时一并进行设计方案审查,由发证部门征求相关部门和单位意见,其他部门不再对设计方案进行单独审查。我们应给予高度关注,密切跟踪安徽省的有关审批制度改革。

5.4 加强消防工程的质量管理

建设单位在项目实施阶段应从设计图纸的审查、施工组织设计、材料和设备质量到施工安装管理各个方面强化管理,特别是消防隐蔽工程的施工,加强监理旁站,强化各级验收,使消防工程实体质量得到根本保证。筑牢变电站中的这道"防火墙",交给生产运行一个放心的能"消"又能"防"的合格工程。

6 结语

今年以来,全国上下正深入学习贯彻习近平新时代中国特色社会主义思想和党的十九大精神,牢固树立和践行新发展理念,全力推动高质量发展。作为关系国家能源安全和国民经济命脉的电网企业,应积极履行政治责任、经济责任、社会责任,依法合规,严守电网安全稳定运行底线,持续开展电网高质量建设,以进一步满足人民美好生活对电网发展的需要。

参考文献

[1] 中华人民共和国建筑法(主席令第 46 号)[Z].
[2] 中华人民共和国消防法(主席令第六号)[Z].
[3] 建设工程消防监督管理规定(公安部令第 119 号)[Z].
[4] 关于明确适用消防设计审核和消防验收的发电、变配电工程规模的答复意见(公消〔2013〕259 号)[Z].
[5] 安徽省消防条例[Z].
[6] DL 5027—2015. 电力设备典型消防规程[S]. 2015.
[7] GB 50229—2006. 火力发电厂与变电站设计防火规范[S]. 2006.